U0361462

Zhongguo Dizhi Daxue（Wuhan）Nianjian

中国地质大学（武汉）年鉴

2015

中国地质大学（武汉）学校办公室　编

中国地质大学出版社
ZHONGGUO DIZHI DAXUE CHUBANSHE

图书在版编目(CIP)数据

中国地质大学(武汉)年鉴.2015 / 中国地质大学(武汉)学校办公室编.
—武汉:中国地质大学出版社,2016.9

ISBN 978-7-5625-3901-8

Ⅰ.①中…
Ⅱ.①中…
Ⅲ.①中国地质大学 – 2015 – 年鉴
Ⅳ.①P5-40

中国版本图书馆 CIP 数据核字(2016)第227934号

中国地质大学(武汉)年鉴2015　　　　中国地质大学(武汉)学校办公室 编

责任编辑:舒立霞 姜 梅　　　　　　　　　　　　　　　责任校对:周 旭

出版发行:中国地质大学出版社(武汉市洪山区鲁磨路388号)　　邮政编码:430074

电话:(027)67883511　　传真:(027)67883580　　E-mail:cbb@cug.edu.cn

经销:全国新华书店　　　　　　　　　　　　　http://www.cugp.cug.edu.cn

开本:787毫米×960毫米　1/16　　　　字数:633千字　印张:22.5　图版:36

版次:2016年9月第1版　　　　　　　　　印次:2016年9月第1次印刷

印刷:武汉市籍缘印刷厂　　　　　　　　　　　　　印数:1 — 600 册

ISBN 978-7-5625-3901-8　　　　　　　　　　　　　定价:68.00元

如有印装质量问题请与印刷厂联系调换

9 月 25、26 日晚,由中国科协联合教育部、共青团中央、中国科学院、中国工程院主办的"共和国的脊梁"专题节目在北京人民大会堂堂上演,学校原创情景剧《北京,不会震!》受邀参演。

▲1月1日,2015元旦嘉年华。

▼1月4日,学校与环境保护部环境规划院共建实验室及战略合作协议签订仪式举行。

▲1月4日,学校迎接湖北省五星级教代会评估考核。

▼1月14日,国家自然科学基金委副主任、中科院院士刘丛强一行来校调研地学基础研究工作并做学术报告。

▲1月15日,"科教结合协同育人"联合培养工作研讨会在学校召开。

▼1月19日,学校登山队5名队员成功登顶海拔6964米的南美洲之巅
——阿空加瓜峰。

　　1月23日,王焰新校长一行赴约旦访问,学校与约旦高等教育与科学研究部签署"推进'中约大学'建设合作意向书"。

▲1月26日,学校领导班子与领导干部年度考核及干部选拔任用"一报告两评议"工作测评会举行。

▼3月4日,学校与比利时钻石高层议会联合办学座谈会举行,比利时钻石高层议会首席教育官 Katrien.De.Corte,周大生珠宝股份有限公司副总裁、董事会秘书何小林等参加座谈。

◀3月9日,学校羽毛球运动员唐渊渟(左)和她的搭档包宜鑫在英国伯明翰获全英羽毛球公开赛女双冠军。

▲3月11日,地球内部多尺度成像湖北省重点实验室学术委员会会议召开,中国科学院院士杨文采、许厚泽,中国工程院院士彭苏平、李建成等参加会议。

◀3月26日,全国政协委员李长安传达两会精神。

▶4月2日,党员干部政治纪律和政治规矩集中教育举行。

▲4月2日,"警地共建"技术帮带活动表彰会暨第二批帮带专家选派工作启动仪式在北京武警黄金指挥部举行,校长王焰新代表参会高校发言。

▲4月6日,同行万里——香港高中学生内地交流团来校,300余名香港高中学生参加活动。

▼4月17日晚,"与信仰对话 飞YOUNG 中国梦"精品报告进校园活动举行,中国工程院院士李培根来校为师生作"让心灵自由"的主题报告。

▲4月19日,湖北省第46个世界地球日主题宣传活动周启动仪式暨"珍惜资源、保护地球"国土资源科普知识进校园活动在学校举行。

▼4月22日,学校与国土资源部不动产登记中心签署合作备忘录。

▲4月22日,学校与包头城建集团股份有限公司联合共建产学研基地合作协议签字仪式举行。

▼4月23日,光明日报社总编辑何东平一行来校专题调研大学文化建设和博物馆育人工作。

▲4月23日,学生党员政治纪律和政治规矩集中教育培训会召开。校党委副书记朱勤文作"全面从严治党——严明政治纪律严守政治规矩"专题报告。

▼4月26日下午,中国地质大学陕西校友会在西安成立。

▲4月29日,教育部直属高校基本建设规范化管理专项检查组来校进行专项检查。

▼5月4日,学校原创作品"丝路新语"服装秀亮相央视"五月的鲜花"主题晚会。

▲5月7日,全国政协副主席、民建中央常务副主席马培华一行到武汉地质资源环境工业技术研究院进行专题调研。

▼5月12日,教育部直属高校国有资产管理专项检查组来校进行专项检查。

▲5月20日,学校布置"三严三实"专题教育活动,校党委书记郝翔作"三严三实"专题教育动员暨讲专题党课。

▼5月21日,瑞士科学院院士、瑞士联邦理工学院Helmut Weissert教授来校为师生做关于深海沉积和碳循环的学术报告。此次报告是国际沉积地质学家学会(IAS)组织的全球知名沉积地质学家巡回演讲(IAS Lecture Tour 2015)2015年中国站第三场学术报告。

◀5月21日,斯坦福国际研究院(SRI)国际合作部高级执行顾问高乐德一行来校访问,参观生物地质与环境地质国家重点实验室。

◀5月24日,约旦高教科研代表团一行来校访问。

▲5月24日,约旦高教与科研大臣拉比卜·穆罕默德·哈桑·赫达拉和校党委书记郝翔共同为学校约旦研究中心揭牌。

◀5月28日,"青年马克思主义者培养工程"主题团日暨"与信仰对话"报告会举行。

▲5月28日,"实现中国梦,青春正当时"五四表彰大会在弘毅堂举行。

▲6月11日,教职工纪念抗日战争胜利70周年大合唱比赛举行。

◀6月17日,王焰新校长参加"2015届西部就业毕业生专场师生午茶会"。

▶6月19日,由学校主办,国家地理信息系统工程研究中心承办的第23届国际地理信息科学与技术大会召开。

▲6月19日,学校与成都市双流县人民政府签署共建成都工研院协议。

▼7月3日,中国石油勘探开发研究院院长、党委书记,中国工程院院士赵文智一行来校,为学校捐赠CIFLog测井软件,校长王焰新代表学校接受捐赠。

▲7月4日,首届研究生招生校园开放日在弘毅堂举行。

▲7月23日,中国气象局与学校签署战略合作协议。

▲7月25日,中国地质大学北京校友分会成立。

◀▲8月8日,中国地质大学
武汉未来科技城校区建设工作动
员大会举行。

▶8月28日,校领导慰问抗战时期及以前参加革命工作的离休干部,为他们佩戴中国人民抗日战争胜利70周年纪念章。

◀8月31日,学校"十三五"规划编制工作研讨会召开。

▶9月13日,学校与青海省地质矿产勘查开发局签署合作协议。

◀9月19日,2015中国(武汉)期刊交易博览会在武汉国际会展中心开幕。学校《地球科学》《地质科技情报》《宝石和宝石学》等7种期刊在刊博会上展出。

▶9月25日,牛津大学地球科学系加入"地球科学国际大学联盟"签字仪式举行。

◀9月28日,湖北省人民政府国庆66周年招待会暨2015年"编钟奖"颁奖仪式举行,学校工程学院外籍专家维克多·契霍特金教授(前排左五)荣获"编钟奖"。

◀9月29日,学校与中国地质科学研究院岩溶地质研究所签署合作备忘录。

▲10月2日,"我的深情为你守候"校友返校联欢会在弘毅堂举行。

▲10月9日,二级党组织书记落实基层党建第一责任述职活动暨党建工作布置会举行。

▶10月9日,学校傅艾平、张红胜、李林邦三名党员干部赴十堰市竹山县秦古镇小河村驻村扶贫。

▼10月12日,由何梁何利奖评选委员会、湖北省科学技术厅主办的何梁何利基金高峰论坛暨图片巡回展在学校举行。

▲10月12日,学校与中交天津航道局有限公司签署战略合作协议。

◀10月14日，学校通过国家节约型公共机构示范单位评价验收。

▶10月15日，教育部直属高校、省部共建高校纪委第二片组第四次工作研讨会在学校召开。

◀10月17日，世界青年地球科学家联盟和学校联合主办的丝绸之路青年领袖论坛开幕。

▲10月17日,学校丝绸之路学院揭牌。校长、丝绸之路学院院长王焰新、伊朗塔比阿特莫达勒斯大学校长穆罕默德·塔吉·艾哈麦迪、印度尼西亚大学校长穆罕默德·阿里斯、吉尔吉斯矿业技术学院院长马拉巴耶夫·阿克尔别克共同为丝绸之路学院揭牌。

▼10月17日,丝绸之路校长论坛举行。来自吉尔吉斯斯坦、伊朗、澳大利亚、印度尼西亚等高校校长,中国五矿集团、中国地质科学院等单位代表分别做报告。

▲10月17—18日,"第二届亚洲特提斯造山与成矿国际学术研讨会暨丝绸之路高等教育合作论坛"举行。

▼10月19—21日,首届中国"互联网+"大学生创新创业大赛全国总决赛在吉林大学进行,学校艺术与传媒学院高辉团队制作的"设计师在线教育平台"获金奖。

▲▲▶10月22日,科技部党组书记、副部长王志刚一行来校调研科技工作,参观学校可持续能源实验室。湖北省省长王国生等领导陪同调研。

▲10月22日,由学校承办的第三届国际学术前沿研讨会召开,会议主题为"工程应用中的控制与智能化技术"。

10月24日,教育部副部长鲁昕一行来校调研,考察未来城新校区建设工作。

　　▲10月26日,中国人民武装警察部队黄金指挥部人才培养基地落户学校。武警黄金指挥部副司令员张金良为学校授牌。

　　▼10月30日,第二届全国高校移动互联网应用开发创新大赛在学校举行。

▶11月3日,学校杰出校友、中国科学院院士、"嫦娥工程"首席科学家欧阳自远教授来校作"地外生命的探寻"学术报告。

◀11月14—15日,高校环境类课程教学系列报告会举行,来自清华大学、同济大学等高校的600余名教师代表参加会议。

▶11月16日,国防生培养十周年总结表彰大会举行。

11月16日,国防生综合素质展示活动进行。

▶11月17日,中国(武汉)海外科技人才离岸创新创业中心在未来城海外人才大楼揭牌。

◀12月3日,湖北省委十八届五中全会宣讲团成员、省社科院党组书记张忠家来校作党的十八届五中全会精神宣讲报告。

▶12月3日,学术委员会成立大会召开,校党委书记郝翔和校长王焰新为学术委员会委员颁发聘书。

▶12月10日,学校教育教学、人才与科技工作大会在弘毅堂召开。

▶12月28日,"互联网+"背景下的创新创业教育论坛暨大学生创新创业教育实践(孵化)基地入驻仪式举行。

◀12月31日,学校召开加强和改进思想政治理论课建设座谈会。

(图片提供:屠傲凌、张玉贤、汪再奇等;审稿:李素矿、刘彦博、刘国华)

《中国地质大学(武汉)年鉴2015》编委会

主　　任：郝　翔　王焰新

副 主 任：傅安洲

委　　员：朱勤文　成金华　唐辉明　赖旭龙　郝　芳

　　　　　王　华　万清祥　刘亚东　刘　杰　蒋少涌

《中国地质大学(武汉)年鉴2015》编辑部

主　　编：刘彦博

副 主 编：刘东杰　徐　超　陈华荣　刘世勇　张信军

编辑人员(以姓氏笔画为序)：

　　　　　丁　为　邓锡琴　左　杨　孙博文　李少杰

　　　　　杨贵仙　汪再奇　林　莉　尚东光　高复阳

　　　　　谢　晓

编辑说明

　　年鉴是记录学校发展历史的重要载体,是汇集学校事业发展情况的资料性文献汇编。《中国地质大学(武汉)年鉴2015》全面系统地反映2015年中国地质大学(武汉)事业发展及重大活动的基本情况,重点反映学校教学科研、学科建设、人才培养、师资队伍建设、学校管理、对外合作交流、党的建设、校园文化等方面的重要工作、事件、活动和所取得的经验、成果等,为中国地质大学(武汉)教职员工提供学校的基本文献、基本数据、最新工作进展和经验,是兄弟院校和社会各界了解中国地质大学(武汉)的窗口。中国地质大学(武汉)年鉴2012年起开始编写,每年一期。

　　一、年鉴客观地记述2015年学校各领域、各方面的建设发展情况,分特载、专题、学校概况、发展规划与学科建设、人才培养、科学研究与社会服务、师资队伍建设、党建与思想政治工作、校园文化建设、国内外交流与合作、学院基本情况、财务与资产管理、办学支撑体系建设、后勤保障与服务及机构与干部、学校发布规范性文件、表彰与奖励、院士及高层次人才计划入选者、学校十大新闻、大事记、媒体地大等栏目。

　　二、年鉴的内容表述有专文、条目、图片、附录等几种形式,以条目为主。年鉴主体内容按分类排列,分栏目、分目和条目。

　　三、年鉴选题基本范围为2015年1月1日至2015年12月31日间的重大事件、重要活动及各个领域的新进展、新成果、新信息,依实际情况,部分内容时间上有前后延伸。

　　四、年鉴编委会确定年鉴编写框架体系,年鉴所刊内容由学校各二级单位负责撰稿,年鉴编辑部负责统稿。

　　　　　　　　　　　　　　　　　　　　　　　　　《中国地质大学(武汉)年鉴》编委会

目　录

机构与干部/272

2015年学校发布规范性文件/284

表彰与奖励/286

院士、高层次人才计划入选者/313

Nianjian

专　题

中国地质大学（武汉）2015年工作要点

2015年学校工作的总体要求是：深入学习贯彻党的十八大、十八届三中、四中全会精神和习近平总书记系列重要讲话精神，按照教育部的工作部署，以提高教育质量为中心，落实立德树人根本任务，深化以"学术卓越计划"为核心的综合改革，推进依法治校，加强党的建设，不断增强改革发展的内生动力，不断提升学校核心竞争力和综合办学水平。

一、深化教育教学改革，提高人才培养质量

1.加强"一流本科"建设。以培养"品德高尚、基础厚实、专业精深、知行合一"的一流本科人才为目标，启动实施新一轮本科人才培养方案及教学计划。出台《本科教学质量评价办法》，完善评教制度体系。落实"科教结合协同育人行动计划"，加大创新人才培养力度，加强基地班、实验班、菁英班教育改革实践。加强"本科教学工程"建设，组织实施卓越人才计划。大力加强学风建设。提高教授给本科生授课比例，继续实施"青年教师执教能力提升计划"。加大本科生出国访学和联合培养力度。召开年度本科教育教学工作会议。加强本科生优秀生源基地建设，进一步提高生源质量。

2.深化研究生培养机制改革。召开研究生教育工作会议，落实《研究生教育综合改革实施方案》。优化学术型研究生和专业学位型研究生培养模式，实施研究生课程改革。加强研究生国际合作与交流工作。加强导师队伍建设，落实《研究生导师指导工作守则》《博士生导师遴选办法》《博士生导师招生资格审核办法》。推进研究生招生制度改革，实施生源质量工程。围绕国土资源行业高层次人才需求，加强国土资源管理学院建设。

3.加强国际学生教育培养工作。贯彻全国留学工作会议精神，落实"出国留学和来华留学并重，扩大规模和提高质量并重"方针。进一步深化国际学生培养机制改革，调动学院和教师的积极性。设立"国际学生校长奖学金"和"国际学生菁英奖学金"，浓厚校园国际化氛围，提升国际学生培养质量。

4.稳步推进远程与继续教育工作。深化继续教育综合改革，完善继续教育保障体系。提升"国家级专业技术人员继续教育基地"建设水平，启动网上非学历培训，进一步扩大非学历继续教育培训规模。稳步推进学历继续教育发展，规范办学行为，加强过程管理。加强教学平台建设，不断提高继续教育人才培养质量。

5.加强和改进大学生思想政治教育。扎实开展中国特色社会主义和中国梦宣传教育，引导学生践行社会主义核心价值观。推进思想政治理论课改革，提升课程教学质量。加强大学生党建，确保党员发展质量，发挥党支部和党员的带动辐射作用。以党建带团建，加强基层团组织建设。加强社会实践，培养学生的社会责任感、创新精神、实践能力，培育创业意识。重视学生法制教育，加强综合素质拓展，做好心理健康教育和资助育人工作。加强辅导员队伍建设，提升辅导员职业能力。

6.加强大学生就业创业工作。实施"就业质量提升计划"，加强就业工作体系和队伍建设，加大就业市场拓展力度，开发开设就业创业指导课程。重点引导毕业生到高水平科研机构、政府部门、基层公共管理服务部门、中西部地区和其他国家亟需领域和重点单位就业。编制发布就业质量年度报告，促进专业建设。认真落实《教育部关于深化高等学校创新创业教育的实施意见》，完善大学生创新创业教育体系，聘请知名企业导师指导大学生创业，建设一批大学生创业园、创业孵化基地和实习实践基地。

二、推动一流学科建设，提升学科整体水平

7.加强重点学科建设。紧紧抓住国家实施"世界一流高校和一流学科建设"项目的重要契机，做好项目规划设计，依托地质学、地质资源与地质工程两个国家一级学科建设工作组，凝聚各方资源，扎实推进"一流学科"申报和建设工作，以进一步加强国家一级重点学科和已经进入ESI的优势学科建设。对有望进入ESI的理工科和有望整体进入全国前30%的一级学科做好学科诊断、顶层设计、战略规划和资源汇聚。推动部分优势学科开展学科国际评估。

8.全面做好学科建设工作。结合"十二五"规划学科检查结果，进一步凝练学科优势，强化发展特色。进一步健全学科建设责任体系。重点开展学科建设和发展情况的调查研究，探索学科建设部门联动和信息共享机制,提高学科建设管理服务水平。推进学科培育计划等建设项目,有序开展设备论证、资金拨付和部分学科再次申报等工作,进一步完善优化特色学科生态系统。以评促建,做好学位授权点合格评估和专项评估工作。

三、优化科研工作机制,提升科技服务水平

9.增强科研工作质量意识。召开科技工作会议,深刻领会中央科技管理体制改革新精神。组建以院士、专家为主体的科技发展战略研究机构,加强科技发展战略的顶层设计与引导。制定出台激励产出高水平成果的政策,增强重大科技项目、重大科技奖励的组织策划能力。增强科研工作质量意识,强化科研项目及成果绩效考核机制,加强科研项目过程管理,促进高水平科研成果产出。

10.推进学术创新基地建设。做好第二批学术创新基地论证立项工作,加强第一批立项建设基地的跟踪服务、中期考核,稳步推进学术创新基地建设计划。落实"2011计划"精神,加快推进"紧缺战略资源湖北省协同创新中心"建设,全力做好"紧缺矿产资源勘查协同创新中心"认证工作。积极筹建国际联合实验室。加强地调院和省、部级重点实验室、工程中心、野外观察站等基地申报和建设。

11.优化科研管理工作机制。进一步明晰学校、学院和项目负责人的权责利,健全完善科研三级管理机制。优化基本科研业务项目资助体系,完善管理制度措施,强化过程管理与绩效考核,提高资金使用效益。持续推进科技评价改革,探索科技工作分类评价体系。升级科研管理信息系统,提高科技管理服务水平。

12.提升社会服务能力。组织引导教师参与行业、区域科研攻关,不断拓展科技服务领域。围绕国家战略部署、行业重大需求和地方经济社会发展重大问题,加强智库建设,贡献高水平的研究成果。充分发挥武汉地质资源环境工业技术研究院、浙江研究院、深圳研究院和知识产权与技术转移中心等平台的作用,激发师生创新创业活力,推动科技成果转化。加快推动"武汉·中国宝谷"建设。积极推进深圳特色学院筹建工作。积极推进国家技术转移中部中心综合服务平台建设。

四、深化人事制度改革,推进人才强校战略

13.做好岗位聘任和聘期考核工作。完成《岗位设置管理实施方案》修订工作,启动新一轮岗位聘用和聘期考核工作。落实"学术卓越计划"的总体要求,在岗位聘任条件中提高学术标准,强化教学基本条件要求。做好教职工聘期考核和年度岗位聘任工作。落实管理岗位编制核定方案,严格控制专职管理岗位职数。

14.抓好中青年教师队伍建设。完善青年教师成长激励措施,全面提高青年教师的执

教能力、学术能力和国际交流合作能力。加强"师资博士后计划"工作。做好"摇篮计划""腾飞计划"组织实施和跟踪管理工作。加大中青年骨干教师出国研修选派力度，强化出国留学目标绩效考核。推进高水平专职科研队伍建设。逐步推行新聘人员终身职位试用制度。

15.加强高层次人才队伍建设。召开人事人才工作会议，落实人才强校战略，出台推进人才队伍建设的新举措。修订《高层次人才引进办法》，拓展人才引进渠道和范围，激发学院引进人才的积极性、主动性。注重引进、培养领军人才和人才团队。继续做好"海外青年百人计划"工作，加大优秀青年人才引进和培养力度。完成全国博士后科研流动站评估工作。

五、加强对外交流与合作，积极拓展办学空间

16.提升国际化办学水平。继续推进地球科学国际大学联盟建设。积极做好中约大学的论证和建设工作。创新引智工作思路，吸引更多高层次外籍专家来校进行教学、科研合作。加强丝绸之路学院建设，建立健全"一带一路"高校的合作交流机制。筹建国际联合研究基地，扎实推进国别和区域研究基地建设。做好孔子学院建设工作。

17.加强校友与社会合作工作。根据学校章程，完善学校与社会联系的合作机构。重视发挥校友会、基金会、理事会的作用，积极牵线搭桥，全面推进社会合作，拓展办学资源。进一步加强与科研院所、大型企业、地方政府的交流与合作，联合开展人才培养、科研攻关、技术开发，增强服务行业和区域发展的能力，扩大学校的社会影响力。

六、加强校园基本建设，不断改善办学条件

18.加快推进校园基本建设。抓好在建基建项目管理，确保工程建设质量。做好国家修购项目谋划和申报工作。全面推进教学综合楼、留学生公寓、珠宝科研大楼、游泳馆等重点项目建设。实施好学校基础设施建设和修缮项目工作。做好新校区规划设计、报批报建、招标采购、合同管理和施工管控等工作，确保新校区一期工程7项单体建筑于上半年开工；年内基本完成二期工程13项单体建筑的可行性研究、立项报批以及设计报建工作；同步推进新校区基础设施及配套工程的专项设计以及部分子项目的施工工作。

19.提高实验设备使用效率。健全完善实验室管理模式和运行机制，着力推进科研、教学紧密结合的实验室一体化建设规划，提高实验室的共享率和利用率。改进大型仪器设备考核指标体系，建成大型仪器设备实时管理平台，实现管理全过程信息化。

20.提升学校信息化水平。统筹谋划、系统实施、加大投入、重点推进，进一步加强校园信息化平台建设。改善校园网络硬件条件和进行部分业务系统建设。完成网络核心的升级与改造;进行无线Wi-Fi、接入层网络更新与扩容。完善虚拟化及云服务的支持和管理,进一步提升校园网络及信息系统的安全。解决好信息"孤岛"问题,推进教学资源库、国有资产库、人力资源库等各类数据信息的共享建设。构建网上服务大厅。认真谋划新校区智慧校园建设工作。

七、推进现代大学制度建设,提升学校治理能力

21.健全以章程为核心的规章制度体系,完善学校治理结构。颁布并全面推进大学章程的实施。健全和完善现代大学制度体系,优化学校内部治理结构,重点推进学术委员会章程、学校理事会章程建设,健全以学术委员会为核心的学术管理体系与组织架构。充分发挥各类专业委员会、各民主党派、教代会、工代会、学代会等在民主办学、科学决策中的重要作用。推进学校规章制度的废改立工作。

22.编制落实学校综合改革方案及"十三五"发展规划。以"学术卓越计划"为核心,编制学校综合改革方案并切实推进。围绕学校"三步走"发展战略,加强战略管理,认真做好发展规划工作,增强规划的权威性和执行力。完成学校"十二五"规划执行情况的总结与检查验收工作,系统总结学校"十二五"时期改革发展经验、查找存在的问题与不足,落实相关奖惩。启动学校"十三五"事业改革与发展总体规划编制预研究及学科建设、人才队伍、科技、实验室发展等各专项规划编制工作。

23.深化试点学院改革。激发试点学院办学活力,推动试点学院努力探索以学术卓越为核心价值的体制机制创新,在人才培养、科研激励、教师聘任及考核评价等方面的改革迈出新步伐。适时扩大试点学院改革范围。

24.加强重大事项督查督办工作。加大对学校发展规划、年度工作要点、党委会议、校务会议和重要专项工作会议决定事项落实情况的督查力度。强调协作,加强部门、单位之间工作上的协同配合。加强二级单位执行力建设,建立重大任务落实情况信息通报制度和责任追究制度。

25.加强财经工作及内控机制建设。健全财经制度,完善财务管理流程;推进预算绩效管理,构建资金使用效益评估体系;提升财经工作信息化水平,建立便捷高效的报账服务体系。加强科研经费管理。加强和改进干部经济责任审计工作。落实《工程跟踪审计办法》,出台《审计质量管理办法》。加强和规范国有资产管理。探索建立教学科研用房资源配置和有偿使用办法。进一步规范政府采购与招投标管理。加强合同管理。

八、全面加强党建与精神文明建设

26.巩固教育实践活动和巡视工作成果。扎实做好群众路线教育实践活动整改,巩固和

拓展教育实践活动成果，贯彻落实八项规定精神，持之以恒反对"四风"，形成作风建设新常态。认真落实教育部巡视组反馈意见整改工作。严格控制"三公"经费。严格规范领导干部出国出境管理。加强机关作风建设，提升管理服务效能，推行财务报账、设备申购、资产入库、小型维修等事务性工作一站式办理。完成办公用房清理整改工作。做好信息公开工作，落实信息公开事项清单。

27.加强领导班子建设。贯彻落实《关于坚持和完善普通高等学校党委领导下的校长负责制的实施意见》，加强学校领导班子思想政治建设和民主集中制建设，落实好党政议事规则和"三重一大"决策制度。开好领导班子民主生活会，用好民主生活会的成果。改进和完善党委中心组学习制度，增强学习的针对性、实效性。坚持学校领导班子成员联系师生制度和专题调研制度，完善"校领导接待日"制度。加强院系党政联席会议制度建设。从严管理干部，改进和完善领导班子和领导干部考核体系，加强目标责任考核，建立考核结果反馈制度；用好约谈和诫勉谈话制度，探索建立中层干部责任追究制度，切实提高干部队伍执行力。做好处级干部教育培训工作，提高干部的管理能力和综合素养。

28.扎实推进党风廉政建设和反腐败工作。加强领导班子和领导干部政治纪律、组织纪律和廉政纪律建设。全面落实党风廉政建设党委主体责任和纪委监督责任，严格履行"一岗双责"。扎实推进惩治和预防腐败体系建设，落实主体责任，层层传导压力，强化责任追究，坚持"一案双查"。加强对考试招生、基建工程、物资采购、财务管理、科研经费、国有资产与校办企业、学术诚信及新校区建设项目等重点领域、重点部位和关键环节的监管。开展党风廉政建设宣传教育月活动。拓宽信访渠道，充分发挥信访工作职能。继续推进纪检监察部门转职能、转方式、转作风。

29.扎实开展宣传思想文化工作。落实《关于进一步加强和改进新形势下高校宣传思想工作的意见》，牢牢把握好意识形态工作发展方向，强化政治意识、责任意识、阵地意识和底线意识。切实加强理论宣传、思想政治教育、校园创新文化建设、宣传队伍建设和宣传阵地管理，努力形成大宣传格局，为学校事业发展提供强有力的思想保证、精神动力、舆论支持和文化氛围。注重用办学愿景和战略目标凝聚人心、集中智慧、激发活力，着力营造追求学术卓越的大学文化。进一步加强学生社团建设。

30.抓好党建、统战、群团及离退休工作。强化基层党建工作责任制，加强基层党组织建设，增强基层党组织的政治功能、教育功能和服务功能。做好党员发展和党员教育管理服务工作。继续实施教工党支部建设"结对领航"工程和学生党支部建设"党徽照我行——支部引领"工程。做好流动党员的排查清理和管理工作，健全处置不合格党员工作机制。抓好党支部书记培训工作。贯彻落实中央和湖北省委统战工作会议精神，进一步做好统战工作。加强对工会、共青团、离退休、妇女、学生会等工作的领导。

31.做好民生和安全稳定工作。积极推进地大三期教工住宅工程开发论证工作,促进工程加快实施进度。启动部分旧房维修改造。启动学校食堂改造,改善师生就餐条件。逐步提高在职和离退休教职工待遇。加强附属学校建设。加强法制宣传和安全教育,提高师生法制意识。完善校园安全防范体系,健全校园突发事件应急处理机制。做好校园及周边环境综合治理,建设平安校园、和谐校园。

同时,做好保密、期刊、出版、馆藏、体育、社区建设、医疗卫生、计划生育等方面的工作。

中国地质大学(武汉)年鉴 2015

中国地质大学(武汉)2015年工作总结

2015年,是学校"十二五"发展的收官之年和"十三五"发展的谋划之年。一年来,学校以邓小平理论、"三个代表"重要思想和科学发展观为指导,深入学习贯彻党的十八大及十八届三中、四中、五中全会和习近平总书记系列重要讲话精神,加强党的建设,深化综合改革,推进依法治校,提高办学质量,学校各项事业发展取得新成绩,迈上新台阶。

一、落实全面从严治党要求,开展"三严三实"专题教育活动,加强党风廉政建设

(一)学习贯彻中央会议精神和习近平总书记系列重要讲话精神

通过党委理论中心组学习、报告会、宣讲会、座谈会等方式及网络、校报校刊等载体,深入开展党的十八大、十八届三中、四中、五中全会精神和习近平总书记系列重要讲话精神的学习宣传贯彻落实,加强和改进意识形态工作,强化思想引领。扎实开展党员干部政治纪律和政治规矩集中教育培训,切实将思想与行动统一到自觉贯彻落实中央精神和党的教育方针上。认真落实中央精神进教材、进课堂、进头脑,用社会主义核心价值观武装广大师生头脑。重视马克思主义理论学科建设,不断加强和改进思想政治理论课教育教学,提升课堂教学质量。切实管好思想政治理论课堂、网络新媒体和各种交流平台。

(二)扎实开展"三严三实"专题教育活动

按照中央统一部署和教育部党组、湖北省委要求,扎实开展"三严三实"专题教育活动。校领导班子成员带头讲专题党课,全校讲授专题党课累计48场,覆盖6500余人次。举办学习辅导报告6次、组织专题学习研讨3次,组织89位处级党员干部集中进行两个月的"三严三实"专题网络学习培训。校党委中心组认真学习习近平总书记关于"三严三实"专题教育的重要指示,通过多种方式广泛听取师生意见,认真开展批评与自我批评。学校领导班子及各二级党组织、职能部门紧紧围绕"三严三实"要求,密切联系实际,开好高质量的民主生活会。从加强学习教育、推动工作实践、建设长效机制三个方面用力,将"三严三实"专题教育活动不断引向深入,我校的经验做法被湖北《党员生活》刊发推介。

(三)学习贯彻《准则》《条例》,落实党风廉政建设责任制

认真开展党规党纪教育,严守政治纪律和政治规矩。深入学习党章和新修订的《中国共产党廉洁自律准则》《中国共产党纪律处分条例》,教育党员干部以更高更严的要求,带头践行廉洁自律规范;增强党章党规党纪意识,守住"纪律"底线。落实党风廉政建设党委主体责任和纪委监督责任,严格履行"一岗双责"。认真执行中央八项规定精神和省委六条意见、教育部二十条措施。召开党风廉政建设工作会议,校党委书记、校长与各二级单位党政主要负责人签订党风廉政建设责任书和廉政承诺书,深入开展党风廉政建设宣传教育月活动。积极开展集体廉政谈话和廉政警示教育活动。

完善党风廉政建设工作体制机制,按照《落实党风廉政建设党委主体责任纪委监督责任实施办法》明确责任分工。纪检监察工作落实"三转"要求,强化执纪问责。制定出台加强纪律监督检查的系列规章制度,重视和加强来信来访工作。落实责任追究机制,对落实党风廉政建设责任制不力、造成不良影响的,严肃追究领导责任。严格执行"一案双查",全年给予党纪处分党员4人,党内通报批评12人,诫勉谈话、廉政约谈20人,全校通报批评2人。完成办公用房清理整改,完善国内公务接待管理制度,推进公务用车管理改革。认真落实专项检查整改任务,进一步规范办学行为。

(四)加强干部队伍和作风建设

贯彻落实《党政领导干部选拔任用工作条例》,落实从严治党、从严管理干部要求。修订《处级干部选拔任用工作实施办法》,完善处级干部选任基本条件。修订处级单位和处级干部考核实施办法,完善处级单位和处级干部考核评价体系。开展处级干部人事档案专项审核,启动干部选拔任用纪实工作。严格执行领导干部外出请假报备制度。加强干部教育培训,丰富培训内容,增强培训实效。开展6个二级单位经济责任审计或财务专项审计。认真开展干部个人有关事项报告工作。清理规范领导干部在企业兼职行为。严格领导干部因公、因私出国(境)证件管理。开展贯彻执行八项规定精神情况回头看,持之以恒纠正"四风",构建作风建设的长效机制。严明工作纪律,落实"三短一简",积极推进机关作风建设。

(五)加强基层党的组织建设,做好统战、离退休、工会、群团等工作

构建完善党建工作责任体系,加强基层党的组织建设。落实二级党组织党建工作责任制,强化、细化二级党组织书记的工作职责,6名二级党组织书记进行党建工作集中述职。建立校党委常委及党务部门主要负责人联系教师党支部制度。开展教师党支部书记"双带头人"培育工程,"双带头人"教师党支部书记73名,占97.3%。完成4个二级党组织换届选举和271个党支部换届审批。扎实推进教工党支部"结对领航,让党旗更辉煌"主题立项、本科生党支部"党徽照我行——支部引领"工程、研究生党支部"示范党支部建设"工程和"两访两创"等专题活动,提升党支部建设成效。做好党员发展工作,全年发展党员1245名。加强流动党员管理。

贯彻落实中央统战工作会议精神和《中国共产党统一战线工作条例(试行)》。民进会员沈毅教授"建议高度警惕我国石墨产业存在的问题"成果被中央统战部《零讯》采用。加强学团建设,2个班团支部荣获全国高校示范团支部。关心离退休教职工,注重发挥离退休教职工在学校建设发展中的作用。修订、完善保密规章制度,开展保密宣传教育,加强保密监督管理,认真开展保密检查。扎实做好工会、妇委会等工作。

(六)加强校园精神文明和师德师风建设,建设平安和谐校园

大力推进"八大校园文化工程"建设,不断完善特色文化育人体系。获全国高校校园文化建设优秀成果一等奖1项、全国高校博物馆育人联盟优秀育人项目特等奖1项;荣获2013—2014年度"湖北省精神文明先进单位";获武汉创建全国文明城市贡献单位。学生原创的《丝路新语》在CCTV1台"五月的鲜花"主题晚会播出;我校原创情景剧《北京,不会震!》作为"共和国的脊梁"专题节目在人民大会堂演出。

加强师德师风建设,制定《建立健全师德建设长效机制实施办法》,完善师德考核机制,实行师德"一票否决制",持续开展师德师风宣传教育月活动。落实安全稳定与综合治理工作责任制,加强心理健康教育、上访接待、申诉受理等工作。健全完善校园安全管理及突发事件应急处置工作机制,依法依规、积极稳妥处理突发事件。学校获评"湖北省2014年度社会管理综合治理优胜单位"。

二、坚持依法治校,以"学术卓越计划"为核心的综合改革稳步推进

(一)依照大学章程完善学校治理体系

坚持和完善党委领导下的校长负责制,落实党委常委会向全委会报告工作制度。进一步健全完善党委统一领导、党政分工合作、协调运行的工作机制。加强教代会、校工会与校行政联席会、党外人士双月座谈会、党外人士监督制度建设,进一步完善和规范民主监督制度,落实"三重一大"决策制度。积极开展校领导接待日等活动,广泛听取师生意见,促进民主管理。

学校章程获教育部核准通过并正式颁布实施。依照章程建立健全以学术委员会为核心的学术管理体系与组织架构。新成立校学术委员会及其下设的学科建设、教学工作、科学技术、学术道德四个专门委员会,制定公布章程(规程),在学术机构设置、学科和专业建设、学术评议、学术发展和教风学风建设等方面处理专项事务,履行相应职责。积极推进理事会建设。落实教育部《清单》要求,全面推进信息公开。加强合同管理,防范办学法律风险,依法维护学校和师生权益。举办国家宪法日宣传教育活动。

(二)制定学校综合改革方案,启动"十三五"规划

根据中央关于全面深化改革的重大战略部署和国家高等教育体制改革的总体要求,研究制定学校综合改革方案。经过深入调研和反复论证,从8个方面确定了学校深化改革的39项任务以及相应的改革举措。综合改革方案获国家教育体制改革领导小组办公室同意并备

案。形成以"学术卓越计划"为核心的学校综合改革思路：以提高办学质量为中心，以战略规划与管理为引领，以追求学术卓越和改善办学条件为基本着力点，以强化人力资源管理、完善内部治理结构、创新资源分配机制为重点任务。稳步推进试点学院改革。

开展学校"十二五"事业发展情况总结验收与"十三五"规划编制工作。召开学校"十三五"规划编制工作研讨会，各二级单位汇报交流、集中研讨。完成各二级单位规划和6个专项规划一上文本，研究确定"十三五"改革与发展主要指标体系。

（三）深化教育教学改革，人才培养质量不断提高

召开学校教育教学、人才与科技工作会议，开展教风学风建设调研与讨论，制定关于加强教风学风建设的实施意见。修订本科人才培养方案，实施教师评教计划，积极推进"科教结合协同育人行动计划"，稳步推进"本科教学工程"和专业建设工作。开展MOOC课程建设，与高等教育出版社"中国大学MOOC"平台签署合作协议。成功申报大气科学、数字媒体艺术两个本科专业。坚持育人为本、德育为先，思想政治教育与学生管理服务相结合。持续推进"学生事务'一站式'服务"和"大学生学习支持中心"建设，完善学生学习支持体系，优化"发展型"奖励资助模式，按照"六全"模式深入开展心理健康教育。开展国防生培养十周年专项活动。扎实推进民族生教育培养。

深入推进研究生教育综合改革，加强导师队伍建设，建立博士研究生分流淘汰机制，顺利完成学位点专项评估工作。启动研究生生源质量工程，实施研究生教育国际化计划，推进专业学位研究生实践基地建设。召开学校研究生教育工作会议。改进和完善国际学生培养模式，严格规范国际学生管理，提高国际学生培养质量。不断加强远程与继续教育规范办学。稳步推进国土资源管理学院建设。

学校与中国气象局签署战略合作协议，共建大气科学专业。大力推进大学生创新创业教育工作，高辉团队制作的"设计师在线教育平台"获首届中国"互联网+"大学生创新创业大赛全国总决赛金奖，中地大科创咖啡获批全国首批众创空间；学校获"全国大学生社会实践活动优秀单位"。地大学子在"挑战杯"全国大学生课外学术科技作品竞赛、全国大学生英语竞赛以及国内外羽毛球、游泳等体育赛事中斩获佳绩。2位校友当选中国工程院院士，4位校友获得国家杰出青年科学基金，7位校友获李四光地质科学奖。

加强招生宣传，本科生、研究生生源质量不断提高。全年录取博士生315人，录取硕士生2050人，较上年增长2.6%。2015年本科毕业生4365人，本科毕业生就业率92.62%，其中协议就业率47.06%，升学（含出国、境）率36.63%。研究生就业率96.66%。

（四）完善人事管理制度，人才队伍建设取得新成绩

坚持学术标准，实施分类评价，修订完善《岗位设置管理实施方案（2015年修订版）》和《突出贡献奖励实施办法（修订）》，完成年度岗位聘用和聘期考核工作。系统构建人才引进和培养制度,使人才引得进、留得住、发展好,制定实施《地大学者岗位管理办法》。通过用人制度和聘用制度改革引导教职工有序流动,制定《流动编制人员聘用管理办法》。继续推进青年教师发展促进计划,加大教师出国研修选派力度和过程管理。

郝芳教授当选中国科学院院士。5位教授入选汤森路透全球"高被引科学家"。新增国家"千人计划"长期项目1人,长江学者奖励计划特聘教授1人、讲座教授1人,国家"千人计划"青年项目3人,国家"万人计划"青年拔尖人才3人,国家自然科学基金优秀青年基金获得者3人,国家百千万人才工程2人,享受国务院政府特殊津贴专家3人,湖北省百人计划1人,湖北省楚天学者特聘教授2人、讲座教授2人,楚天学子4人,湖北省优秀青年骨干人才1人。

(五)推进学科战略规划与专项计划,科技工作取得新进展

成立地球科学、特色工科、特色文科三个发展战略规划小组,开展学科集群战略规划。稳步推进学术创新基地计划和学科培育计划。积极开展学位点专项评估与合格评估工作。启动海洋学院筹建工作。2015年,学校地球科学领域进入ESI学科机构排名前1‰,工程、环境/生态、化学、材料科学领域进入前1%,取得新的突破。

2015年结题科研项目1450项,在研科研项目2850项,立项1070项,合同经费3.33亿元,实到经费3.97亿元。获批国家自然科学基金156项,其中创新研究群体科学基金1项、优青2项、重点项目3项、重大研究计划重点项目2项、国际(地区)合作与交流重点项目1项,获资助经费首次突破亿元。全校发表三大检索论文1858篇,其中入检SCI968篇,SSCI20篇,CPSI-S32篇,EI期刊论文965篇,EI会议论文40篇。肖龙教授团队完成的"嫦娥三号"探月工程最新探测成果在 *Science* 发表。申请专利500余项。获得湖北省自然科学一等奖、湖北省科技进步二等奖、湖北省发明奖二等奖各1项,获高等学校科学研究优秀成果奖自然科学一等奖1项。程寒松教授负责的常温常压储氢技术受到各界广泛关注。

2个国家重点实验室通过科技部组织的评估,其中地质过程与矿产资源国家重点实验室获评优秀。地质学、地质资源与地质工程博士后科研流动站在全国博士后综合评估中获评优秀。构造与油气资源实验室顺利通过教育部重点实验室评估。积极推进"2011"计划。湖北省改革智库学校湖北省生态文明研究中心积极为省委省政府提供智力支持。国防科技研究院顺利通过2015年"国军标质量体系认证"换证综合评议和"武器装备科研生产许可证"换证审核。积极推进地质微生物业务中心筹建工作。《地球科学》*Journal of Earth Science*(英文版)分别荣获"2015中国最具国际影响力学术期刊""2015中国国际影响力优秀学术期刊"称号。

(六)积极扩大社会合作,着力提升服务能力

积极打造校友信息平台,成立陕西校友会、苏州校友会、北京校友会。稳步推进基金会工作。与成都市双流县人民政府签署了共建成都地质资源环境工业技术研究院协议。与宜昌市人民政府、中交天津航道局等地方政府、企事业单位签署战略合作协议。国家技术转移中部中心的技术转移综合服务市场、中国(武汉)海外科技人才离岸创业中心落户我校。武警黄金指挥部人才培养基地落户我校。积极推进"武汉·中国宝谷"建设。对口竹山县秦古镇小河村精准扶贫工作扎实推进。积极推进对口支持性合作任务。

积极推进国际交流与合作工作,不断加强港澳台交流工作。中约大学筹建工作稳步推进。积极响应和服务国家"一带一路"战略,成立丝绸之路学院,推进丝绸之路沿线地质资源国际研究中心、约旦研究中心建设。举行第二届亚洲特提斯造山与成矿国际学术研讨会暨丝绸之路高等教育合作论坛、丝绸之路青年领袖论坛。英国牛津大学加入地球科学国际大学联盟。学校再次进入U.S. News & World Report发布的全球大学500强排行榜,学校的国际影响力持续增强。

三、强化和完善办学支撑与保障条件,管理服务效能不断提升

(一)稳步推进学校基本建设

图书馆、留学生公寓、北校区广场投入使用。教学综合楼、游泳馆、珠宝科研大楼建设稳步推进。完成汉口校区资产处置工作。新校区一期工程学生宿舍一组团建设项目封顶。资环工研院园区一期主体建设完工。幼儿园新楼落成,三栋职工宿舍旧房改造-扩建工程、锦鲤塘及周边环境改善工程顺利进行。改善教职工住房条件,启动周转房维修改造、煤气进家属楼项目。启动学校国际校区暨中约大学中国校区建设项目论证及规划工作。

(二)积极做好财经工作

落实学校年度收入计划,加强和细化预算过程管理。截至2015年12月,实现学校收入17.68亿元,其中财政拨款10亿元,教育事业收入3.2亿元,科研经费收入3.4亿元,基本实现了在上年度总收入基础上"稳中求进"的目标。加强预算管理,严格控制支出,压缩三公经费、运行费等一般性支出。开通"网上报账"系统,提升财务管理信息化水平。组织开展科研经费自查自纠,大力推进专项资金执行督促工作。发挥审计监督职能,完成结算审计项目78项,送审总金额13 845.16万元。

(三)推进资产、信息化、后勤保障等工作

加强国有资产管理,配合完成国有资产管理专项检查。探索推进资产管理"一站式"审核办理。持续推进实验室开放工作,完善大型仪器设备绩效考核,积极开展开放共享和设备论证工作。加强实验室技术安全管理,杜绝安全隐患。实验技术研究取得新进展。学校三个国家级实验教学示范中心参加国家级实验教学示范中心十周年展。加强、规范和统筹网络安全与信息化建设工作,制定《网络安全与信息化建设管理办法》。推进学校公共房产管理改革,制定《学校公用房管理办法》。改善青年教职工住房条件,657名教职工挑选了周转房。

学校图书馆、档案馆、博物馆、资产经营、基础教育、医院、社区等工作也持续保持良好发展态势,为学校发展提供了良好的保障服务。

2016年,是学校科学谋划并启动实施"十三五"规划的开局之年,是学校深化综合改革、推进依法治校的攻坚之年。学校以新的发展理念为引领,落实立德树人根本任务,落实全面从严治党责任,坚持内涵发展,全力推进以"学术卓越计划"为核心的综合改革,不断提升教育质量与办学水平。

在学校学术委员会成立大会上的讲话

郝 翔

（2015年12月3日）

学术委员会各位委员、老师们：

大家好！

经过近一年的认真筹备，学校学术委员会及下设的四个专门委员会——学科建设委员会、教学工作指导委员会、科学技术委员会和学术道德委员会今天正式成立了。首先，我代表学校党委、行政和广大师生员工，向学术委员会的成立表示诚挚的祝贺！向为筹备工作付出辛勤工作的老师们表示衷心的感谢！

学校学术委员会的组建及章程制定工作，是在中央全面推进依法治国、深化教育综合改革、提升高等教育质量的背景下进行的；是在学校正式发布大学章程、全面深化综合改革、完善内部治理结构、探索建立现代大学制度、实施学术卓越计划、全面争创世界一流大学和一流学科建设的重要关头开展的，充分体现了"教授治学、民主管理、社会参与、依法治校"的原则，是学校内部治理体系和治理能力现代化建设的重要一环，是学校建设高水平特色大学的重要保障。

学术委员会今天正式成立，标志着我校在学术管理上向前迈出了重要一步，使"教授治学"和"学术民主"的理念在落实上进一步有了保障。

借此机会，我谈几点意见，请抓好贯彻落实。

一、学校党委、行政高度重视，切实保证学术委员会在学校学术事务中充分发挥作用

党委领导下的校长负责制是中国共产党对国家举办的普通高等学校领导的根本制度；《高等教育法》对现代大学治理结构的顶层设计作出了明确的规定，即以"党委领导、校长负责、教授治学、民主管理"为基本框架；同时，《高等教育法》规定："高等学校设立学术委员会，审议学科、专业的设置，教学、科学研究计划方案，评定教学、科学研究成果等有关学术事项。"可见，坚持和完善党委领导下的校长负责制是学校全面推进依法治校的重点；积极探索建立健全"党委领导、校长负责、教授治学、民主管理"为基本框架的现代大学制度，是学校完善内部治理结构、提升治理能力的重要任务；发扬学术民主、探索教授治学、成立学术委员会，是提升学校学术管理水平，推进学校科学发展的客观需要。

学术委员会肩负着参与全校学术管理的重要使命，统筹行使对学术事务的决策、审议、评定和咨询等职权，是学校推行教授治学的依托力量。其工作成效不仅关系着学术权力的落实，更事关学校建设发展的成效。作为学校治理体系的重要组成部分，学校党委和行政高度重视学术委员会的建设，一致认为要全面加强学术权力建设，有效地发挥学术委员会的重要作用，健全以学术委员会为核心的学术事务管理体系。

学术委员会是校内最高学术机构，要遵照大学章程、学术委员会章程等管理规定，落实学术委员会的职权，支持学术委员会独立、自主地开展工作，尊重学术委员会的决策机制与程序，尊重学术委员会做出的决策意见，依托学术委员会全面加强学校学术管理工作，科学决策，民主管理。在党委会议、校务会议研究决策有关事项前，该提交学术委员会审议的严格提交审议，该提交学术委员会作出评价的认真作出评价，该向学术委员会通报情况的及时进行通报，注意听取学术委员会的建议；党委会议、校务会议研究决策有关事项时，充分尊重学术委员会提交的意见，会议做出不同意见决策时，学校及时说明情况，解释缘由，或者进行更加充分的沟通协商，促进决策的科学化。我们希望通过这种路径，既保证学校的有序运行，又充分发挥学术委员会的重要作用，构建学术权力和行政权力相对独立、相互协调、互相制衡、相互促进的运行机制，促进学校事业更好地发展。

学校支持学术委员会的硬件条件建设，在秘书处人员配备、办公场所提供、办公经费保障等方面给予尽可能的支持，为其开展工作、发挥作用提供必要的保障。

这项工作才刚刚起步，我们思想上要适应，观念要彻底转变，不断深化认识。全校上下对学术委员会的工作要给予充分理解和大力支持，任何单位和个人不能干涉和干扰学术委员会正常的工作开展。学校管理部门在开展相关工作时，要主动征询学术委员会委员的意见，要认真接受学术委员会委员们就学术事务对相关职能部门的咨询和质询，尊重学术委员会的决策。

二、加强学术委员会建设，促进学校的学术发展和办学质量的提升

如何发挥好学术委员会的作用，使"教授治学"落到实处，这是一项新工作，还要从体制、机制上进行创新和尝试，要不断进行改进和完善，强化学术委员在学校学术管理中的主体地位，保障学术权力科学规范、民主高效地运行；加强学校学术规范建设，营造自由开放、健康向上的学术氛围。

学术委员会要按照大学章程和学术委员会章程的要求,统筹谋划自身建设,完善学术管理的体制、制度和规范,积极探索教授治学的有效途径。要尽快建立和完善组织机构、规章制度和工作要求,重视加强专门委员会建设,明确工作事项,保证学校各类学术事务管理与决策的专门化、及时性。尽快建立健全会议制度、议事规则、公示制度等,加强信息公开,为学术委员会正常开展工作提供组织保障和制度遵循,构建顺畅的运行机制,保证规范有序运行,公平、公正、公开地履行职责。

学术委员会以繁荣学术、促进发展为己任。开展学术管理活动要遵循学术规律,尊重学术自由、学术平等,鼓励学术创新,促进学校学术发展和人才培养,全面提高学校学术发展质量。

要建立健全学术委员会及委员履行职责的监督机制,提高运行的透明度,切实维护学术委员会的公信力。要切实维护委员的权利,建立对委员的履行职责的考评机制,增强委员的荣誉感和责任感。尽可能地为委员开展工作调研、考察交流创造条件,提供便利。

学术委员会要建立年度工作报告制度,每年度对学校整体的学术水平、学科发展、人才培养质量等进行全面评价,提出意见、建议;对学术委员会的运行及履行职责的情况进行总结。届时提交教职工代表大会,有关意见、建议的采纳情况,校长要相应做出说明,共同接受教职员工的审议和监督。

按照高校信息公开的要求,学术委员会要将章程及相关制度、学术委员会组成和运行情况、年度报告等通过学校网站等途径及时地予以公开。

三、委员们要履职尽责,率先示范,发挥好"教授治学"作用

学术权力主要涉及学术事务,作用在于保证学术规范得以贯彻,促进学术研究健康发展。学术权力的依据除了法律法规赋权外,更主要的则是学术规则和高等学校的办学规律,运作的基础主要在于学术委员们的专业知识、学术水平和学术声望。

"教授治学"主要体现在学术管理和学术示范。这就要求教授首先要治学术,要先做学者。一流的教授,要治一流的学术,做一流的学者。各位委员不仅要在自己的研究领域内做好研究,还要带头致力于学术团队建设,力争取得更多、更有影响力的标志性成果。同时,要以主人翁的姿态,积极参与学术管理,密切关注学校改革发展大事,为学校的改革发展献计献策,努力推动学校学术的繁荣发展。

各位委员都是经过认真遴选确定的各学科领域的优秀代表,在各自的研究领域取得了显著业绩,不仅是"教授治学"的代表,也是学校学术形象的代表。希望大家继续保持和发扬实事求是的科学精神和认真严谨的治学态度,站在学校全局的高度,本着对历史和未来高度负

中国地质大学(武汉)年鉴 2015

责的态度,继承和发扬良好的学术风范,认真履行委员的职责,积极参与学校发展规划、专业建设、科学研究、队伍建设等重大问题的论证,并在审查、评议、鉴定教学、科研成果和教师水平等方面发挥应有作用,指导并监督学术活动的开展和学术道德建设,公平、公正地行使学术权力,切实担负起"治学、治校"的光荣使命,为学校的改革与发展建言献策;希望大家要做好学术表率,带头遵守学术规范,严守学术道德,自觉维护学校学术声誉,恪守职业操守,"学为人师,行为世范",不断提高思想素质和业务水平。

各位委员、老师们,全校师生员工对学术委员会寄予厚望。希望各位委员充分认识到责任之重大,使命之光荣,倍加珍视学术委员会和四个专门委员会委员这一光荣称号,认真学习党和国家的教育方针政策,认真学习高等教育基本理论,认真学习高等学校管理理论,以高度的使命感和责任感,努力工作,为促进学校学术繁荣和整体办学水平的提高做出新的更大的贡献。

谢谢大家!

格局与精致

——在2015年毕业典礼上的讲话

王焰新

（2015年6月25日）

亲爱的同学们：

大家上午好！

今天，我们隆重举行2015年毕业典礼，与同学们话别。在此，我代表学校，向大家表示祝贺，祝贺大家：毕业了！

时光太瘦，指隙太宽，还没来得及细细体会，一千多个日日夜夜就这样与我们擦肩而过。这几年，同学们不断刷新着地大人的"青年纪录"，在"创青春"全国大学生创业大赛、世界机器人大赛等国内外顶尖学科竞赛中敢为人先、摘金夺银；涌现了一批以"积水团队"为代表的创新创业先锋模范；你们努力超越自我、走进职场，充分展现了地大学子的自信与风貌。就在你们当中，有潜心于行星研究的"学术超男"，有设计青花瓷作品登上央视的"创意超女"，有名扬亚运赛场和问鼎世界高峰的"运动达人"，当然，还有更多无数看似平凡却并不平庸的新一代地大人。是你们，用一点一滴的努力，在这里收获知识、增长智慧、提升品位、放大格局，在此，我不禁为你们点赞、喝彩！

滴水之恩，当思涌泉相报。此时此刻，你们定当想到：你们的成长与蜕变，离不开老师的教诲、同学的帮助、家人的支持……是他们默默付出的点点滴滴，成就了你们的今日，在今天这个特别的日子，希望你们真诚地向他们说一声感谢，道一声珍重！

这几年，学校的一花一草一木，一楼一堂一馆，无不见证着你们的欢笑与泪水，珍藏着你们的眷恋与"乡愁"。这几年，我们一起成长，不断拓宽视野、放大格局：确定了"三步走"的发展战略；启动了新校区建设，吹响了南迁办学以来"第二次创业"的集结号；迈开了参与服务国家"一带一路"战略的新步伐；提出了"武汉·中国宝谷"概念规划并被武汉市政府采纳，发挥学科优势与智库作用推动区域经济发展的能力大大增强……我们相信，只有胸怀理想、站到高处、望着远处，学校才能有更加清晰与美好的未来。

这几年，我们坚持内涵发展、追求精致。我们制定并发布了学校章程，踏上了依法治校的道路；实施了学术创新基地建设计划与学科培育计划，修订了岗位管理实施方案，完善了教学评教制度……拉开了以"学术卓越计划"为核心的综合改革的序幕；这几年，我们为同学们的宿舍安装了空调、建立了学习支持中心……我们相信，只有品察细微、脚踏实地，才能让我们的教育更加精致！

可是，我们依然听得见北区停水期间同学们自称法号"不冲"的调侃，看得见贴吧里同学们将学校网络称之为"易断连"的吐槽，我知道，我们还有很多地方经不起细看，需要我们去完善。我有一个"地大版"精致教育的梦想，就是在未来的某一天，我们的师生员工，人人都很精干；我们的学科专业，个个都很精专；我们的课堂教学，堂堂都很精彩；我们的校园环境，处处都很精美；我们的管理服务，环环都很精细……梦想虽然遥远，但也绝非不可企及。或许是为了感召我们，我们已看到了梦想放射出来的些许曙光：我们跻身于全球500强大学，4位教授入选了世界"高被引科学家"行列；我们实现了学校在ESI全球前1%机构的学科数从1个到4个的跨越，尤其是地球科学迈入了全球前1‰的最强阵列……我相信，经过几代地大人艰苦卓绝、持之以恒的努力，学校的梦想一定能够实现！

而你们，即将怀揣梦想，背起行装，踏上新的征程，在此，我满怀离别的不舍，以"格局与精致"为题，再叮嘱几句，与同学们共勉。

格局，需要登高望远、内修自省的见识与智慧。从你们走出校园的这一刻起，你们将会面临更多的选择与机会、更多的陷阱与诱惑、更多的困难与无奈。唯有不忘初心，以更宽广的视野、更长远的眼光去做好人生定位与规划，才能在今后的生活风浪中坚持正确航向。这需要平台，需要阅历，但我相信，我们地大人漫步太古、上天入地、潜海登极的浪漫情怀，勇攀高峰、敢于担当的文化基因，一定已注入了你们的血液！今天，请你们带着地大人的这份洒脱与宽广，这份自信与豪迈，勇敢地走向广袤的祖国大地，学会站在更高的位置、更远的时空审视自我、洞察时代。同学们，格局固然需要学识、能力、才华，但更需要意境、心境、道境，需要你们学会内修于心，外秀于行。无论将来有多忙、有多累、有多烦，都希望你们永远不要忘了静心读书，永远不要忘了"吾日三省吾身"，永远不要忘了仰望天空。

格局，需要敢于担当、懂得舍弃的豪情与气度。你们是幸运的，毕业后将亲手去建设美丽的中国，中国梦的实现也将多一份地大人的责任与汗水。我很欣慰，你们中有不少的同学在这个人生的抉择点上，毅然选择到西部、到祖国最需要的地方去奉献青春、建功立业。将来，无论走到哪里，我都希望你们记住家宝学长2012年在教一楼对你们的谆谆教诲："有的事，能担起的，就勇敢地担起来！"希望你们永远保持知识分子的那份高贵与定力，勇于弘扬正气，不因力量渺小而放弃，不因人微言轻而彷徨。面对甚嚣尘上的利己主义，我也希望你们理性看待名利,抵制各种欲望的诱惑与吸力。要始终牢记:一个人的格局,与金钱、地位没有必然的联系;要始终牢记:唯有学会舍弃,方能拥有幸福。

"泰山不拒细壤,故能成其高;江海不择细流,故能就其深。"无论怎样高大上的格局,都得靠细节来填充、靠精致来体现。如果说格局决定了理想、目标的高度,那么精致则从根本上决定理想、目标的达成度。

精致,需要知行合一、精益求精的热情与态度。"天下难事,必做于易;天下大事,必做于细。"翻看人类历史,细观当今世界,你们会发现:从来就不缺坐而论道者,缺的是那些目光远大、德才兼备、精益求精的探索者、实干家。对于即将走向工作岗位的你们,一开始或许只能做一些并不起眼的小事,对于继续从事研究的你们,一开始或许也只能做一些最简单的文献阅读、资料收集和实验准备。但不管做什么,你们都要坚守地大人求真务实、知行合一的优良品质,坚持追求精致的严谨态度,不但要善谋大事,更要善做小事,永远不要忘了:成功,无不源自近乎苛责的完美追求。

精致,需要静得下心、沉得住气的理性与坚持。一段时期以来,人们似乎忘记了孔子2500多年前的忠告:"欲速则不达",社会浮躁之风盛行,已经侵蚀本应潜心治学、坚守社会良知的高等学府。一个人一旦沾上"浮躁病",就会少了耐心,多了冲动;少了冷静,多了盲目;少了脚踏实地,多了急于求成。我常常告诉同学们:地大人有个特点,总是说的少,做的多;地大人有种品格,总是不怕苦,敢担当;地大人有种精神,总是敢质疑、善求真。唯其艰难、更显勇毅,唯其磨砺、始得玉成,希望你们在未来的日子里,继续弘扬地大人"艰苦朴素求真务实"的校训精神,走好第一步,走稳每一步,为成长留足空间,为机遇积聚努力,学会在日复一日的自我鼓励、约束与坚持中寻找解决问题的方案,在谋求与自然和谐相处中欣赏身边的美妙风景,在珍惜友情和亲情中感悟幸福的真谛。

同学们,精彩的大学生活行将结束,你们即将奔向远方。"数重云外树,不隔眼中人",无论你们走多远,无论未来的你们是乘风破浪,还是浪迹天涯,母校永远是你们最温暖的港湾!母校永远在这里,守望着、祝福着你们:放大格局,追求精致! 希望你们像北大门的笑脸一样,永葆青春风采,笑看云淡风轻!

我坚信,地大明天一定会以你们为荣!

谢谢大家!

中国地质大学(武汉)年鉴·2015

Nianjian

中国地质大学（武汉）概况

中国地质大学（武汉）简介

中国地质大学是教育部直属全国重点大学，是国家批准设立研究生院的大学，是国家"211工程"、教育部"优势学科创新平台"项目建设的大学。

学校创建于1952年，前身是北京大学、清华大学、天津大学、唐山铁道学院、中国矿业学院相关系（科）合并组建而成的北京地质学院。学校于1960年被确定为全国重点院校，1970年整体迁至湖北江陵，更名为湖北地质学院，1975年整体迁至武汉，更名为武汉地质学院。1978年，武汉地质学院在原北京旧校址设立武汉地质学院北京研究生部；1987年，国家教委批准武汉地质学院更名为中国地质大学，武汉、北京两地办学，总部设在武汉。2000年2月，学校由国土资源部划归教育部管理。2006年10月，教育部、国土资源部签署共建中国地质大学协议。

中国地质大学（武汉）坐落在国家历史文化名城、现代化国际大都市——武汉，占地2400余亩（含未来城校区710亩）。学校现有18个学院（课部），62个本科专业，拥有国家地质学理科人才培养基地和国土资源部地质工科人才培养基地；学校以地球科学为主要特色，拥有地质学、地质资源与地质工程两个全国排名第一的国家一级重点学科，学科涵盖理学、工学、文学、管理学、经济学、法学、艺术学、教育学、哲学等门类。学校现有13个一级学科博士点，37个一级学科硕士点，13个博士后科研流动站，有工程硕士、MBA、MPA、MFA、J.M等10类专业学位授予权点，其中工程硕士专业涵盖19个工程领域。

学校以1968届校友温家宝的题词"艰苦朴素，求真务实"作为校训。学校总结办学经验、谋划未来发展蓝图，提出"三步走"发展战略，其中将"建设地球科学一流、多学科协调发展的高水平大学"确立为办学的阶段性目标,将"建设地球科学领域世界一流大学"确立为办学的长远目标。学校坚持突出办学特色,完善学科体系,努力为解决我国和人类社会面临的资源环境问题提供高水平的人才和科技支撑。

学校围绕提高人才培养质量和提升创新能力,着力打造一支高水平人才队伍,建设一批高水平的学术创新基地。学校现有各类科研机构、实验室、研究院(所、中心)86个,其中国家重点实验室2个,国家工程技术研究中心1个,国家地方联合工程实验室1个,省部级重点实验室、工程中心、人文社科研究基地16个。全校教职工总数3020人,其中教师1678人(含专任教师、思政教师、专职科研教师,不含双肩挑教师),中国科学院院士11人,"千人计划"创新人才8人、青年项目(青年千人)入选者6人,"万人计划"科技创新领军人才1人、青年拔尖人才3人,"长江学者"特聘教授12人、讲座教授5人,国家杰出青年科学基金获得者13人,国家优秀青年科学基金获得者7人,国家"百千万人才工程"入选者7人,教育部"新世纪优秀人才支持计划"入选者31人,湖北省"百人计划"入选者6人,湖北省"楚天学者计划"教授36人。近年来,学校新增国家自然科学基金创新研究群体3个,教育部创新团队3个,国家级教学团队4个,国家级教学名师1人,湖北省教学名师9人。2008年,学校成秋明教授继赵鹏大院士之后,成为荣获国际数学地质学会最高奖——克伦宾奖的第二个亚洲人。

学校拥有"学士—硕士—博士"完整的人才培养体系,其中全日制在校学生近2.5万人,非全日制专业学位研究生2800余人,成教及网络教育注册学生3.9万余人,各类留学生800余人。学校按照"品德高尚、基础厚实、专业精深、知行合一"的人才培养目标,全面实施本科教学质量工程,分类分层次地推进品牌专业与特色专业建设、"卓越工程师教育培养计划"、精品课程、精品资源共享课、精品视频公开课建设等各类建设工程。启动了"李四光计划"、各类跨学科实验班、"国家大学生创新创业训练计划"等,深入推进本科拔尖创新人才培养改革。2012年,学校与中国科学院共同组建"C²科教战略联盟",同年,作为首批大学加入了"教育部、中科院科教协同育人计划",并成立了"李四光学院",先后组建了"地球科学菁英班""生物科学菁英班""环境科学与工程类菁英班""海洋科学菁英班",发挥地球科学领域的特色和优势,与中国科学院一道,共同探索"科教结合、协同创新"的全新人才培养模式,成为学校教学改革的试验区,体制、机制改革的试验田,协同创新的示范体。从20世纪50年代起,学校相继在周口店、北戴河、秭归等地建立了教学实习基地。其中,周口店野外实习基地被誉为"地质工程师的摇篮",已建成为"全国地质实验(实践)教学示范中心"和"国家基础学科人才培养能力(野外实践)基地";秭归实习基地建设了教育部长江三峡库区地质灾害研究中心,其影响辐射全国。秭归实习基地、周口店实习基地2012年分别入选"国家理科野外实践教育共享平台"。

学校积极开展对外学术、科技和文化交流，先后与美国、法国、澳大利亚、俄罗斯等国家的100多所大学签订了友好合作协议。成立了由学校牵头，斯坦福大学、牛津大学、麦考瑞大学、香港大学等11所世界知名大学参加，共同组成的地球科学国际大学联盟，在地学领域开展资源共享、国际交流与合作。近年来，学校公派出国访问、留学，攻读硕士、博士学位的师生每年超过500人次，邀请来校访问、讲学、与会的境外专家每年超过300人次。学校3个项目被列入"高等学校学科创新引智计划"（即"111计划"），以学校为支撑建立了美国布莱恩特大学孔子学院、美国阿尔弗莱德大学孔子学院、保加利亚大特尔诺沃大学孔子学院，建成了"中匈联合环境科学与健康实验室"和"中美联合非开挖工程研究中心"等6所国际科研合作中心。

60余年来，学校人才辈出。毕业生中走出了以前任国务院总理温家宝为代表的一大批社会管理精英，成长了以"嫦娥工程"首席科学家欧阳自远等为代表的33位两院院士，涌现了国家体育场馆"鸟巢"总工程师李久林为代表的一大批工程奇才……广大毕业生正以自身的努力为学校赢得荣誉、提供支持。同时，学校也将为解决经济社会可持续发展问题，谋求人类与地球的和谐发展做出更加卓越的贡献！

中国地质大学（武汉）章程

序言

中国地质大学（武汉）前身是创建于1952年的北京地质学院，1960年成为全国重点院校。1970年，学校整体迁至湖北办学，更名为湖北地质学院。1974年，学校定址武汉，更名为武汉地质学院。1987年，国家教育委员会批准组建中国地质大学，武汉、北京两地办学，总部在武汉。1997年，学校成为国家"211工程"重点建设高校。2000年，学校由国土资源部划归教育部主管。

学校坚持谋求人与自然和谐发展，为解决国家和人类社会面临的资源环境问题提供高水平的人才和科技支撑，在建成地球科学一流、多学科协调发展的高水平大学的基础上，努力建设成为国内外知名的研究型大学，致力于实现地球科学领域世界一流大学的办学目标。

第一章 总 则

第一条 为保障学校依法自主办学，建设现代大学制度，依据《中华人民共和国教育法》《中华人民共和国高等教育法》等法律法规，立足学校实际，结合改革发展需要，制定本章程。

第二条 学校中文名称为：中国地质大

学（武汉）；简称：地大；英文名称为：China University of Geosciences；缩写：CUG。学校网址为http://www.cug.edu.cn。

第三条　学校法定住所地为：湖北省武汉市洪山区鲁磨路388号。学校根据事业发展需要，经举办者或主管部门同意，可新建或者调整校区。

第四条　学校是国家举办、国务院教育行政部门主管的具有独立法人资格的非营利性事业单位，由国务院教育行政部门与国土资源部门、湖北省人民政府依据合作协议共同建设。

第五条　举办者和主管部门对学校进行宏观指导、依法监督，为学校提供办学经费，保障学校办学的基本条件，任免学校负责人，支持学校依照法律法规和学校章程自主办学，保护学校的合法权益；确定学校的分立、合并与终止。

第六条　学校坚持社会主义办学方向，全面贯彻国家教育方针，以立德树人作为办学的根本任务，以人才培养、学术研究、社会服务、文化传承与创新为基本职能，根据法律法规及本章程的规定制定学校事业发展战略、专项发展规划和规章制度，自主管理，推动学校各项事业协调发展，主动接受社会监督和评价。

第七条　学校围绕学科前沿和经济社会发展的需求，不断优化资源配置，努力构建以地球科学为主导，多学科相互支撑、协调发展的学科生态系统。

第八条　学校以实施普通高等教育为主，稳步发展继续教育，积极拓展中外合作办学，努力培养"品德高尚、基础厚实、专业精深、知行合一"的高素质人才。

第九条　学校的校训是"艰苦朴素，求真务实"。

第二章　治理结构

第一节　领导体制

第十条　学校依法实行中国共产党中国地质大学（武汉）委员会（以下简称学校党委）领导下的校长负责制。

第十一条　学校党委是事业发展的领导核心，统一领导学校工作，支持校长依法独立行使职权并开展工作。

第十二条　学校党委由党员代表大会选举产生，党委常委由党委全委会选举产生，每届任期5年。

第十三条　学校党委依法履行下列职责：

（一）宣传和执行党的路线方针政策，以及上级组织和本级组织的决议，依靠全校师生员工推进学校科学发展，培养德智体美全面发展的社会主义事业建设者和接班人；

（二）审议确定学校基本管理制度，讨论决定学校改革发展稳定以及教学、科研和行政管理中的重大事项；

（三）讨论决定学校中层组织机构设置及其负责人人选，按照干部管理权限，负责干部的选拔、教育、培养、考核和监督，负责领导班子建设、干部队伍建设和人才队伍建设；

（四）领导学校的思想政治工作和德育

工作，促进和谐校园建设；

（五）领导学校的工会、共青团、学生会等群众组织和教职工代表大会；

（六）做好统一战线工作；

（七）法律和党内法规规定的其他职责。

第十四条 党委书记、副书记根据法规和党内规定产生。党委书记主持学校党委的全面工作，党委副书记协助党委书记工作。

第十五条 校长是学校的法定代表人，由符合法定任职条件的中国公民担任，按照国家有关规定产生，由国务院教育行政部门任命。

第十六条 校长全面负责学校的教学、科学研究和行政管理工作，依法行使下列职权：

（一）拟订发展规划，制定具体规章制度和年度工作计划并组织实施；

（二）组织开展学科建设、教学活动、科学研究、社会服务、文化传承创新、人才队伍建设、思想品德教育、国际交流与合作等活动；

（三）拟订学校组织机构的设置方案，按有关规定推荐副校长人选，按干部管理权限任免学校组织机构负责人；

（四）依照法律法规和学校规定聘任与解聘教职工，对学生进行学籍管理，实施奖励或者处分；

（五）拟订和执行年度经费预算方案，保护和管理学校资产，筹措办学经费，维护学校的合法权益；

（六）行使学校教育教学和行政管理等

其他相关职权。

第十七条 学校按国家有关规定和程序设副校长若干人，协助校长行使职权。根据办学需要可设校长助理若干人。

第二节 决策和监督机制

第十八条 学校党委全委会、党委常委会、校务会依照议事规则履行职责，对学校重大决策、重要人事任免、重大项目安排和大额资金使用等重大问题和事项进行集体决策。

第十九条 学校党委全委会是学校的最高决策机构，按照民主集中制原则进行决策。

第二十条 学校党委全委会由党委书记召集，每学期至少召开一次，如遇重大问题可随时召开。学校党委委员1/2以上到会，党委全委会方能召开。重大议题和中层正职干部任免事项，出席人数需达到应出席人数的2/3以上，采取无记名投票表决方式作出决定，以赞成票超过应出席人数的1/2为通过。

党委全委会闭会期间，党委常委会作为常设机构行使其职权。

第二十一条 党委常委会由学校党委常委组成，可根据会议内容确定列席人员。

学校党委常委会由党委书记或其委托的副书记主持，一般每两周召开一次，如遇重要情况可随时召开。学校党委常委1/2以上出席方可召开常委会。讨论机构设置、任免中层干部等重要事项应有2/3以上的党委常委出席。

党委书记按照民主集中制原则作出决定。会议决策中意见分歧较大的一般应暂缓决策；干部任免表决采取票决制，以赞成票超过应出席人数的1/2为通过。

第二十二条　校务会是校长在学校党委领导下依法独立行使职权、对重要行政事项进行研究和决策的议事形式。校务会的组成人员为校长、副校长、校长助理以及校长指定的职能部门负责人。党委书记、党委副书记、党委常委可根据议事需要参加。

校务会一般每两周召开一次，如遇重要事项可随时召开。校务会应有1/2以上成员到会方可召开。校长在充分听取各方面意见的基础上作出决定；议题意见分歧较大或调研论证不充分的，应暂缓决策。

第二十三条　中国共产党中国地质大学(武汉)纪律检查委员会是学校党内监督机构，在学校党委和上级纪委领导下，维护党的章程和其他党内法规，检查和监督学校各级组织落实党的路线、方针、政策和决议的执行情况，协助学校党委加强党风建设和组织协调反腐败工作。

第二十四条　学校设立行政监督机构，在校长领导下对学校组织机构及其工作人员遵守国家法律法规、政策和贯彻执行学校规章制度、决议、决定情况进行监督检查，对廉政、效能、信息公开等进行监察，受理投诉举报、来信来访，并依法调查处理，纠正损害师生员工权益的行为。

第三节　组织机构

第二十五条　学校根据实际和需要，自主设置教学科研单位、职能部门、直属单位和非常设机构等内部组织。中层组织机构的设置、撤并经充分论证后由学校党委会研究决定。其中，教学科研单位的设置、撤并须经学术委员会论证与审议。

第二十六条　教学科研单位主要包括学院(课部)和具有独立建制的科研机构，由学校根据学科专业发展和科学研究需要设置，是学校组织实施办学活动的基本单位。

第二十七条　学院(课部)在学校授权范围内享有组织办学活动、学术管理、人事管理和资源配置等权利，组织实施学科专业、师资队伍、科研平台等方面的建设工作，可根据需要设置系、所、中心、室等教学和学术机构，报学校备案并接受评估与检查。

具有独立建制的科研机构，参照学院(课部)管理模式、依照学校授权自主管理。

第二十八条　院长(主任)是学院(课部)的行政负责人，全面负责学科建设、教育教学、科学研究、师资队伍建设及其他行政管理事务。学院(课部)党委(党总支部)负责党建与思想政治工作，发挥政治核心作用。学院(课部)重大事项实行党政联席会议集体决策制度。

第二十九条　系是学院(课部)领导下的基层教学科研组织，其主要职责是制定和落实人才培养方案，强化教学管理，推动教学改革；加强师资队伍和学术平台建设，开展学术交流与合作。

系主任是教学管理、专业和学科建设的具体组织者，由学院(课部)党政联席会议决定并报学校任命。

第三十条 职能部门根据学校党的工作和行政管理工作需要设置,主要承担学校党政工作的管理、服务等职责。职能部门实行部门领导负责制,重大事项由领导集体讨论决定。

第三十一条 直属单位根据学校办学活动需要设置,为教学科研工作和师生员工学习、工作与生活提供保障服务。直属单位实行领导负责制,重大事项由领导集体讨论决定。

第三十二条 学校根据需要设立或撤销非学术性的非常设机构。

第四节 学术组织

第三十三条 学术委员会是学校最高学术机构,统筹行使学术事务的决策、审议、评定和咨询等职权。

第三十四条 学校下列事务决策前,应当提交学术委员会审议或作出决定:

(一)学科、专业及教师队伍建设规划,以及科学研究、对外学术交流合作等重大学术规划;

(二)自主设置或者申请设置学科、专业;

(三)教学科研机构设置方案,交叉学科、跨学科协同创新机制的建设方案、学科资源的配置方案;

(四)教学科研成果、人才培养质量的评价标准及考核办法;

(五)学位授予标准及细则,学历教育的培养标准、教学计划方案、招生的标准与办法;

(六)学校教师岗位(职务)聘任的学术标准与办法;

(七)学术评价、争议处理规则,学术道德规范;

(八)学术委员会专门委员会组织规程,学术分委员会章程;

(九)学校认为需要提交审议的其他学术事务。

第三十五条 学校实施以下事项,涉及对学术水平作出评价的,应当由学术委员会或者其授权的学术组织进行评定:

(一)学校教学、科学研究成果和奖励,对外推荐教学、科学研究成果奖;

(二)各类学术、科研基金、科研项目等的遴选;

(三)需要评价学术水平的其他事项。

第三十六条 学校作出下列决策前,应当通报学术委员会,由学术委员会提出咨询意见:

(一)制订与学术事务相关的全局性、重大发展规划和发展战略;

(二)学校预决算中教学、科研经费的安排;

(三)开展中外合作办学、赴境外办学,对外开展重大项目合作;

(四)高层次人才的选拔与引进、名誉教授的聘任等;

(五)学校认为需要听取学术委员会意见的其他事项。

学术委员会对上述事项提出明确不同意见的,学校应当作出说明、暂缓决策或暂缓执行。

第三十七条 学术委员会主要由不同学科、专业的教授及具有正高级专业技术职务的人员组成，其中45岁以下的优秀青年教师比例应不低于10%。

学术委员会委员分为职务委员、教授委员、特邀委员、学生委员。担任学校及职能部门党政领导的职务委员，不超过委员总人数的1/4；不担任党政领导职务及学院主要负责人的专任教师，不少于委员总人数的1/2。可根据需要确定特邀委员和学生委员。

教授委员和学生委员经自下而上的民主推荐、公开遴选等方式产生候选人，由民主选举等程序确定。

学术委员会委员由校长聘任，实行任期制，任期4年，连任最长不超过2届。学术委员会每次换届，连任委员人数不超过委员总数的2/3。

第三十八条 学术委员会主任委员由校长提名，学术委员会审议通过，校务会审定。副主任委员由主任提名，学术委员会审议通过。

学术委员会设立秘书处，处理学术委员会的日常事务。

第三十九条 学术委员会下设学科建设委员会、教学工作指导委员会、科学技术委员会、学术道德委员会等专门委员会，具体承担相关学术事务。专门委员会主任由学术委员会主任提名学术委员会委员担任，专门委员会会议通过，校务会审定。

各学院（课部）设置学术分委员会。学术分委员会统筹基层学术事务的决策、审议、评定、咨询等事宜，向学术委员会报告工作，接受学术委员会的指导和监督。

第四十条 学术委员会每学期至少召开1次全体会议。议事决策实行少数服从多数的原则，与会委员超过2/3方能开会，重大事项应当以与会委员的2/3以上同意，方可通过。

第四十一条 学校依法设立学位评定委员会。学位评定委员会负责审议博士、硕士学位授权点的设置、撤销，审议博士生导师资格，依法履行学位授予等相应职责。

第五节 民主管理

第四十二条 坚持民主管理，重大决策须广泛听取师生员工意见。通过不断完善教职工代表大会制度、学生代表大会制度，充分发挥群众组织的桥梁纽带作用和民主党派、无党派人士的建言献策作用，为师生员工参与民主管理、实施民主监督创造条件。

第四十三条 学校依法制订教职工代表大会规则，保障教职工参与学校民主管理和监督的权利。

第四十四条 教职工代表大会由具有正式人事关系的教职工代表组成。

第四十五条 教职工代表大会的主要职责：

（一）听取学校章程草案的制定和修订情况报告，提出修改意见和建议；

（二）听取学校发展规划、教职工队伍建设、教育教学改革、校园规划以及其他重大改革方案的报告，提出意见和建议；

（三）听取学校年度工作、财务工作、工

会工作报告以及其他专项工作报告，提出意见和建议；

（四）讨论通过学校岗位设置管理办法、人事分配制度改革方案；

（五）审议上一届（次）教职工代表大会提案的办理情况报告；

（六）通过多种方式对学校工作提出意见和建议，监督学校规章制度和决策的落实，提出整改意见和建议；

（七）讨论法律法规、规章制度规定的以及学校与工会商定的其他事项。

教职工代表大会的意见和建议，应以会议决议的方式作出。

第四十六条　教职工代表大会休会期间，学校重大决策须充分听取和征求教职工代表大会执行委员会的意见。

第四十七条　学校工会是学校党委和上级工会组织领导下的教职工自愿参加的群众组织，按照《中华人民共和国工会法》和《中国工会章程》开展工作，履行工会职责，参与学校管理与监督。

第四十八条　学校建立健全两级教职工代表大会制度和工会组织。

第四十九条　学校妇女委员会是学校党委和上级妇委会组织领导下的女教职工和女学生自愿参加的群众组织，按照《中华全国妇女联合会章程》开展工作，履行妇委会职责。

第五十条　学校民主党派的基层组织依照各自章程开展活动，参与学校管理与监督。

第五十一条　学校共青团组织在学校党委和上级团组织的领导下，围绕中心工作，加强大学生思想政治教育、服务青年学生成长成才、促进校园文化建设。学校支持共青团按照团章独立自主地开展工作，充分保证其工作正常开展的需要。

第五十二条　学生代表大会在学校党委领导和团委指导下，依照《中华全国学生联合会章程》开展工作。

学生代表大会的主要职责：

（一）审议通过学生委员会工作报告；

（二）审议通过学生委员会工作方针和任务；

（三）选举产生新一届学生委员会；

（四）形成关于学校管理和发展事项的提案；

（五）制定和修订学生代表大会章程；

（六）讨论法律法规规定的应由学生代表大会决定的其他事项。

学生代表大会闭会期间，由学生会、研究生会主持其日常工作。

第五十三条　学生会、研究生会是学生自我服务、自我管理、自我教育的主体组织，是学校联系广大学生的主要桥梁和纽带，可通过学生代表大会提案机制、校领导接待日和学生组织负责人列席学校相关会议等方式，参与学校民主管理。

第五十四条　学校有关学生教育和发展的重要制度和改革措施应当向学生通报并征求意见。

第六节　社会监督与参与

第五十五条　学校建立健全信息公开

制度,通过发布教学质量报告、就业质量报告等各种形式,主动接受社会监督,为社会力量参与学校管理创造条件。

第五十六条 学校设立理事会作为支持学校发展的咨询、协商、审议与监督机构。理事会是学校实现科学决策、民主监督、社会参与的重要组织形式和制度平台。

第五十七条 理事会由学校联合相关政府部门、行业主管部门以及行业大型骨干企业和事业单位代表、社会知名人士、著名学者、企业家和知名校友等组成,根据其章程开展工作。

第三章 办学活动

第一节 人才培养

第五十八条 学校的基本教育形式为全日制本科生教育和研究生教育,兼顾继续教育。

学校依照国家法规和政策,制订学历、学位授予标准与办法,对符合条件的申请者授予相应的学历、学位证书。

学校根据法律法规、社会需求和办学条件,自主调整办学规模、结构和学科专业设置,确定和调整学历教育修业年限。

第五十九条 学校建立学科专业动态调整机制,优化学科专业结构,持续提高学科专业水平。

第六十条 人才培养方案制定、调整需在充分调研社会、行业需求以及学科发展的基础上,由学校统一组织,各系具体论证,学术分委员会与专门委员会审议,学术委员会或学位评定委员会审定。

第六十一条 学校建立毕业生培养质量社会反馈机制和教育教学质量保障体系。校、院、系三级教学管理组织按照各自的权限和职责实施质量监督。

第六十二条 学校积极开展教学改革与实践。不断优化教学内容和课程体系,完善教学评价标准,创新教学模式,优化教学活动的反馈及改进机制。

第六十三条 学校加强教学实验室与校内外实习(实践)基地建设,推动第一课堂与第二课堂、教学与科研、理论与实践紧密结合,培养学生的实践能力和创新能力。

第六十四条 学校充分借鉴国际先进教育理念,利用国外优质教育资源,积极推动与国外高水平大学学分互认、学生互换和联合培养,着力培养具有国际视野和竞争力的高素质人才。

第六十五条 学校根据经济社会需求和人才成长规律,通过基地班、实验班、科教结合协同育人等举措,形成以提高创新能力为导向的"学术型"人才培养模式;通过"卓越工程师计划"、校地、校企联合培养等举措形成以提高实践能力为导向的"应用型"人才培养模式,努力提高本科生培养质量。

第六十六条 学校建立并完善以提升创新能力为目标的学术学位研究生培养模式和以提升实践与创业能力为导向的专业学位研究生培养模式,提高研究生教育教学水平。

第六十七条 学校积极发展国际学生教育,培养知华、友华的高素质国际学生。

第六十八条　学校完善包括现代远程教育、成人教育、高等教育自学考试和非学历培训在内的继续教育体系。

第二节　学术研究

第六十九条　学校坚持科技兴校，追求学术卓越，围绕学科前沿和经济社会发展的重要需求，凝练学术方向，汇聚学术资源，推动学术创新。

第七十条　学校制定学术发展战略，注重基础研究和应用研究，强化学科特色，加强原始创新，提升科技创新能力，促进各学科协调发展。

第七十一条　学校建立健全学术管理体制和以绩效考核为主线的多元学术评价体系，为学术创新人才、团队成长创造良好的条件。

第七十二条　学校强化学术创新基地建设，建立开放共享、布局合理、保障有力、高效运行的学术创新平台体系。

第七十三条　学校弘扬科学精神，倡导学术自由和学术民主，加强学术规范和学术道德建设，杜绝学术不端行为。

第三节　社会服务

第七十四条　学校坚持协同创新，努力在地质勘探、防灾减灾、环境保护、信息、材料等领域为行业进步和经济社会发展提供科技和人才支撑，并致力于发挥智库作用。

第七十五条　学校采用项目合作、资源共享、技术转移等多种方式，大力推进科技成果的转化与应用。

第四节　文化传承与创新

第七十六条　学校积极培育和践行社会主义核心价值观，把"谋求人与自然和谐发展"的理念融入办学活动全过程，把培育科学精神和人文素养等作为大学文化建设的重要任务，积极引领社会风尚，推动社会主义先进文化的传承创新。

第七十七条　学校充分发挥文化育人功能，构筑特色鲜明的大学文化体系，促进师生的全面发展。

第七十八条　学校深入开展可持续发展、生态文明等理论的创新研究，积极参与国家文化事业发展，向社会公众传播人与自然和谐发展理念、地球科学科普等知识。

第七十九条　学校积极传播中华民族优秀传统文化，加强国际理解教育，推动跨文化交流。

第四章　学生

第一节　招生与学籍

第八十条　学生是指按照国家招生政策被学校依法录取、取得入学资格、有学籍的受教育者。

第八十一条　学校根据社会需求、办学条件和国家核定的办学规模，制订招生方案，自主调节系科招生比例。

第八十二条　学校设立招生委员会，制定招生制度，规范招生程序，监督招生过程，审核年度招生方案，按照公开、公平、公正原则，依法依规招收各类学生。

第八十三条　学生按规定办理注册，取得学籍。学校依照规定为学生办理休学、转专业、转学、退学、毕业等手续。

第二节　权利与义务

第八十四条　学生在校期间享有下列权利：

（一）平等接受学校教育，利用学校公共教育资源，参加教育教学活动；

（二）公正获得学业及思想品德评价，获得满足学业条件相应的学历学位证书；

（三）获得在国内外深造学习和参加学术文化交流活动的机会；

（四）获得荣誉和奖学金、助学金、助学贷款等资助的机会；

（五）依照法律规定参加社会服务、勤工助学，发起成立、参加学生团体；

（六）参与学校民主管理和教职工评价，对学校教育教学、改革发展等提出意见和建议；

（七）对涉及自身利益的相关决定表达意见和提出申诉；

（八）法律法规规定的其他权利。

第八十五条　学生在校期间应履行下列义务：

（一）遵守学校的各项规章制度；

（二）参加学校教育教学活动，完成规定学业；

（三）遵守行为规范、学术规范，恪守学术道德；

（四）尊敬师长，养成良好的思想品德和行为习惯；

（五）按规定缴纳相关费用，履行获得奖励资助约定的义务；

（六）爱护学校提供的设备和设施；

（七）珍惜学校声誉，维护学校利益；

（八）法律法规规定的其他义务。

第三节　管理与服务

第八十六条　学校坚持以学生为本，建立健全学生服务体系，为学生学习、生活提供必需的条件保障，并根据办学能力不断改善学习生活环境。

第八十七条　学校按照相关规定，支持学生成立学生组织和社团。学生组织和社团依法依规开展活动。

第八十八条　学校支持学生开展有益身心健康的学术、科技、文艺、体育等活动，并提供相关条件。

第八十九条　学校建立科学的学生评价机制，对在思想道德、学业成绩、科学研究、体育锻炼、创新创业、服务社会等方面表现优异的学生集体和个人给予表彰奖励，对违法违纪的学生集体和个人依法依规给予处分、处理。

第九十条　学校在学生学业、就业、创新创业、职业发展、心理健康等方面提供指导和服务，为家庭经济困难学生提供适当帮助。

第四节　权益保障

第九十一条　学校建立学生权益保障机制，设立学生申诉处理机构，维护学生正当权益。

第九十二条　学生对学校的处理或处分决定有异议，有权向学校申诉机构进行申诉，学校按照申诉程序受理学生申诉。

第五章　教职工

第一节　遴选与聘任

第九十三条　教职工是指教师、其他专业技术人员、管理服务人员、工勤技能人员。

第九十四条　学校按照"科学设岗、总量控制、按岗聘用、规范管理"的原则，实行岗位设置管理制度；依据岗位职责、任职条件和程序公开招聘、自主聘任（聘用）各类人员。

第九十五条　学校成立教师岗位聘任委员会、专业技术岗位聘任委员会、管理岗位聘任委员会、工勤技能岗位聘任委员会，组织实施岗位聘任工作。

第二节　权利与义务

第九十六条　教职工享有以下权利：

（一）教师依法自由选择学术方向，按照岗位要求和任务，自主开展教学和科学研究；

（二）根据工作职责和贡献，依法获得相应薪酬、医疗、休假、保险等待遇，使用学校的公共资源，公平获得自身发展所需的机会和条件；

（三）公正获得评价，公平获得各级各类奖励及各种荣誉称号；

（四）知悉学校改革、建设和发展以及关系切身利益的重大事项，参与民主管理和监督，对学校工作提出意见和建议；

（五）对岗位聘任（聘用）、待遇、评优评

奖、纪律处分等涉及切身利益的相关决定，有权表达异议，提出申诉，并请求处理；

（六）法律法规规定及聘用合同约定的其他权利。

第九十七条　教职工应履行下列义务：

（一）遵守学校规章制度和教师职业道德规范；

（二）贯彻国家教育方针，掌握本岗位工作技能，认真履行岗位职责，不断提高教学质量、科研水平、管理能力、服务质量；

（三）尊重和爱护学生，为人师表，坚持教书育人、管理育人、服务育人；

（四）制止有害于学生的行为或者其他侵犯学生合法权益的行为，批评和抵制有害于学生健康成长的现象；

（五）珍惜学校荣誉，维护学校利益；

（六）法律法规规定及聘用合同约定的其他义务。

第九十八条　教职工符合国家规定的退休（退职）条件的应当退休（退职），退休（退职）后享受政策规定的待遇。

第三节　管理与服务

第九十九条　学校坚持人才强校战略，注重培养和引进高层次人才，建设高水平师资队伍。

第一百条　学校建立健全符合现代大学制度要求的人事管理制度。实行教职工分类管理，明确岗位职责，实行年度考核和聘期考核，考核结果作为聘任、晋升和奖惩的依据。

第一百零一条　学校建立与学校发展水平相适应的教职工薪酬福利制度。

第一百零二条　学校建立健全教职工发展促进制度,完善教职工职业生涯发展支持体系。

第一百零三条　学校建立奖惩制度。对在办学活动中作出突出成绩与贡献的教职工给予表彰和奖励;对违反法律法规、规章制度和聘任(聘用)合同规定的教职工,依法依规进行处理。

第一百零四条　学校依据法律和双方约定的协议等,对讲座教授、兼职教授、名誉教授、客座教授、在站博士后、进修教师等其他非学校正式教职工进行管理,提供服务。

第四节　权益保障

第一百零五条　学校依法建立教职工权利保障和救济机构,维护教职工合法权益。

第一百零六条　教职工对学校的处理或处分决定等有异议,可通过教职工申诉机构进行陈述、申辩和提起申诉。学校按照申诉程序受理教职工申诉。

第六章　校友与国内外合作

第一节　校友及校友会

第一百零七条　学校校友是指1952年建校以来在校学习过的各种层次、各种类型的学生和学员,学校授予的名誉博士,学校聘请的讲座教授、客座教授、名誉教授、兼职教授和在校工作过的教职工。

第一百零八条　学校加强与校友的联系与交流,支持校友事业发展,鼓励校友参与学校建设。

第一百零九条　学校设立校友会。校友会依据国家有关规定及其章程开展活动。

第二节　教育发展基金会

第一百一十条　学校设立教育发展基金会。教育发展基金会是具有独立法人资格的非营利性组织,是学校接受社会捐赠的主体。

第一百一十一条　教育发展基金会加强与境内外企事业单位、社会团体和个人的联系与合作,接受社会各界的捐赠,依法管理基金,接受监督。

第三节　国内外交流与合作

第一百一十二条　学校积极利用、整合行业与社会资源,广泛参与和推动政产学研用合作。

第一百一十三条　学校加强与地方和企业的合作,促进学校与区域经济社会的协同发展。

第一百一十四条　学校与国内高水平大学和科研机构开展深度合作,推动协同育人和科教资源共享。

第一百一十五条　学校坚持国际化办学,加强与国际高水平大学和科研机构、企业的合作与交流,提高师资队伍国际化水平,提升科技创新能力和人才培养质量。加强对外汉语教学与师资队伍建设,推进孔子学院建设。

第七章　基础条件与保障体系

第一节　校园规划与建设

第一百一十六条　学校依法依规编制、

修订校园规划与建设方案。校园规划与建设方案未经规定程序不得修改。

第一百一十七条　学校校园建设坚持以人为本、保护环境、科学布局、统筹规划的原则，合理利用校园资源，加强基础设施建设，积极构建智慧校园、生态校园和人文校园。

第二节　财务管理

第一百一十八条　学校经费来源主要包括财政补助收入、事业收入、上级补助收入、附属单位上缴收入、经营收入和其他收入。

第一百一十九条　学校积极拓展办学经费来源，构建以财政拨款为主、多渠道筹措办学经费为辅的工作机制。

第一百二十条　学校建立健全各项财务管理制度，实行预决算管理，强化财务运行管理，提高资金使用效益。

第一百二十一条　学校依法依规建立审计监督和经济责任制等内部控制制度，做好财务信息公开工作，接受有关部门和社会各界的监督。

第三节　资产管理

第一百二十二条　学校国有资产是指学校占有、使用的，在法律上确认为国家所有、能以货币计量的各种经济资源的总称，其表现形式为流动资产、固定资产、在建工程、无形资产和对外投资等。

第一百二十三条　学校实行"统一领导、归口管理、分级负责、责任到人"的国有资产管理体制，依法使用和管理国有资产。

第一百二十四条　学校建立健全国有资产管理制度，合理配置、有效使用和规范处置国有资产，推行绩效评价和成本分担机制，提高国有资产使用效益。

第一百二十五条　学校依法保护和利用专利权、商标权、著作权、土地使用权、非专利技术、校誉等无形资产。

第一百二十六条　学校对利用国有资产对外投资等形式形成的国有资产依法合理经营，实现国有资产的保值增值。

第四节　馆藏资源及信息化建设

第一百二十七条　图书馆、博物馆、档案馆、校史馆作为学校的馆藏资源中心，为学校事业发展提供支撑服务，为社会提供公共服务。

第一百二十八条　学校加强对各类馆藏资源的收集、管理与利用，运用信息化手段实现各类馆藏资源的共知、共建和共享。

第一百二十九条　学校大力建设教育教学、科学研究与管理服务信息化保障体系，提升信息技术服务学校发展的能力。

第五节　后勤保障

第一百三十条　后勤保障以服务学校中心工作为根本任务，强化服务意识和成本意识，科学管理，不断提高服务水平。

第一百三十一条　学校加强对医疗、学前与基础教育、饮食、房产等公共资源的合理配置与利用，为教学、科研及师生员工生活提供公共服务。

第八章　学校标识

第一百三十二条　学校校徽由中英文校名、学校成立时间、地质锤、罗盘、放大镜、地球等元素构成（如下图）：

第一百三十三条　学校校标为长方形，分为教职工和学生两种，教职工校标为红底白字，学生校标为白底红字（如下图）：

第一百三十四条　学校校旗为蓝色底与红色底两种，中央为"中国地质大学"中英文全称与校徽的标准组合。

第一百三十五条　学校校歌为《勘探队员之歌》。

第一百三十六条　学校校庆日为11月7日。

第九章　附　则

第一百三十七条　章程草案经学校教职工代表大会审议、校务会通过、党委全委会审定，报国务院教育行政部门核准后，由学校予以发布。

第一百三十八条　章程如需修订，由学校教职工代表大会1/5以上代表或校务会提议，党委常委会同意后修订。

章程修订案的审核程序依据第一百三十七条的规定执行。

第一百三十九条　章程是学校依法自主办学、实施管理和履行公共职能的基本准则。学校各单位、全体师生员工都必须以章程为根本活动准则，并且负有维护章程尊严、保证章程实施的职责，接受社会监督。

第一百四十条　本章程由学校党委负责解释。

第一百四十一条　本章程经国务院教育行政部门核准，自发布之日起实施。

学校机构简介

学院(课部) (18个)	职能部门(群团组织) (24个)	直属单位 (16个)
地球科学学院/资源学院/材料与化学学院/环境学院/工程学院/地球物理与空间信息学院/机械与电子信息学院/自动化学院/经济管理学院/外国语学院/信息工程学院/数学与物理学院/珠宝学院/艺术与传媒学院/公共管理学院/计算机学院/马克思主义学院/体育课部	学校办公室(保密委员会办公室、政策法规办公室、维护稳定工作办公室)/党委组织部(机关党委、党委党校)/党委宣传部/党委统战部/纪律检查委员会办公室(监察处)/学生工作处(部)/保卫处(部)/离退休干部处/发展规划处(学科建设办公室、"211"办公室、高等教育研究所)/研究生院(党委研究生工作部、国土资源管理学院)/教务处(李四光学院)/科学技术发展院(国防科技研究院)/人事处/资产与实验室设备处/采购与招标管理中心/财务处/国际合作处(国际教育学院、孔子学院工作办公室、丝绸之路学院)/审计处/基建处/后勤保障处/校友与社会合作处(教育发展基金会、学校董事会)/资源环境科技创新基地暨新校区建设指挥部/工会(妇女委员会)/团委	远程与继续教育学院(网络与教育技术中心)/图书馆/博物馆/档案馆/期刊社/出版社/附属学校/校医院/武汉中地大资产经营有限公司/地质过程与矿产资源国家重点实验室/生物地质与环境地质国家重点实验室/地质调查研究院(中国地质大学武汉矿产资源与环境研究院)/紧缺战略矿产资源协同创新中心/教育部长江三峡库区地质灾害研究中心/国家地理信息系统工程技术研究中心/地质资源环境工业技术研究院

发展规划与学科建设

发展规划

【概况】

2015年是学校全面完成"十二五"规划目标任务的收官之年,也是"十三五"规划谋篇布局的关键之年。一年来,学校编制完成了综合改革方案,组织启动了"十三五"规划编制工作,推进了试点学院改革和中约大学建设论证,组织开展深圳特色珠宝学院建设论证,完成了教育统计数据的汇总分析,深入开展学校改革与发展研究等各项工作,学校事业改革与发展呈现出新的气象。

【学校综合改革方案编制】

根据国家教育体制改革领导小组通知要求,2015年3月正式启动学校综合改革方案编制工作,成立了综合改革方案编制工作领导小组和起草小组。在广泛借鉴国内外高水平大学综合改革建设经验和广泛听取校内外各方意见的基础上,经过反复修改完善,于7月份形成《中国地质大学(武汉)综合改革方案》。该方案经学校教代会执委会2015年第2次会议审议、第十一届五十六次党委常委会审定通过,于2015年10月上报教育部核准。

【"十三五"规划编制】

2015年7月,学校印发《关于开展学校"十二五"事业发展情况总结验收、"十三五"规划编制工作的通知》,正式启动"十三五"规划编制工作。2015年8月31日—9月1日,学校召开"十三五"规划编制工作研讨会,邀请上海交通大学规划与发展处杨颉处长介绍经验。随后,学校成立"十三五"总体规划起草小组,积极推进"十三五"总体规划、二级单位规划和专项规划的编制工作。截至2015年12月底,各二级单位规划、专项规划一上文本基本完成。经起草小组成员认真研究、反复修改,提出了对学校"十三五"事业改革发展指标体系的建议，并经2015年第15次校务会审议通过。

【试点学院改革】

2015年，学校继续推进试点学院改革。地球科学学院试点改革工作稳步推进，多次组织了专题研讨会。学校也多次召开专题会议，研讨珠宝学院、环境学院试点改革方案编制工作。目前，珠宝学院、环境学院已经做好试点改革的相关准备，预计2016年，两个学院将正式启动试点改革工作。

【中约大学建设论证】

2015年1月，在王焰新校长的带领下，学校相关人员赴约旦考察，了解在约办学的环境和基础条件。通过多次交流，与约旦政府就中约大学建设工作达成广泛共识。

【深圳特色珠宝学院建设论证】

2015年3月，学校完成《深圳 HRD－GIC 珠宝学院建设论证报告》的起草，并组织人员赴深圳开展实地调研，与深圳市教育局、龙华新区管委会、周大生珠宝有限公司等单位进行了有效沟通和对接。接待了比利时 HRD 机构在华首席执行官、周大生珠宝有限公司代表来校访问事宜，积极探索建设深圳特色珠宝学院。

【学校改革与发展研究】

2015年，学校持续深入开展改革与发展研究工作。一是围绕学校重点工作，编印《现代高教信息》9期，内容涉及中外合作办学、综合改革、人事制度改革、参与"一带一路"建设、科技成果转化、人文社科发展、高校"十三五"规划、双一流建设、教学方法改革等专题，积极提供决策咨询；二是开展"十

三五"专项研究工作，设立"十三五"规划预研究专项课题7项，研究分析学校改革发展面临的环境、高等教育改革发展的趋势和国土资源行业改革发展形势等，为编制"十三五"规划提供重要参考；三是组织高等教育管理课题研究工作，开展高等教育管理青年研究课题（发展研究课题）立项评审和课题结题各一次，新批准新立项青年研究课题15项（其中重点课题3项）、发展研究课题7项（其中重点课题3项）。

【教育数据统计、汇总及分析】

2015年9月—10月，组织相关人员学习落实《中华人民共和国统计法》，参加全省教育统计工作的有关培训。进一步健全了统计数据填报制度与工作流程，圆满完成2015年教育统计数据上报工作，并对照2013年、2014年的教育统计数据进行对比分析，提交了《2015年教育事业统计报表分析报告》和《关于教育事业统计数据核查情况的报告》。

（撰稿：姜伟、徐绍红；审稿：储祖旺）

学科建设

【概况】

2015年，学校按照"强特色、入主流、谋跨越，建设学科生态系统"的学科建设工作理念，采取"人才队伍建设、科技创新、平台

建设、高层次人才培养、国际合作与交流"的"五位一体"学科建设思路,遵循"立标杆、定焦点、选好人、聚资源"的学科发展路径,高度重视学科建设工作。一年来,学校成立3个学科战略发展规划小组、启动观察学科建设资助项目、持续跟踪国际国内各项排名等,各项工作取得良好成效。

2015年,根据《美国新闻与世界报导》(US News & World Report)公布的全球最佳大学排行(Best Global Universities),学校再次进入全球最佳大学500强(名列第494位),在中国大陆(不含港、台地区)排第30位,在地球科学领域排名全球第40位。同时,高山、吴元保、吴敏、何勇、佘锦华等5位教授入选汤森路透公布的2015年"高被引科学家"名单。

【加强学校"争创一流学科"宣传】

自国家《统筹推进世界一流大学和一流学科建设总体方案》公布后,学校领导组织相关人员,相继于11月5日在教育部网站刊登《高水平行业特色大学争创世界一流学科的思考和行动》、11月6日在《中国教育报》刊登《冲击"世界一流"的中国路径》、11月6日王焰新校长接受人民网专访《谈世界一流大学和学科建设》并刊登《王焰新:"双一流"方案有七大创新》和《中国地质大学:建成地球科学领域世界一流大学》等报道、在《中国高等教育》2015年第22期发表《高水平行业特色大学创建世界一流学科的"三个坚持"》,进一步巩固了学校高水平行业特色大学代表的地位,为学校赢得了良好的社会舆论氛围和正面影响。

【成立地球科学、特色工科和特色文科发展战略规划小组】

2015年,为科学谋划学科发展未来,学校相继成立地球科学学科发展战略规划小组、特色工科学科发展战略规划小组和特色文科学科发展战略规划小组,蒋少涌、吴敏、储祖旺分别担任3个小组的组长。3个规划小组积极开展调研,其中,地球科学学科发展战略规划小组和特色工科学科发展战略规划小组分别于8月29日至31日召开了学校"十三五"规划编制工作研讨会。3个规划小组于12月31日之前分别提交了学校地球科学发展战略规划、特色工科发展战略规划和特色文科发展战略规划初稿。

【教育部来校调研优势学科创新平台建设】

2015年6月29日至7月1日,教育部学位管理与研究生教育司副司长黄宝印一行来校调研优势学科创新平台建设情况。调研组实地考察教育部长江三峡库区地质灾害研究中心秭归综合试验场、地质过程与矿产资源国家重点实验室。王焰新校长向调研组汇报了学校近年来学科建设取得的成绩、争创世界一流学科建设的总体目标和工作思路,以及当前面临的困难和需要支持的事项。调研组还在学校召开驻汉教育部直属高校学科办主任座谈会,听取各校关于"双一流"建设方案的意见和建议。

【学科建设项目申报与管理】

2015年,学校启动第二批学科培育计划和观察学科建设资助项目申报工作,通过各学科自主申报、校内函评专家评审、会议评审等方式,最终确定大气科学、设计学、外国语言文学等3个学科入围学科培育计划，信息与通信工程、统计学、新闻传播学、科学技术哲学、应用心理学等5个学科进入了观察学科建设资助项目。

随着学科建设项目逐渐增多，学校还加强了对学科建设项目的过程管理。分别与入选学科培育计划和观察学科建设资助项目的19个学科的建设负责人签订了《建设任务确认书》，明确了入围学科的年度建设目标与任务。同时，定期对学科建设经费进行统计分析，发现问题及时通知相应学科进行整改或说明情况，提高了学科建设经费的使用质量。

【地球科学学科领域进入ESI排名前1‰】

据美国汤森路透集团的《基本科学指标》数据库（Essential Science Indicators，简称ESI）2015年5月最新数据显示，中国地质大学首次进入ESI地球科学领域前1‰的行列，成为两岸四地唯一进入该领域前1‰的高校。2005年1月至2015年2月，中国地质大学被ESI地球科学领域收录论文4978篇，论文累计被引用41 733次，总被引次数在公布的537所前1%的机构中排第53位，进入地球科学领域前1‰行列。截至2015年底，学校共有地球科学、工程学、环境/生态学、材料科学、化学等5个学科领域进入ESI学科排名前1%。

（撰稿：严嘉、陈彪、胡波；审稿：储祖旺）

人才培养

本科生教育

【概况】

学校有62个本科专业(见附录1),以理工为主,涵盖理学、工学、文学、管理学、经济学、法学、艺术学、教育学等学科门类;有国家地质学理科人才培养基地和国土资源部地质工科人才培养基地。

2015年,学校招生政策落实到位,招生考试和录取工作平稳运行。本科计划招生4500人,少数民族预科计划84人(不计入2015年本科招生计划,纳入2016年总招生计划数),实际招收4604人。其中普通理科3282人,普通文科352人,美术189人,音乐58人,预科83人,预科转入79人,内地西藏班15人,内地新疆班29人,自主选拔91人,保送生8人,南疆生3人,高水平运动员25人,国防生105人,国家专项计划190人,农村单招29人,社会体育25人,高水平艺术团11人,国际生30人。

2015年,学校理科录取分数超过当地一本线40分以上的省份有21个,较上年的18个增加3个;文科超过当地一本线25分以上的省份有22个,较上年的16个增加6个。录取分数超过一本线的平均分数达到53分,较2014年整体提高7分,优势特色专业生源已接近"985"高校,部分省份超过了"985"高校。美术、音乐等艺术类专业联考分数和高考文化分数大幅提高,生源质量向好转变。

截至12月20日,学校毕业生总数4364人,就业率92.69%,其中协议就业率为47.18%,升学出国率36.64%,西部地区就业387人,占协议就业人数的18.73%。调查显示,89.39%的毕业生认为从事的工作与个人的职业期待符合,85.16%的毕业生对薪酬表示满意,就业满意度较高;同时毕业生对学校和学院的就业指导及服务工作满意度为92.80%。

【拔尖人才培养】

学校在总结经验、不断创新的基础上，继续扎实推进"李四光计划"拔尖创新人才培养。2015年，有30名立志从事科学研究的本科生成为第9期"李四光计划"学员；28名第7期"李四光计划"学员参加推免，共有22名（含直博生9人、硕博连读1名）进入"985"高校和中国科学院各所，3名学员选择出国继续深造，3名学员继续在我校攻读研究生。

"李四光学院"成立3年多来，学校和中国科学院各所对地球科学菁英班的教育教学工作给予极大关注和支持。先后开设"中科院地球科学导论课""中科院导师双选""中科院大学生暑期科研实践训练计划""中科院大学生暑期夏令营""中科院地球科学前沿课""中科院大学生社会实践活动"等系列课程和活动，不断丰富和落实"科教结合协同育人行动计划"，逐步探索联合培养育人模式。

2015年，地球科学菁英班学生到中科院各所开展走访调研和实习实践达百余人次，先后有30余名学生在校内外导师的指导下申报国家大学生创新创业训练计划项目、大学生自主创新资助计划项目、中科院大学生创新实践训练计划以及相关学院的科研立项等，形成了较为浓厚的科研活动氛围。

2015年10月，李四光学院63名2016届毕业生中，共有38名优秀学生获得免试推荐攻读硕士研究生资格，其中26名学生选择到中科院各所继续学习深造。

【专业建设】

根据《中国地质大学（武汉）关于修订新一轮本科人才培养方案及教学计划的意见》（地大发[2014]60号）精神，学校深入组织新一轮本科人才培养方案修订工作。围绕一流本科人才培养目标、突出综合素质培养、强调实践动手能力训练，组织各学院深入开展讨论与交流，协调安排基础课程，稳妥推进改革，调动基础教学单位的积极性，使新一轮本科人才培养方案顺利完成并具有新亮点。

根据教育部高教司《关于2015年度普通高等学校本科专业设置工作有关问题的说明》（教高司函[2015]24号）精神，经学院组织论证会、教学工作指导委员会审议、校务会议批准，学校2015年申报了大气科学、数字媒体艺术2个新专业。

【教学研究】

根据学校实际和相关要求，加强教学研究工作，组织校级教学研究立项评审和省级教学研究立项申报，将基础课教改立项纳入2015年教学研究立项。经专家认真评审，评出校级教学研究立项A类62项，B类27项，并获得省级教学研究立项18项。

【学科竞赛】

积极支持本科生参加各类学科竞赛活动，取得优异成绩。在全国大学生数学建模竞赛中，我校获得全国一等奖1队、全国二等奖3队、省一等奖2队、省二等奖5队、省三等奖3队；在全国大学生电子设计竞赛中，我校获得全国一等奖2队、全国二等奖3队、省一等奖5队、省二等奖3队、省三等奖7队；在全国大学生英语竞赛中获得特等奖2人、一等奖3人、二等奖14人、三等奖29人；

在第四届全国大学生水利设计创新大赛中获二等奖2项;在第七届全国大学生广告艺术设计大赛中获省三等奖5项;在第十届全国大学生"飞思卡尔"杯智能汽车竞赛中获全国一等奖1项、华南赛区二等奖2项;在第二届全国高校物联网应用创新大赛中获二等奖2项、三等奖1项;在第八届全国大学生信息安全竞赛总决赛中获一等奖1项、二等奖1项;在第八届全国大学生先进成图技术与产品信息建模创新大赛中获全国一等奖1项、全国二等奖10项;在第十届全国周培源大学生力学竞赛中获全国三等奖1项、省三等奖9项;在第六届全国大学生数学竞赛决赛中获二等奖1人、三等奖1人;在2015年全国高校GIS技能大赛中获特等奖1项、二等奖2项、三等奖1项;在第四届全国大学生工程训练综合能力竞赛湖北预赛中获一等奖2项、二等奖4项、三等奖1项;在全国大学生英语竞赛、全国大学生数学建模竞赛、全国大学生电子设计竞赛中获优秀组织奖;在第五届湖北省大学生化学实验技能竞赛中获省一等奖2项、二等奖1项;在湖北省大学生结构设计竞赛中获省三等奖1项。

【教学改革工程】

根据《教育部办公厅 财政部办公厅关于做好2014年、2015年高等学校本科教学改革与教学质量工程工作的指导意见》(教高厅[2014]2号)文件精神,学校积极组织,制定2015年本科教学工程建设方案,获批建设经费800万元。其中专业综合改革试点项目11项、大学生校外实践教育基地2项、创新创业教育项目1项。为规范本科教学

工程项目管理,制定《中国地质大学(武汉)本科教学质量与教学改革工程项目建设与管理办法》(教字[2014]8号)。学校还启动了2016年本科教学工程预研项目立项及预研阶段建设工作。

2015年,十二五"本科教学工程"申报项目还包括省级精品视频公开课、省级精品资源共享课、湖北省普通本科高校"专业综合改革试点"项目等。学校《文化遗产与自然遗产》课程入选湖北省精品视频公开课,《水文地质学基础》等6门课程入选湖北省精品资源共享课;地下水科学与工程专业获批湖北省普通本科高校"专业综合改革试点"项目;地球信息科学与技术专业获批"湖北省高等学校战略性新兴(支柱)产业人才培养计划"项目。

【教材建设】

2015年,学校"十二五"规划教材新签合同23项,其中《聚煤盆地沉积学》《地学三维可视化与过程模拟》已正式出版。同时,学校本科教学工程经费资助的卓越工程师教育培养计划系列教材,如《机械CAD/CAM》《软件测试工具、方法与技术实用教程》《人工智能实用教程》等10余本教材也已正式出版。

【教师教学激励】

2015年,学校组织了青年教师执教能力第二期的培训工作,来自上海交通大学、复旦大学等7所高校和培训机构的8位教师对学员进行了教学基本技能培训;来自武汉大学、北京教育学院、北京体育大学和本校的4位专家为学员进行了教学综合素质培训。全

校18个学院（课部）的34名教师参加了全部两个阶段的培训。

2015年，学校组织"第八届青年教师教学竞赛"，6人获一等奖、10人获二等奖、12人获优秀奖；组织"第七届教学名师的评选"活动，5人获"教学名师称号"；继续教师教学水平评估档案库建设，春季建档教师35人，秋季建档教师18人。

【教学评估与检查】

2015年，为进一步提高本科教育教学质量，促进教师自身发展，改进教学方法，公正、合理、科学地评价任课教师的教学质量，经多方调研和讨论，制定《中国地质大学（武汉）教师本科教学质量评价办法》。该办法明确指出，教师评价排名将与岗位评聘挂钩，学校将根据评价结果排名情况，对教师实行奖惩。

2015年上半年，督导员对511名应届本科生毕业论文答辩情况进行检查；下半年，督导员对189份应届本科生毕业论文进行抽查。

【语言文字】

2015年，学校认真贯彻落实国家汉办和省语委办下达的语言文字工作精神，开拓创新，狠抓落实，致力于开展丰富多彩的校园语言文化活动，建设良好的校园语言环境。

学校认真开展第十八届"推普宣传周"活动，印发《中华人民共和国国家通用语言文字法》，在校园、教学楼、各学院的相关宣传栏张贴"推普周"宣传海报。

选派人员参加第31期普通话测试员培训班，罗聆、张丹丹2位同志获得普通话测试员资格证书；积极响应国家赴港澳台测试工作，王莹同志接受湖北省测试中心选派，参加并通过港澳普通话测试工作培训。

2015年，学校测试站保持了测试量的稳步增长，开展普通话水平测试场次10次，累计报名人数达3372人，语言文字工作的辐射面进一步扩大。

【实践教学】

学校完成各类实习（含教学实习、生产实习、毕业实习、课程设计等实践教学环节）计划的制定、组织安排、经费预算与划拨。110篇毕业论文被评为湖北省优秀学士学位论文。

2015年，三大实习基地软硬件条件得到进一步改善，均开发了新的教学点和教学线路。尤其是秭归基地，对教学线路进行较大调整。秭归基地还对经典教学路线进行录像、对野外教学点立碑保护。地球科学学院在秭归开辟专题路线，尝试由培养学生的实践能力向培养学生的科研能力转变。

2015年，三大实习基地共接收本校本科实习生4160人。其中，北戴河实习站接收48个班1362人、周口店实习站接收30个班1003人、秭归实习站接收62个班1795人。除此之外，共接待近2200名外校学生进站实习。其中，北戴河实习站接收武汉大学1个班30余人，周口店实习站接收南京大学、中国科技大学、山东理工大学等8所大学和东方地球物理勘探公司等实习生480余人，秭归实习站接收湖北国土资源职业学院、武汉大学、武汉理工大学、长江大学、武汉工程科技学院、同济大学、中山大学、东华理工大学、三峡大学、重庆大学、香港大学等院校实习生共计1657人。

【大学生创新创业】

根据教育部要求,制定并上报《中国地质大学(武汉)深化创新创业教育改革实施方案》,进一步明确创新创业教育改革要求,细化落实创新创业教育任务。聘请零点研究咨询集团董事长袁岳、无极道控股集团董事长孙政权、光谷创客空间总经理晏文临等企业家作为兼职创业导师;邀请武汉资源环境工业技术研究院高管、经济管理学院专业教师开设大学生KAB创业基础、大学生创新创业基础导论等课程;组织开展震旦讲坛——创业励志讲座,参与人数近2000人;协助组织"挑战杯"全国大学生课外学术科技作品竞赛、全国"互联网+"大学生创新创业大赛、首届未来企业家训练营选拔赛决赛和校际赛、青桐汇微路演等实践活动。

建成并使用面积近2000平方米的大学生创新创业教育实践(孵化)总部基地,印发《大学生创新创业教育实践(孵化)基地管理办法》,建立8个学院(课部)分基地。新增创新创业基金100万元,新增资助团队20个,获得湖北省创业扶持33万元,获得东湖高新孵化器绩效奖励10万元;积极争取学校和部门支持,申报大学生创新创业起航圆梦行动计划,获60万元经费资助。打造"线上+线下"的创业指导服务体系,启用聚点咖啡微信公众号,组织编写《创业帮》《创业通》《大学生创业支持政策汇编》等手册。加入中国高校创新创业教育联盟,参与发起"武汉·中国光谷创客联盟"。

2015年,学校进一步增加了"国家级大学生创新创业训练计划"的项目数量、扩大了本科生参与项目研究的范围;设立重点项目和一般项目,共资助"国家级大学生创新创业训练计划"项目150项,其中重点项目100项,一般项目50项,创新训练项目128项,创业训练项目14项,创业实践项目8项。

【大学生学习支持中心】

加大对学业困难学生针对性辅导的支持力度,全年安排数学、物理、化学、英语、计算机语言等基础课程14门次,共计150名优秀学生志愿者开展"一对一"课程辅导,900人次学生参加了基础课程咨询辅导。组织了"师生午茶会""领航人生""跨学科学习沙龙""赢在地大优秀大学生论坛"等11个项目196场次微讲座(论坛),共计4200余人次学生参加了学习活动。服务支持各学院、学生组织、兴趣小组等利用学习支持中心开展活动约1000场次、有20 000余人次参加。开设2014级"生涯规划"课程,有36位老师主讲,3662名学生选修;开设2012级"就业指导"课,有34位老师主讲,2897名学生选修;开展4期"职业生涯发展工作坊"。修订《大学生日常奖励办法》;全年受理支持大学生日常奖励106项,奖励金额43 400元,其中专利奖励12项,发表学术论文奖励22篇,外语学习奖励58人,集体奖励14个学习优秀班级。

组织各批校级"英才工程"人才培养计划项目的申报评选、中期汇报与结业活动,包括65名第六期学员项目的结业汇报、58名第七期学员项目的中期汇报和106名第八期新入选学员的选拔评审；支持"英才工程"学生项目52项，经费共计58 721元。

【少数民族骨干培养】

完善少数民族学生数据库。目前，全校有1784名民族学生，覆盖43个少数民族。全年开展各类民族学生专题报告会、座谈会4期，邀请专家学者及时传达中央民族工作、党和国家重要会议最新文件精神，引导学生深入学习领会。以"民族团结一家亲"继续开展第6届民族文化展演活动。

举办民族生骨干培训班，邀请学校领导及专家学者授课8次，培养学员骨干42人。重点访谈、走访少数民族学生累计106人，利用暑期走访偏远地区民族学生家庭5户。协调和帮助民族学生解决好生活、学习和发展中遇到的困难，发放古尔邦节、藏历新年等民族学生节日补助共计35 450元。

【国防生培养】

学校印发《关于深入推进国防生军政素质"三级培养模式"的意见》，从10个方面对学校贯彻落实"三级培养模式"做出全面部署。研究制定《关于落实<国防生军政素质"三级培养模式"实施方案>的细化办法》《关于国防生模拟营建制改革的实施方案》《关于建立国防生荣誉制度的决定》《关于实施"提高国防生第一任职能力行动计划"的通知》《关于印发"国防生毕业分配综合评定实施细则"的通知》等5个配套文件，形成了符合军队需要、融合地大特色的国防生培养"1+5"制度体系。加强国防生当代革命军人核心价值观教育，通过深入分析国防生思想状况，邀请湖北省军区原副政委刘建新少将与国防生进行交流，聘请驻汉某舟桥旅26名

干部、战士作为国防生的班级导师，举行国防生奖学金颁发仪式，宣读国防生誓词等，强化国防生的从军报国信念。

学校利用国防生依托培养十周年的契机，认真总结培养经验，展示培养成效。通过走访基层连队，邀请参加9·3阅兵的毕业国防生返校交流，制作十周年专题片，完善毕业国防生信息库，验收教研课题，举办总结表彰大会和国防生培养工作研讨会，开展了综合素质展示、文艺素质展演等一系列活动。

（撰稿：庞岚、曾希、刘星彦、王仲停、龚伍军、肖梦琼、王莹、高岩、高艳丽；审稿：殷坤龙、张建和）

附录1　2015年本科专业统计表

序号	专业代码	专业名称	修业年限	学位授予门类	专业类	学院	备注
1	070901	地质学	四年	理学	地质学类	地球科学学院	兼有第二学士学位
2	070902	地球化学	四年	理学	地质学类	地球科学学院	
3	070501	地理科学	四年	理学	地理科学类	地球科学学院	
4	081403	资源勘查工程	四年	工学	地质类	资源学院	兼有第二学士学位
5	081502	石油工程	四年	工学	矿业类	资源学院	
6	070701	海洋科学	四年	理学	海洋科学类	资源学院	
7	070302	应用化学	四年	工学	化学类	材料与化学学院	
8	080401	材料科学与工程	四年	工学	材料类	材料与化学学院	
9	080403	材料化学	四年	工学	材料类	材料与化学学院	
10	081102	水文与水资源工程	四年	工学	水利类	环境学院	
11	081404T	地下水科学与工程	四年	工学	地质类	环境学院	
12	082502	环境工程	四年	工学	环境科学与工程类	环境学院	
13	071001	生物科学	四年	理学	生物科学类	环境学院	
14	081001	土木工程	四年	工学	土木类	工程学院	
15	082901	安全工程	四年	工学	安全科学与工程类	工程学院	
16	081401	地质工程	四年	工学	地质类	工程学院	
17	081402	勘查技术与工程(钻探工程) 勘查技术与工程(勘查地球物理)	四年	工学	地质类	工程学院	
18	070801	地球物理学	四年	理学	地球物理学类	地球物理与空间信息学院	
19	070903T	地球信息科学与技术	四年	工学	地质学类	地球物理与空间信息学院	

续表

序号	专业代码	专业名称	修业年限	学位授予门类	专业类	学院	备注
20	080202	机械设计制造及其自动化	四年	工学	机械类	机械与电子信息学院	
21	080205	工业设计	四年	工学	机械类	机械与电子信息学院	
22	080701	电子信息工程	四年	工学	电子信息类	机械与电子信息学院	
23	080703	通信工程	四年	工学	电子信息类	机械与电子信息学院	
24	080301	测控技术与仪器	四年	工学	仪器类	自动化学院	
25	080801	自动化	四年	工学	自动化类	自动化学院	
26	120102	信息管理与信息系统	四年	管理学	管理科学与工程类	经济管理学院	
27	120103	工程管理	四年	管理学	管理科学与工程类	经济管理学院	
28	120201K	工商管理	四年	管理学	工商管理类	经济管理学院	兼有第一第二学士学位
29	120202	市场营销	四年	管理学	工商管理类	经济管理学院	
30	120203K	会计学	四年	管理学	工商管理类	经济管理学院	
31	120204	财务管理	四年	管理学	工商管理类	经济管理学院	
32	020101	经济学	四年	经济学	经济学类	经济管理学院	
33	020401	国际经济与贸易	四年	经济学	经济与贸易类	经济管理学院	兼有第二学士学位
34	120901K	旅游管理	四年	管理学	旅游管理类	经济管理学院	
35	071201	统计学	四年	理学	统计学类	经济管理学院	
36	050201	英语	四年	文学	外国语言文学类	外国语学院	
37	080706	信息工程	四年	工学	电子信息类	信息工程学院	
38	080902	软件工程	四年	工学	计算机类	信息工程学院	
39	081201	测绘工程	四年	工学	测绘类	信息工程学院	
40	081202	遥感科学与技术	四年	工学	测绘类	信息工程学院	
41	070504	地理信息科学	四年	理学	地理科学类	信息工程学院	
42	070101	数学与应用数学	四年	理学	数学类	数学与物理学院	

序号	专业代码	专业名称	修业年限	学位授予门类	专业类	学院	备注
43	070102	信息与计算科学	四年	理学	数学类	数学与物理学院	
44	070201	物理学	四年	理学	物理学类	数学与物理学院	
45	080410T	宝石及材料工艺学	四年	工学	材料类	珠宝学院	
46	130504	产品设计（珠宝首饰设计）	四年	艺术学	设计学类	珠宝学院	
47	030101K	法学	四年	法学	法学类	公共管理学院	兼有第二学士学位
48	120404	土地资源管理	四年	工学	公共管理类	公共管理学院	
49	120401	公共事业管理	四年	管理学	公共管理类	公共管理学院	
50	120402	行政管理	四年	管理学	公共管理类	公共管理学院	
51	070502	自然地理与资源环境	四年	理学	地理科学类	公共管理学院	
52	080901	计算机科学与技术	四年	工学	计算机类	计算机学院	
53	080903	网络工程	四年	工学	计算机类	计算机学院	
54	080904K	信息安全	四年	工学	计算机类	计算机学院	
55	080908T	空间信息与数字技术	四年	工学	计算机类	计算机学院	2014年3月备案通过
56	040203	社会体育指导与管理	四年	教育学	体育学类	体育课部	
57	050302	广播电视学	四年	文学	新闻传播学类	艺术与传媒学院	
58	130202	音乐学	四年	艺术学	音乐与舞蹈学类	艺术与传媒学院	
59	130502	视觉传达设计	四年	艺术学	设计学类	艺术与传媒学院	
60	130503	环境设计	四年	艺术学	设计学类	艺术与传媒学院	
61	130310	动画	四年	艺术学	戏剧与影视学类	艺术与传媒学院	2013年备案通过
62	030503	思想政治教育	四年	法学	马克思主义理论类	马克思主义学院	

法学:2个,工学:29个,管理学:9个,教育学:1个,经济学:2个,理学:12个,文学:2个,艺术学:5个。

附录2 2015年省级教学研究项目

项目编号	课题名称	主持人姓名	课题主要完成人
2015138	勘查技术与工程专业北戴河野外实践教学改革案研究	蔡记华	高金川、谷穗、潘秉锁、张凌
2015139	地球信息科学与技术专业三峡秭归野外实践教学改革研究	陈丽霞	曹豪杰、鲍晓欢、许丽娜、殷坤龙
2015140	设计艺术史课程"辩论法"教学模式的研究和实践	李琛	刘秀珍、程驰、廖启鹏、池漪
2015141	中美自动化专业课程设置与人才培养模式差异性的研究	李玉清	何勇、贺良华、何王勇、王新梅
2015142	法律赋能诊所的目标、教学内容及评价体系	廖建求	刘峤、彭磊、宫吉娥、蓝楠
2015143	运动生理学实验教学多层次构建	刘仁仪	刘良辉、欧高志、方铱、丁维维
2015144	基于地球科学应用为特色的地矿类概率统计课程教学改革研究与实践	罗文强	刘安平、肖海军、刘鲁文、王军霞
2015145	体质测试时大学生运动损伤的发生及预防研究	欧高志	潘年丽、刘仁仪、宗波波、赵菁
2015146	创新创业教育与信息教育融合的研究与实践	任伟	余林琛、黄菁勇、程地、刘然
2015147	基于PBL教学模式的大学本科课程教学方法改革与实践——以地震勘探为例	宋先海	顾汉明、朱培民、张学强、陈中强
2015148	新时期地学基础知识需求调查及教学改革学为例——以古生物学为例	童金南	何卫红、王永标、卢宗盛、赵素涛
2015149	基于桌面云技术的MapGIS课程在线学习平台的构建与实现	王宏	金星、罗元胜、刘远兴、吴有才
2015150	创新创业教育与专业教育融合的模式与训练体系研究	王林清	易明、杨杰涛、柴波、易杏花
2015151	基于GIS项目的信息类工程专业本科生创新能力培养模式研究	吴亮	谢忠、陈占龙、罗显刚、周林
2015152	《土木工程材料》课程研究型教学方法构建与应用	徐方	陈建平、陈保国、孙金山、周小勇
2015153	中英地质学本科人才培养模式对比与借鉴——以中国地质大学和圣德鲁斯大学为例	徐亚军	杜远生、章军锋、赵军红、Peter A. Cawood
2015154	大数据时代行政管理本科专业定量分析课程教学改革与创新研究	张光进	谢昕、李晓玉、赵频、苏黎兰
2015155	依托国家GIS工程中心地理信息科学专业立体式创新实践平台与体系构建	郑贵洲	吕建军、刘修国、黄菊、晁怡

附录3　2015年省优秀士学位论文名单

序号	论文题目	作者	指导老师	专业名称
1	拉萨地块东南缘始新世辉长岩的岩石成因及地质意义	孔维亮	郭　亮	地球化学
2	深海嗜压细菌 Sporosarcina sp. DSK25 在不同压力条件下脂类化合物生物合成过程中的碳同位素分馏研究	周尚哲	张　利	地质学（基地班）
3	藏南仲巴地体马攸木地区构造变形特征分析	李伟波	刘　强	地质学（地质调查）
4	Microbially induced sedimentary structures from the Early Triassic terrestrial deposits in Yiyang county, Henan Province, North China	涂晨旭	陈中强	地质学（基地班）
5	高Si磁铁矿的形成机理及其指示意义——来自东昆仑造山带白石崖矿床磁铁矿微区结构和地球化学的证据	欧阳光	马昌前	地质学
6	黔桂地区中—晚二叠世碳酸盐台地边缘钙藻分布特征与沉积微相	陈发圭	颜佳新	地质学
7	泥炭藓正构烷烃早期成岩特化研究	张一鸣	黄咸雨	地理科学（第四纪地质学）
8	IODP349航次U1431A钻孔沉积物释光性质研究	肖倩	姜　涛	海洋科学
9	鄂尔多斯盆地南缘双马地南缘双罗组下段的粒度分析	闫倩倩	吴立群	煤及煤层气工程
10	低煤阶煤基质甲烷吸附性能实验研究	黄　俊	李国庆	煤及煤层气工程
11	Re－Os geochronology of bitumen from the northern Longmen Shan thrust belt, Southwest China	刘泽阳	刘昭茜	资源勘查工程（油气方向）
12	西沙海槽盆地中央峡谷水道体系地震识别及演化分析	姚　悦	周江羽	资源勘查工程（油气方向）
13	轮古地区奥陶系岩溶洞穴充填情况研究	于聪灵	蔡忠贤	石油工程
14	DF13－1区块海底沉积特征研究	陈　鹏	姚光庆	石油工程
15	莱芜小官庄铁矿自然铜的特征及成因	何重果	李建威	资源勘查工程（矿调）
16	鄂东南铜绿山矽卡岩铜铁矿床子石榴子石和磁铁矿的矿物学研究	纪　敏	赵新福	资源勘查工程（工科基地班）
17	甘肃大桥金矿金矿床地质特征及成因浅析	卢世达	李建威	资源勘查工程（工科基地班）

序号	论文题目	作者	指导老师	专业名称
18	两亲性卟啉-多吡啶钌(II)双光子光敏剂中间体的合成及表征	李梦尧	柯汉忠	应用化学
19	基于电泳沉积-阳极还原法制备氧化-石墨烯碳纸电极的研究	朱玉洁	付凤英	应用化学
20	兰坪铅锌矿区苔藓对重金属的富集特征	宋玉芳	彭月娘	应用化学
21	ZnAl₂O₄:Tb³⁺薄膜的制备及其光学性能研究	常天赐	孟大维	材料科学与工程
22	BCT-BZT陶瓷的制备与电性能研究	匡博雅	公衍生	材料化学
21	ZnAl₂O₄:Tb³⁺薄膜的制备及其光学性能研究	常天赐	孟大维	材料科学与工程
22	BCT-BZT陶瓷的制备与电性能研究	匡博雅	公衍生	材料科学与工程
23	苯并噁嗪树脂碳材料及其超电性能的研究	喻梦颖	陈瀍	水文与水资源工程
24	气候变化对汉江流域的径流影响分析	汪青静	文章	地下水科学与工程
25	基于雨污二次分流的小区式雨水利用系统的研制	李秀文	黄琨	水文与水资源工程
26	江汉平原典型小流域地表水-地下水系统中三氮的分布特征及其指示意义	沈帅	唐仲华	环境工程
27	Ag/AgCl纳米线光催化氧化As(Ⅲ)的研究	银屏庆	崔艳萍	环境工程
28	武汉市大气细颗粒物PM2.5干湿沉降对地表水水质影响评估初探	杨水易	覃军	生物科学
29	嗜盐古菌沉淀白云石的研究	谭渊	王红梅	地质工程
30	岩体结构面粗糙度评价新方法	王熙颢	章广成	土木工程(岩土工程)
31	合山市东矿老采空区地表变形分析	宁可	唐辉明	土木工程(岩土工程)
32	落底武止水帷幕条件下的基坑降水设计——以武汉绿地中心A01地块裙楼区为例	蔡骄骄	冯晓腊	土木工程(岩土工程)
33	左江画龙崖山危岩体稳定性分析及工程治理	刘继芝娴	严绍军	土木工程(岩土工程)
34	应用CF和Logistic回归模型的三峡库区万州主城区滑坡灾害易发性评价	许婷婷	殷坤龙	土木工程(地下建筑)
35	岩体泥质软弱结构面剪切破坏特征及对边坡稳定性影响	郭宁靖	孙金山	土木工程(地下建筑)
36	浸水路堤稳定性研究	张俊荣	陈保国	土木工程(地下建筑)

续表

序号	论文题目	作者	指导老师	专业名称
37	广州市今辰办公大厦设计	周清晖	孙五一	土木工程（建筑工程）
38	甘氨酸对电镀金刚石钻头性能的影响	张艺媛	潘秉锁	地质工程
39	钻井液与底层热耦合影响因子研究与建模	张馨	胡郁乐	地质工程
40	Φ216自动垂钻室内测试试验	杨晓晨	姚爱国	勘查技术与工程
41	基于CUSD2工程的钻井扭矩分析及合理使用钻杆对策探讨	高超	张晓西	勘查技术与工程
42	武汉光谷地铁站火灾人员疏散模拟	王天然	杨丹	安全工程
43	时移地震AVO差异性反演储层弹性参数变化	管龙霄	顾汉明	地球物理学
44	中高空间分辨率卫星影像云与云阴影检测方法研究	李志伟	喻鑫	地球信息科学与技术
45	利用高频地波雷达研究复杂海域洋流:以南大堡礁为例	杨洲	毛娅丹	地球物理学
46	信息量支持下FO-SVM模型滑坡易发性评价系统原型设计及应用	安玥强	牛瑞卿	地球信息科学与技术
47	俯冲带岩石圈地幔地震波速度和密度随温度-压力的变化	华远远	徐义贤	地球物理学
48	基于特征点的目标跟踪	冯亚楠	罗大鹏	电子信息工程
49	人脸检测Android应用程序设计与实现	张慧	王勇	电子信息工程
50	全自动宝石磨床研究	杨双双	饶建华	机械设计制造及其自动化
51	一种新型正铲挖掘机运动学,动力学分析及仿真	周凤招	丁华锋	机械设计制造及其自动化
52	基于STM32F103的三轴运动控制器设计	石鹏	吴来杰	机械设计制造及其自动化
53	基于情感化设计的360度环视时钟设计	张晓丽	江伟贤	工业设计
54	基于CUDA的遥感图像KNN分类并行算法	郭睿华	吴让仲	通信工程
55	基于主动学习法的高光谱遥感图像分类	罗祎敏	马丽	通信工程
56	基于粒子群优化算法的学生信用评价方法研究	秦志萌	刘勇	通信工程
57	软件服务类上市公司成长性评价研究	冷蔺琪	余敬	工商管理（双语）

人才培养

序号	论文题目	作者	指导老师	专业名称
58	浙江省文化产业竞争力评价与提升研究	毛雨茜	傅振仪	经济学
59	饭店各部门生态足迹模型构建及实证分析	马莉	张俊霞	旅游管理
60	矿产资源密集型城市可持续发展影响因素评价体系研究——以湖北省大冶市为例	王丹	严良	市场营销
61	利率市场化进程中我国货币政策利率传导的区域效应实证研究	袁书潇	王简萍	国际经济与贸易
62	我国上市公司财务舞弊识别的研究——基于非经营性损益的视角	侯文超	汪长英	会计学
63	绍兴HT会计师事务所的战略前景思考——基于企业战略管理与财务分析的角度	周利帅	严汉民	会计学
64	我国钢铁行业上市公司环境会计信息披露影响因素分析	丁亮锦	屈文彬	会计学
65	构建刚柔并济的供应链实现竞争绩效：双元理论的实证研究	李霞	朱镇	信息管理与信息系统
66	湖北鑫港国际商贸城一11#楼施工图预算编制	熊宁	帅传敏	工程管理
67	基于N－K模型的地铁施工安全风险耦合分析	沈梅芳	丁丽萍	工程管理
68	空间Durbin模型及其在我国R&D投入对区域创新能力影响中的应用	朱永光	徐德义	统计学
69	情态视角下的《人民日报》和《纽约时报》对北京申办冬奥会的语篇对比研究	郜思寒	董元兴	英语
70	艾丽斯·门罗作品中男性形象叙事特征的转变	敬文会	唐晓云	英语
71	顾及分布性空间上下文的点云分类方法研究	何鄂龙	刘修国	遥感科学与技术
72	word2vec的GPU并行化加速	苏肖	张剑波	软件工程
73	地统计遥感超分辨率重构图与重构方法研究	张辉	刘修国	遥感科学与技术
74	An Integrated Scheduling Method of Multi－satellite Imaging Tasks Based on Genetic Algorithm	翟雪俊	刘福江	遥感科学与技术
75	拓扑关系指标体系计算分析	汪晓楠	樊文有	地理信息系统
76	基于GPS轨迹数据的个体行为研究——出行方式与目的识别	程若桢	晃怡	地理信息系统
77	地理空间观测能力信息可视化	刘丹丹	胡楚丽	地理信息系统

续表

序号	论文题目	作者	指导老师	专业名称
78	基于云环境的量化算法测试与交易平台	王炳燊	罗忠文	软件工程
79	在线符号与社交网络的拓扑特性研究	严欢	郭龙	物理学
80	基于单片机的电子宿舍全研制初步	张业武	杨勇	物理学
81	湖北省经济增长与环境污染关系的计量模型研究	夏全	陈兴荣	数学与应用数学
82	基于普代弹性的中国能源生产函数分析	杜宏伟	王元媛	信息与计算科学
83	高校户外运动课程外包的探讨	张坤	牛小洪	社会体育
84	凹凸之美——家具雕卵结构在首饰中的改良应用	杨欢	吴树玉	宝石及材料工艺学（首饰设计方向）
85	CVD合成钻石的谱学特征及鉴定	贾琼	陈美华	宝石及材料工艺学
86	几种饰用木质材料的鉴别特征	邱李芳	李立平	宝石及材料工艺学
87	浅析电视剧《红高粱》原声音乐特征	付蒙	曾参	音乐制作
88	浅析多媒体时代的音乐教学新方法——以Flash、3DMax动画辅助教学为例	田梦	张理	音乐学
89	传统纹样在现代品牌设计中的运用	刘璐	周阳	视觉传达设计
90	基于众包模式的网络报纸新闻生产创新研究——以《赫芬顿邮报》为例	唐少析	张梅珍	广播电视学
91	框架理论视野下的风险新闻传播效果分析——以微博"少女失联"系列报道为例	袁素文	吴颖	广播电视学
92	古村落保护与发展规划设计——以上营村（台湾村）为例	孙梦明	赵冰	环境设计
93	历史街区的复兴与历史建筑的再利用	冯晟堃	向东文	环境设计
94	浅析动画创作中的光影运用——以《the power of love》为例	尹伊	邓韵	动画
95	试析广东省出嫁女土地权益保护的法律体系	冯熙凝	涂亦楠	法学专业
96	基于农用地分等成果的耕地质量监测体系构建——以宜昌市五峰土家族自治县为例	孟琦	王占岐	土地资源管理
97	离子型稀土尾矿稀土元素流失特征调查——以江西赣州为例	郭美娜	曾克峰	资源、环境与城乡规划管理

人才培养

续表

序号	论文题目	作者	指导老师	专业名称
98	湖北省地方政府行政成本影响因素分析	费林浩	赵顾	行政管理
99	地方政府政策执行中的公信力研究	胡燕芬	谢昕	公共事业管理
100	"四个全面"战略布局下的生态文明建设研究	董扣艳	黄娟	思想政治教育
101	朴素贝叶斯文本分类器改进方法研究	张伦干	蒋良孝	计算机科学与技术
102	基于Out of Core技术大遥感图像多尺度分割算法的研究与实现	童斐	童恒建	计算机科学与技术
103	基于密集特征扩展词典模型的行为识别方法研究	毛亚芳	朱莉	计算机科学与技术
104	星座覆盖率计算的误差分析	左明成	戴光明	空间信息与数字技术
105	基于社区发现的协同过滤推荐算法研究	刘畅	张锋	信息安全
106	演化天线及其三维打印成形	翁宗超	曾三友	网络工程
107	具有时变时滞的T-S模糊系统时滞相关稳定性分析	连枝	何勇	自动化
108	基于贝叶斯网络的烧结终点过程建模方法	徐建平	曹卫华	自动化
109	面向癫痫病灶定位的高频振荡自动检测方法	万婷	吴敏	测控技术与仪器
110	软磁薄膜材料巨磁阻抗（GMI）效应的机理研究	陈皓宇	晋芳	测控技术与仪器

附录4　2015年国家级创新创业训练项目名单

项目编号	项目名称（项目团队）	指导老师	项目负责人	项目组成员	所在学院	项目类别	项目层次
201510491001	关于山东蒙阴金伯利岩成矿性制约因素的研究	郑建平	徐海容	房怡云	地球科学学院	创新训练项目	重点项目
201510491002	石榴子石记录的荆山花岗岩岩浆复杂演化过程	王勤燕	薛志娇	黄攀　汪蕾　郭筱伟	地球科学学院	创新训练项目	重点项目
201510491003	华南及华北典型下地壳麻粒岩变形特征及含水量对比研究	章军锋	田浩然	毛茅飞	地球科学学院	创新训练项目	重点项目
201510491004	宜昌长阳奥陶纪大湾组棘皮动物及其古环境研究	龚一鸣	何昕悦		地球科学学院	创新训练项目	重点项目
201510491005	海水混合作用对泥炭沼泽渍酚铁络合物稳定性的影响	向武	吴青青	李东伦	地球科学学院	创新训练项目	重点项目
201510491006	原始无球粒陨石 NWA7640 和 NWA6515 的岩相学和地球化学特征分析	肖龙　何琦	邹帆	刘宇晖	地球科学学院	创新训练项目	重点项目
201510491007	关于岩浆结石中微量元素指示的岩浆岩类型及构造背景的系统探究	廖群安	尚廉洁	张俊　甄启斌	地球科学学院	创新训练项目	重点项目
201510491008	宜昌长阳地区奥陶纪三叶虫卷曲及其古生态环境意义	龚一鸣	董紫薇		地球科学学院	创新训练项目	重点项目
201510491009	有关HED陨石与峨眉山玄武岩同对比以及成因分析	肖龙　何琦	赵佳伟	赵立民	地球科学学院	创新训练项目	重点项目
201510491010	恩施地区富硒土壤中硒和镉的环境地球化学研究	李方林	贾子悦	于佳卉　陆石基	地球科学学院	创新训练项目	重点项目

续表

项目编号	项目名称（项目团队）	指导老师	项目负责人	项目组成员	所在学院	项目类别	项目层次
201510491011	秦皇岛奥陶纪亮甲山组竹叶状灰岩成因研究	谢树成	王檀		地球科学学院	创新训练项目	重点项目
201510491012	碎屑岩的物源系统分析思路——以周口店三好碛岩与秭归郭家坝组砾岩为例	杜远生	马千里	许欣然	地球科学学院	创新训练项目	重点项目
201510491013	武汉市营养生苔藓硅藻组成及其环境指示意义	陈旭	秦波	王一尘	地球科学学院	创新训练项目	重点项目
201510491014	XRF光谱法研究城市土壤污染	黄春菊	邓云凯	向菲菲 雷景晖 李彦知	地球科学学院	创新训练项目	重点项目
201510491015	震前次声波异常监测与地震预测	曾佐勋	荣抄	赵奇	地球科学学院	创新训练项目	重点项目
201510491016	鄂尔多斯盆地中生代含铀岩系中黄铁矿与煤胄的伴生关系	焦养泉 荣辉	王宓右	袁铭 宋亚芳	资源学院	创新训练项目	重点项目
201510491017	碱性稀土矿床成矿机制探究：以湖北杀熊洞碳酸岩杂岩体为例	陈唯	徐晨		资源学院	创新训练项目	重点项目
201510491018	湖相泥质白云岩矿物组成及有机质特征分析	姚光庆	李长海	刘顺 刘双良 谭良忠	资源学院	创新训练项目	重点项目
201510491019	珠江口盆地中原油的分布特征及其地质意义	平宏伟	娄敏	张振宇 孙广玄 张洛菁	资源学院	创新训练项目	重点项目
201510491020	湖北庙垭碳酸岩杂岩体铌石矿物学特征及高精度U-Pb定年	赵新福	任家强	胡魏 范珲鹏 王雨轩	资源学院	创新训练项目	重点项目

人才培养

项目编号	项目名称（项目团队）	指导老师	项目负责人	项目组成员	所在学院	项目类别	项目层次
201510491021	鄂东南鸡笼山铜金矿床矽卡岩浆–热液系统演化与铜金富集机制	李建威	范高华	李文广 马媛媛 王雪玲	资源学院	创新训练项目	重点项目
201510491022	探讨我国热水沉积型锰矿成矿机制特点——以贵州遵义等相关锰矿"为例	皮道会	马思迪		资源学院	创新训练项目	重点项目
201510491023	核壳结构$CoFe_2O_4$/PLZT多铁性复相材料的制备与研究	徐建梅	徐振宇	董金 陈佳惠 张生	材料与化学学院	创新训练项目	重点项目
201510491024	极性溶剂对离子液体的影响	吴秀玲	张晓隆	金宏润 杨鹏鹏 李雨蒙	材料与化学学院	创新训练项目	重点项目
201510491025	磁性介孔$Mn_xFe_{3-x}O_4$微球的合成及其Fenton催化性能初探	高强	王腾	王青山 余安妮	材料与化学学院	创新训练项目	重点项目
201510491026	ATRP表面接枝制备羧基化凹凸棒石吸附剂及其吸附性能研究	罗文君 潘宝明	陈金东	高珊 张培林	材料与化学学院	创新训练项目	重点项目
201510491027	三明治式纳米结构吸附剂设计及其对微量氟离子的吸附研究	靳洪允	崔彦利	路兴婷 黄灿 郑敏	材料与化学学院	创新训练项目	重点项目
201510491028	纳米Ag/ZnO晶体的制备及其光催化性质研究	刘长珍 周俊	陈锐	房晓祥 陈伽琪 周静	材料与化学学院	创新训练项目	重点项目
201510491029	KNN无铅压电陶瓷两步烧结工艺中晶粒生长特征及其影响因素	黄绿球	周明	付海宁 鲁健 张宇辰	材料与化学学院	创新训练项目	重点项目
201510491030	多铁性$BiFeO_3$玻璃陶瓷的制备及铁电性研究	栗海峰	方旭	邱磊 汪世金	材料与化学学院	创新训练项目	重点项目

续表

项目编号	项目名称（项目团队）	指导老师	项目负责人	项目组成员	所在学院	项目类别	项目层次
201510491031	二钛酸钡陶瓷的制备和掺杂改性研究	公衍生	吉启迪	操松荣 龚恒佰	材料与化学学院	创新训练项目	重点项目
201510491032	白光 LED 用荧光粉 $ZnAl_2O_4$:Ce^{3+}，Tb^{3+}，Eu^{3+}的合成及其光学性能研究	孟大维	张雪莲	丁卉雨 陈俊杰 谢聪	材料与化学学院	创新训练项目	重点项目
201510491033	有序 CdS 纳米结构自组装及其性能研究	雷新荣 王永钱	王正树	叶微 李圣 吕祥林	材料与化学学院	创新训练项目	重点项目
201510491034	分子筛负载 SO_4^{2-}/MAl_2O_4介孔固体酸的制备及结构与性能研究	王君霞	朱正新	白瑜 王丼	材料与化学学院	创新训练项目	重点项目
201510491035	镍锰类水滑石/碳纳米管复合材料的设计制备及其超级电容性能	周成冈	曾洪菊	潘琦苹 陈烨 吴欣梦	材料与化学学院	创新训练项目	重点项目
201510491036	二维 $g-C_3N_4$/F-TiO_2纳米复合物的构建及其可见光光催化性能研究	程国娥 柯汉忠	孙长彬	王娅茹 李勇 王艳飞	材料与化学学院	创新训练项目	重点项目
201510491037	层状钠离子电池正极材料的软化学法制备及其掺杂改性研究	洪建和	郑文琛	李渌 王星宇	材料与化学学院	创新训练项目	重点项目
201510491038	和尚洞岩壁放线菌多样性及其与碳酸盐岩矿物的相互作用	王红梅	程晓钰	陶伦 钟宇洪 支永威	环境学院	创新训练项目	重点项目
201510491039	利用菌藻混合法对微生物油脂制备工艺的改良	彭兆丰	王和林	杨光	环境学院	创新训练项目	重点项目
201510491040	低渗微孔隙介质中多相流及溶质运移观测新方法	郭会荣	王哲	郭绪磊	环境学院	创新训练项目	重点项目

人才培养

项目编号	项目名称(项目团队)	指导老师	项目负责人	项目组成员	所在学院	项目类别	项目层次
201510491041	电协同铁活化过硫酸盐氧化砷的实验研究	罗泽娇	姚伟钰	刘祥林	环境学院	创新训练项目	重点项目
201510491042	双阳极电絮凝法除砷效果探究	文章 王圣平	张胧颖	任奕蒙 刘祥林	环境学院	创新训练项目	重点项目
201510491043	一种农田地表径流中流失氮磷重复高效利用的方法探究——以梯田为例	罗泽娇	孙毅	高林 张程贻	环境学院	创新训练项目	重点项目
201510491044	地下水总溶解氮、硝酸盐和铵盐氮同位素测试新方法	李小倩	马柯	黄雨榴 严堇纾	环境学院	创新训练项目	重点项目
201510491045	化学浓度梯度对包气带地下水渗流规律影响的实验及数值模拟探究	靳孟贵	李沛	白文斌 陶丹阳	环境学院	创新训练项目	重点项目
201510491046	砷氧化微生物的新的氧化酶操纵子的功能机制研究	曾宪春	韩依杨	原会翔	环境学院	创新训练项目	重点项目
201510491047	一种基于电化学的地下水砷处理装置的探究	袁松虎	井昊	张妍婷 程稀	环境学院	创新训练项目	重点项目
201510491048	不同配比的天然混合淋洗剂对低污染镉污染土壤的室内模拟试验研究	马传明	张晶	张晨 何俊荟	环境学院	创新训练项目	重点项目
201510491049	锌铁铝层状金属氢氧化物对地下水中砷的去除效果研究	谢先军 苏春利	张雅	宋小晴 陈姿君 筹永武	环境学院	创新训练项目	重点项目
201510491050	堆积层滑坡地下水位与降雨、库水位响应关系研究及稳定性分析	汪洋	郭子正	张宇 谢中识 杨永刚	工程学院	创新训练项目	重点项目

项目编号	项目名称（项目团队）	指导老师	项目负责人	项目组成员	所在学院	项目类别	项目层次
201510491051	含水合物地层低热固井水泥浆实验研究	刘天乐	李丽霞	张准 谭彪	工程学院	创新训练项目	重点项目
201510491052	软土地区城市建设基础桩负摩阻力特性及其优化措施研究	王尧清	钟佳男	高毅博	工程学院	创新训练项目	重点项目
201510491053	新型环保节能型墙体保温砂浆耐久性能及其应用技术研究	徐方	李柠旭	王双超 阮景新 刘创	工程学院	创新训练项目	重点项目
201510491054	高温对基于膨润土/凹凸棒土的钻井液性能影响机理研究	乌效鸣	郭静	吴迪 郑文龙 徐冠博	工程学院	创新训练项目	重点项目
201510491055	磷石膏充填料浆管道输送性能研究	梅甫定	陶能	丁璐 陈博文	工程学院	创新训练项目	重点项目
201510491056	弹性波CT软件系统研制与开发	张学强	周末	李顺至 彭子 孟绿汀	地球物理与空间信息学院	创新训练项目	重点项目
201510491057	基于小波分析的瑞雷波频散曲线提取方法研究	米先海	顾志明	王天嵛 尹伟亮	地球物理与空间信息学院	创新训练项目	重点项目
201510491058	武汉市光谷及周边地区道路尘埃的磁性特征及环境意义	张玉芬	程世华	叶海伦	地球物理与空间信息学院	创新训练项目	重点项目
201510491059	基于Fluent的振荡脉冲水射流压力特性及自激喷嘴的结构设计研究	文国军	李文健	孙翔宇 吴海全	机械与电子信息学院	创新训练项目	重点项目
201510491060	页岩残余气解吸动态模型构建及含气量实验测试系统研制	李波 李瑞久	杨淑凌	刘方 邱琳琳	机械与电子信息学院	创新训练项目	重点项目

续表

项目编号	项目名称(项目团队)	指导老师	项目负责人	项目组成员	所在学院	项目类别	项目层次
20151049061	基于MEEMD算法的地球天然脉冲电磁场非平稳信号时频分析研究	郝国成	康坊	白雨晓	机械与电子信息学院	创新训练项目	重点项目
20151049062	基于一元混沌的Turbo-Fountain码的研究	陈朝	赵卓亚	柳雯俊 武江燕	机械与电子信息学院	创新训练项目	重点项目
20151049063	智能早教产品设计与开发	蔡建平 吴来杰	张熙	高章彪 王丽娜 涂如洁	机械与电子信息学院	创新训练项目	重点项目
20151049064	基于云计算的企业电子商务模式研究	朱镇	贺大力	赵冠豪 王鑫宁 冯吉	经济管理学院	创新训练项目	重点项目
20151049065	关于镇江市丹徒经济开发区进行循环化改造的调查研究	徐翔	潘佳	贺晶娴 黄湛	经济管理学院	创新训练项目	重点项目
20151049066	大学失物招领平台APP的市场调研	朱镇	郑晨阳	唐子仪 傅雨城 李思慧	经济管理学院	创新训练项目	重点项目
20151049067	Sweet Dream	薛武强 刘慧玲	吴小方	胡思情 魏娟 翟杨欢	经济管理学院	创新训练项目	重点项目
20151049068	基于武汉建筑企业人才需求的高校BIM教育现状调研	宫培松	张攀	李朋远 陈鹏慧 杨壹尹	经济管理学院	创新训练项目	重点项目
20151049069	基于四旋翼无人机视觉检测行人流量监测系统	罗忠文	刘国维	张巍烨 石星 黎航	信息工程学院	创新训练项目	重点项目
20151049070	基于实景影像的城市内涝信息提取	高伟	吕云哲	杨晨 王宁	信息工程学院	创新训练项目	重点项目

人才培养

续表

项目编号	项目名称（项目团队）	指导老师	项目负责人	项目组成员	所在学院	项目类别	项目层次
201510491071	我国及周边区域IGS基准站时间序列分析与研究	黄海军 潘雄	龙光辉	廖盼 刘玉忠 悦连哲	信息工程学院	创新训练项目	重点项目
201510491072	面向无线物联传感的智能家居APP控制系统软件研发	杨林	夏少天	陈晓梦 周凌风 张春亮 李茜 熊畅 张香兰 张聪	信息工程学院	创新训练项目	重点项目
201510491073	核爆炸释放射性传播的沉降预测及防治研究	陈刚	郭宇轩	闫泽洼 佘智磊	数学与物理学院	创新训练项目	重点项目
201510491074	武汉"生鲜配送"最优化设计暨敏感度分析	边家文 翁兑瑞	邵志英	虞柳 苏祺王努	数学与物理学院	创新训练项目	重点项目
201510491075	植物对机械振动的电响应	杨勇	孙鸣钰	郑鹏宇	数学与物理学院	创新训练项目	重点项目
201510491076	稀土资源出口定价策略的对策论模型建立	向东进	焦展翼	王闯 郭斐斐	数学与物理学院	创新训练项目	重点项目
201510491077	湖北省竹山县绿松石颜色量化分级标准研究	罗泽敏	冷希敏	张雅笛 张文珠 晏玉	珠宝学院	创新训练项目	重点项目
201510491078	"水波纹"绿松石的宝石学初探	陈全莉	熊维敏	程适 珠雪阳 徐伽迠	珠宝学院	创新训练项目	重点项目
201510491079	离子注入技术与热处理在山东蓝宝石改色工艺上的应用	陈美华	魏雪会	孙曼仪 谢杨琪 段怡萌	珠宝学院	创新训练项目	重点项目
201510491080	基于昆曲中肢体语言动作捕捉的数控机器人表演研究	方浩 罗忠文	卓越	黄帅 马义涛 王汝鹏	艺术与传媒学院	创新训练项目	重点项目

项目编号	项目名称（项目团队）	指导老师	项目负责人	项目组成员	所在学院	项目类别	项目层次
201510491081	资源型城市能源-经济-环境（3E）系统发展水平的空间差异演化机理研究	黄德林	储梦然	刘新 胡君	公共管理学院	创新训练项目	重点项目
201510491082	雾霾预测及治理措施评价系统设计	武云 彭富	刘让琼	李贝 乔璐楠 杨智勇	计算机学院	创新训练项目	重点项目
201510491083	晚志留世—原始肉鳍鱼（梦幻鬼鱼）鳞片形态学研究	朱敏	崔心东	秦子川	李四光学院	创新训练项目	重点项目
201510491084	西藏年茶剖面Toarcian期缺氧事件对有孔虫的影响	宋海军	姜守一	赵云逸	李四光学院	创新训练项目	重点项目
201510491085	基于多模态的情感识别及其在人机交互中的应用	刘振焘	丁学文	白仕兴 黄上都 包宇藏	自动化学院	创新训练项目	重点项目
201510491086	基于无线网络技术的智能家庭控制系统	张莉君	杨博荣	荣国际 冯昊 刘向阳	自动化学院	创新训练项目	重点项目
201510491087	基于光纤光栅传感技术的滑坡监测系统研究	莫文琴	李瑞鹏	罗张玲 苗魏舰 赵璐	自动化学院	创新训练项目	重点项目
201510491088	基于三维场景重建的井下移动探测平台设计及实验研究	杨越 黄玉金	张璐璐	徐振宇 李飞 万文昌	自动化学院	创新训练项目	重点项目
201510491089	中国晶石类珠宝批发采购平台	吴敏 田家玮 刘振焘	卢亚河	丁栎玮 周阳 陈天舒 李泽中 杨倩 蒋欣然 岳佳佳	自动化学院	创业实践项目	重点项目
201510491090	校园Wi-Fi路由项目	李振华	朱涛	杨威 杨殿彧菁 薛中熊	计算机学院	创业实践项目	重点项目

项目编号	项目名称（项目团队）	指导老师	项目负责人	项目组成员	所在学院	项目类别	项目层次
201510491091	翠·雅鏊	刘志兴	马学文	马福民 马步云 赛力卡 卡得尔拜	地球科学学院	创业训练项目	重点项目
201510491092	"学霸帮"教育服务平台	郭明晶	牟小森	师 仪 卞 格 陈 庆 罗嘉浩	经济管理学院	创业训练项目	重点项目
201510491093	社交软件调研与开发项目计划书	朱 镇 刘慧玲	杨维玉	郭文静 尚 韵 陈蕾莹 冯晓薇	经济管理学院	创业训练项目	重点项目
201510491094	360环绕摄影技术与服务	刘家国	张岁婕	孙芳芥 蔡思城	经济管理学院	创业训练项目	重点项目
201510491095	最美妈咪（续梦团队）	郭明晶	卜灵雪	陈 盼 张雅雯 杨小情 马天宇	经济管理学院	创业训练项目	重点项目
201510491096	校园书籍循环利用平台	李鹏飞	潘文周	叶占鹏 张川胜 左欢	信息工程学院	创业训练项目	重点项目
201510491097	Ishare珠宝小分队	包德清	李 丹	许雅婷 苗 壮 唐文平	珠宝学院	创业训练项目	重点项目
201510491098	青春不语工作室	包德清	杨淑琪	李泽坤 王嘀雪 劳佳欣 孙 鹤 刘奇伟	珠宝学院	创业训练项目	重点项目
201510491099	御花园创意微景观	严 良	石鸣春涧	杨昊天 刘古森	艺术与传媒学院	创业训练项目	重点项目
201510491100	关于校内休闲吧的运营研究（鸿源思创创业团队）	郭 锐 郑立波	赵玉霞	薛 婧 朱庚峰 江 汀 王海莹 孙晓鑫	艺术与传媒学院	创业训练项目	重点项目

项目编号	项目名称（项目团队）	指导老师	项目负责人	项目组成员	所在学院	项目类别	项目层次
201510491101	土壤GDGTs的完整极性脂（IPL）的热稳定性研究	谢树成 杨欢	裴宏业		地球科学学院	创新训练项目	一般项目
201510491102	湖北宜昌地区水井沱组化石及其黄铁矿化机制探究	冯庆来	叶炎	苗壮 郭伟	地球科学学院	创新训练项目	一般项目
201510491103	湖北秭归地区上侏罗统香溪组植物化石研究	喻建新	薛清	邵叶飞	地球科学学院	创新训练项目	一般项目
201510491104	黔西地区陆相二叠系—三叠系地层对比	童金南	刘滏	舒文超	地球科学学院	创新训练项目	一般项目
201510491105	武汉市武昌区典型功能灰尘街道灰生与室内灰尘中重金属污染的来源与评价	乔胜英	何宇		地球科学学院	创新训练项目	一般项目
201510491106	太原市古交矿区煤及煤矸石转化为煤灰过程中砷含量的变化规律	荣辉	张利伟	李大伟 方祐迁 戴玉堃	资源学院	创新训练项目	一般项目
201510491107	渤海海域秦皇岛地区混积岩系结构特征及其环境指示意义	杜学斌	高梦天	张爱华 孟琦	资源学院	创新训练项目	一般项目
201510491108	可磁分离的金属大环配合物功能化介孔二氧化硅的制备和性能研究	夏华	孟冰洋	姜昭 运亚飞	材料与化学学院	创新训练项目	一般项目
201510491109	$(Ca,Sr)_2Si(O,N)_4:Eu^{2+}$荧光粉的制备、发光性能调控及微结构改变相关发光机理的研究	李国岗	齐晓免	肖慧 孙荣	材料与化学学院	创新训练项目	一般项目
201510491110	普鲁士蓝类似物包覆纳米硫正极材料	韩波	丁思远	王岚 魏翔 李杰	材料与化学学院	创新训练项目	一般项目

续表

项目编号	项目名称（项目团队）	指导老师	项目负责人	项目组成员	所在学院	项目类别	项目层次
201510491111	掺杂ZnS量子点的合成及基于其荧室磷光法 H_2O_2 的检测	鲁立强	彭鑫鑫	曾伟成 郭科迁 吴楚	材料与化学学院	创新训练项目	一般项目
201510491112	高效的生物神氧化装置及其生物学特性研究	曾宪春	原会翔	张平 张鹏程 杜华	环境学院	创新训练项目	一般项目
201510491113	高韧性低碱度型生态多孔水泥混凝土关键技术研究	徐方	刘志涛	欧阳光 李恒 刘安康	工程学院	创新训练项目	一般项目
201510491114	复杂条件下液氢泄漏扩散规律研究	郭海林	李子龙	任婕	工程学院	创新训练项目	一般项目
201510491115	水下掩埋古代木船的高精度磁法调查原理及技术研究	祁明松 王传雷	沈杨	殷常阳 齐一凡	地球物理与空间信息学院	创新训练项目	一般项目
201510491116	基于遥感与GIS的武汉地区城市扩张与农田流失关系研究	吴柯	付圣	钟抒慧 周丹丹 秦凯羚	地球物理与空间信息学院	创新训练项目	一般项目
201510491117	基于多源遥感数据的神木-红石峡铁路沿线岩性识别方法研究	王毅	平方圆	雷毅 宁牟明 蒋佳芹	地球物理与空间信息学院	创新训练项目	一般项目
201510491118	地球天然脉冲电磁场信号时频分析及其在滑坡前兆中的应用研究	郝国成	王晶	牛津律 冉恣玮 朱宗敏	机械与电子信息学院	创新训练项目	一般项目
201510491119	管道泄漏检测方法与仪器	李波 张萌	胡文昌	覃润楠 项端昌 刘小勇	机械与电子信息学院	创新训练项目	一般项目
201510491120	300W中温固体氧化物燃料电池系统整制器的研制及系统硬件结构优化	杨杰 张文颖	赵彦斌	张心心 杨伟成 余俊	机械与电子信息学院	创新训练项目	一般项目

项目编号	项目名称（项目团队）	指导老师	项目负责人	项目组成员	所在学院	项目类别	项目层次
201510491121	圆锯片动态特性研究	张萌 丁鹏飞	谢时雨	范勇 王双贺	机械与电子信息学院	创新训练项目	一般项目
201510491122	智能手机二维码技术在高校应用现状及趋势调查	侯俊东	熊芬	范长霞	经济管理学院	创新训练项目	一般项目
201510491123	关于农村金融产品创新调研	朱冬元	邹冰华	胡珊琪 赵阳 张施	经济管理学院	创新训练项目	一般项目
201510491124	基于多源信息变异特征匹配的降水空间分布模型研究	张唯	谭伟伟	王维琛 雷毅	信息工程学院	创新训练项目	一般项目
201510491125	细模态气溶胶光学厚度反演及时空驱动力分析	许凯	武矿超	赵镇 刘鹏	信息工程学院	创新训练项目	一般项目
201510491126	基于云服务的教育地理信息集成共享平台	胡茂胜	龙泽昊	冯炜翔 熊畅 侯浩川	信息工程学院	创新训练项目	一般项目
201510491127	基于三维激光扫描技术的变形监测研究	徐景田	曹箐	王雨蝶 张进 方	信息工程学院	创新训练项目	一般项目
201510491128	链接专业行业与一体的大学生自我评价模型设计与平台搭建	邵玉祥 郭明晶	晏茵子	罗畅 章李洋 黄国聪	艺术与传媒学院	创新训练项目	一般项目
201510491129	小蜜蜂驿站（旅游纪念品寄送站）创业计划	喻继军	周岱	杨梦 王诗然 杨春兰	艺术与传媒学院	创新训练项目	一般项目
201510491130	我国页岩气开发进程中水资源保护公共政策研究	黄德林 李世祥	张建良	方鹏辉 朱德帅	公共管理学院	创新训练项目	一般项目
201510491131	城镇居民养老金全服运行成因分析及重庆决措施探究——基于武汉洪山区和重庆江北区的调查	卓成刚 严汉民	万维纳	樊玉露 谢韵典 吴汉芸	公共管理学院	创新训练项目	一般项目

人才培养

项目编号	项目名称(项目团队)	指导老师	项目负责人	项目组成员	所在学院	项目类别	项目层次
201510491132	区域旅游经济溢出实证研究——以中部六省为例	叶菁 朱江洪	王世桢	刘欢 王涵 谢涛	公共管理学院	创新训练项目	一般项目
201510491133	MOBISENSE:基于移动交通工具的城市环境感知系统	曾德泽 姚宏	李华勇	张智 王益明	计算机学院	创新训练项目	一般项目
201510491134	家庭人工智能控制系统的设计与实现	李长河 李欢欢	华侨	郭春谷 金敏 薛福兴	计算机学院	创新训练项目	一般项目
201510491135	注采连通关系自动判别技术研究	张冬梅 陈小岛	金佳琪	刘东波 张凯 李昂 马翔	计算机学院	创新训练项目	一般项目
201510491136	湖南株洲天元恐龙类群的形态学、分类学研究	韩凤禄	秦子川	武瑞 崔心东 刘宇明	李四光学院	创新训练项目	一般项目
201510491137	人体坐姿检测与健康评估系统	刘振焘	张鹏	华云飞 郭羽 江畅 杨志恒	自动化学院	创新训练项目	一般项目
201510491138	频谱激电找水仪	李志华	杜胜	李俊 高培 徐昭琦	自动化学院	创新训练项目	一般项目
201510491139	基于巨磁阻抗传感器的非接触式电流检测系统研究	晋芳	王晋超	李凡 张和平 饶佰畅	自动化学院	创新训练项目	一般项目
201510491140	具有压力充电及GPS导航系统的智能鞋	刘振焘	王卉婷	周子涵 周浩 吴建国 杜胜	自动化学院	创新训练项目	一般项目
201510491141	益水公益组织	马传明 马腾 杨雪 梁杏	王霞	范奇 张梦彭 夏新星 姚娘亭 刘欢 李名智	环境学院	创业实践项目	一般项目

人才培养

续表

项目编号	项目名称（项目团队）	指导老师	项目负责人	项目组成员	所在学院	项目类别	项目层次
201510491142	UP新力量	吴柯	孙晓鑫	王海莹 朱庚峰 陈荣 刘子源	地球物理与空间信息学院	创业实践项目	一般项目
201510491143	花卉创业团队	李波	黄兴波	卢宗良 陈洋民 陈彬 赵海权	机械与电子信息学院	创业实践项目	一般项目
201510491144	极光青少年户外素质教育团队	杨汉 董卫东	童靖然	郑逸伦 杨晨 李志辉	体育课部	创业实践项目	一般项目
201510491145	迅牛科技	徐战亚 杨超 方浩 刘军	王玉甲	高辉 郑键 陈荣航 孟祥旭	艺术与传媒学院	创业实践项目	一般项目
201510491146	KING团队	周子钦 周斌周阳	杜晶	张爽 李辰 张柳 星	艺术与传媒学院	创业实践项目	一般项目
201510491147	Suit Up！	吴仁喜 任凯歌	张冰玉	金梦 杨帆 李童 梁家蓬 程章宇	资源学院	创业训练项目	一般项目
201510491148	台湾水凉巾系列产品的包装与销售	康红梅 郑永健 陈世晋	陶天爵	林宇飞 孙连 臧金帅	经济管理学院	创业训练项目	一般项目
201510491149	乐学教育团队	李宇凯 李杰 黄刚	于颖	蔡爱新 王杨 张贺 何亚羲 白宏伟	数学与物理学院	创业训练项目	一般项目
201510491150	私人QZ	刘佳 喻良涛	苏鹏远	付静 任宁 王晰锐 陈亚	计算机学院	创业训练项目	一般项目

人才培养

附录5　2015年学科竞赛获奖统计

竞赛种类	获奖情况	
全国大学生英语竞赛	特等奖	2人
	一等奖	3人
	二等奖	14人
	三等奖	29人
	小计	48人
全国大学生数学建模竞赛	全国一等奖	1队（3人）
	全国二等奖	3队（9人）
	省一等奖	2队（6人）
	省二等奖	5队（15人）
	省三等奖	3队（9人）
	小计	14队（42人）
全国大学生电子设计竞赛	全国一等奖	2队（6人）
	全国二等奖	3队（9人）
	省一等奖	5队（15人）
	省二等奖	3队（9人）
	省三等奖	7队（21人）
	小计	20队（60人）
第九届全国大学生"飞思卡尔"杯智能汽车竞赛	全国一等奖	1项
	华南赛区省二等奖	2项
	小计	3项
第二届全国高校物联网应用创新大赛	二等奖	2项
	三等奖	1项
	小计	3项
第八届全国大学生信息安全竞赛总决赛	一等奖	1项
	二等奖	1项
	小计	2项
第七届全国大学生广告艺术大赛	省三等奖	5项
全国大学生水利创新设计大赛	二等奖	2项

续表

竞赛种类	获奖情况	
"高教杯"全国大学生先进成图技术与产品信息建模创新大赛	全国一等奖	1项
	全国二等奖	10项
	小计	11项
全国周培源大学生力学竞赛	全国三等奖	1人
	省三等奖	9人
	小计	10人
第六届全国大学生数学竞赛	全国二等奖	1人
	全国三等奖	1人
	小计	2人
2015年全国高校GIS技能大赛	特等奖	1项
	二等奖	2项
	三等奖	1项
	小计	4项
湖北省普通高校大学生化学实验技能竞赛	省一等奖	2项
	省二等奖	1项
	小计	3项
湖北省大学生结构设计竞赛	三等奖	1项
全国大学生工程训练综合能力竞赛湖北省预赛	一等奖	2项
	二等奖	4项
	三等奖	1项
	小计	7项

附录6　2015年本科生数

学院名称	2012年	2013年	2014年	2015年	在校生数（人）	毕业生数（人）
地球科学学院	222	264	205	202	893	291
资源学院	358	362	297	285	1302	365
材料与化学学院	282	282	285	295	1144	244
环境学院	217	277	281	270	1045	228
工程学院	529	486	512	476	2003	507
地球物理与空间信息学院	201	218	201	202	822	219
机械与电子信息学院	429	422	382	386	1619	380
自动化学院	111	115	131	181	538	115
经济管理学院	512	502	526	535	2075	494
外国语学院	91	82	87	101	361	98
信息工程学院	354	350	345	356	1405	344
数学与物理学院	145	147	159	258	709	163
珠宝学院	157	154	149	163	623	168
公共管理学院	257	236	211	226	930	232
计算机学院	252	272	262	274	1060	235
体育课部	34	30	31	28	123	27
艺术与传媒学院	242	246	275	246	1009	298
马克思主义学院	12	17	22	34	85	20
李四光学院	63	57	63	59	242	
总计	4468	4519	4453	4577	18 017	4428

人才培养

附录7 2015年本科生按专业招生情况

专业名称	人数（人）	专业名称	人数（人）
材料化学	56	工程管理	64
材料科学与工程	65	工商管理（双语教学班）	70
材料科学与工程（实验班）	29	国际经济与贸易	34
应用化学	120	会计学	57
应用化学（卓越工程师）	28	经济学	94
地理科学类	30	旅游管理	30
地质学（基地班）	29	市场营销	58
地质学类	146	统计学	35
地球物理学（实验班）	30	信息管理与信息系统	61
地球信息科学与技术	55	地球科学菁英班	59
勘查技术与工程（勘查地球物理方向）	118	思想政治教育	35
安全工程	59	数学与应用数学	58
地质工程	130	物理学	61
勘查技术与工程（钻探工程方向）	65	信息与计算科学	60
土木工程	192	预科	83
土木工程（国防生）	30	社会体育指导与管理	28
法学	32	英语	104
公共事业管理	22	测绘工程	87
土地资源管理	57	地理信息科学	90
行政管理	59	软件工程	61
自然地理与资源环境	56	信息工程	62
地下水科学与工程	67	遥感科学与技术	61
环境工程	74	动画	42
环境工程（卓越工程师）	29	广播电视学	48
环境科学与工程类（菁英班）	30	环境设计	51

人才培养

中国地质大学（武汉）年鉴 2015

专业名称	人数(人)	专业名称	人数(人)
生物科学(菁英班)	41	视觉传达设计	48
水文与水资源工程	32	音乐学	58
电子信息工程	45	宝石及材料工艺学	84
电子信息工程(国防生)	45	产品设计(珠宝首饰方向)	72
工业设计	60	海洋科学(菁英班)	30
机械设计制造及其自动化	121	石油工程	59
机械设计制造及其自动化(国防生)	30	资源勘查工程(固体方向)	29
通信工程	88	资源勘查工程(基地班)	28
计算机科学与技术	125	资源勘查工程(矿产调查与开发方向)	57
空间信息与数字技术	32	资源勘查工程(煤及煤层气工程方向)	23
网络工程	60	资源勘查工程(油气方向)	61
信息安全	60	测控技术与仪器	91
财务管理	34	自动化	90

省份	2015年文科			2015年理科		
	最低分数	超一本线人数(人)	录取人数(人)	最低分数	超一本线人数(人)	录取人数(人)
北京	584	5	7	575	27	30
天津	574	27	9	587	49	30
河北	584	36	18	596	52	238
山西	542	29	19	554	39	155
内蒙古	509	22	8	527	63	53
辽宁	562	32	11	560	60	49
吉林	543	/	8	526	1	30
黑龙江	550	55	5	569	86	40
上海	/	/	/	414	/	4
江苏	348	6	9	352	8	63
浙江	652	26	14	640	35	82
安徽	634	37	15	613	58	147
福建	587	38	6	587	62	53
江西	554	26	8	579	39	90
山东	602	34	17	612	50	160
河南	548	35	18	581	52	223
湖北	559	38	65	573	63	798
湖南	576	41	11	583	57	113
广东	585	12	11	596	19	90
广西	570	40	11	530	50	79
海南	718	56	8	679	71	41
重庆	606	34	10	613	40	51
四川	570	27	20	571	43	140
贵州	578	35	3	509	56	81
云南	575	35	10	524	24	96
西藏(藏)	/	/		315	35	5
西藏(汉)	/	/		485	65	3
陕西	548	38	4	551	71	28
甘肃	531	14	12	517	42	93
青海	470	4	4	400	/	39
宁夏	551	44	4	485	40	41
新疆	541	55	7	504	58	137

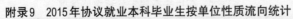

附录9 2015年协议就业本科毕业生按单位性质流向统计

单位性质	人数(人)	比例(%)	单位性质	人数(人)	比例(%)
合计	2066	100.00	其他企业	902	43.66
机关	38	1.84	其他事业单位	221	10.70
国有企业	681	32.96	部队	21	1.02
三资企业	158	7.65	其他	45	2.17

附录10 2015年协议就业本科毕业生按就业地区流向统计

就业地区	人数(人)	比例(%)	就业地区	人数(人)	比例(%)
合计	2066	100.00	河南省	34	1.65
广东省	441	21.35	陕西省	34	1.65
湖北省	393	19.02	辽宁省	33	1.60
北京市	184	8.91	河北省	30	1.45
浙江省	116	5.61	福建省	29	1.40
上海市	103	4.99	安徽省	23	1.11
江苏省	74	3.58	甘肃省	23	1.11
新疆维吾尔自治区	62	3.00	江西省	22	1.06
山东省	61	2.95	青海省	20	0.97
四川省	52	2.52	贵州省	18	0.87
天津市	46	2.23	西藏自治区	18	0.87
湖南省	41	1.98	山西省	17	0.82
广西壮族自治区	40	1.94	黑龙江省	13	0.63
内蒙古自治区	38	1.84	海南省	12	0.58
重庆市	38	1.84	吉林省	7	0.34
云南省	38	1.84	宁夏回族自治区	6	0.29

研究生教育

【概况】

学校现有一级学科国家重点学科2个；一级学科省级重点学科16个。其中，地质资源与地质工程、地质学2个一级学科在学科评估排名中位居全国第一。有一级学科博士点13个，一级学科硕士点37个，现有学位点涵盖学科门类9个；拥有工程硕士、MBA（工商管理硕士）、MPA（公共管理硕士）、艺术硕士、法律硕士、资产评估、翻译、会计、体育硕士、教育硕士10个专业学位授予权，其中工程硕士涵盖19个工程领域。

2015年，学校录取硕士研究生2050人，录取博士研究生315人。全年毕业研究生2514人，其中：博士研究生192人、全日制学术硕士研究生1161人、全日制专业学位硕士研究生655人、同等学力博士1人、留学生博士14人、留学生硕士73人、工程硕士378人、MBA 14人，MPA 26人。

2015年，研究生院稳步推进研究生教育综合改革方案的实施，不断修订完善规章制度，进一步规范招生、培养、学位授予和质量监控措施，完善研究生教育的制度体系，在优化研究生生源结构和质量、完善研究生培养模式改革、加强学位论文质量监控等方面，取得明显进展。

围绕研究生教育工作的热点、难点问题，召开2015年研究生教育工作暨学位点评估动员大会。为规范研究生教育管理，保证研究生培养质量，召开两次研究生培养单位自查自纠工作布置会。

【学位点评估】

以评促建，积极推动学位点专项评估与合格评估各项工作。根据国务院学位办文件精神，构建学位点评估组织机构，完善评估指标体系。召开学位点评估工作会议及相关专家评审会，明确责任、推动落实。组织开展应用经济学一级学科博士点、材料科学与工程一级学科博士点、仪器科学与技术一级学科硕士点的专项评估工作，完成会计硕士和公共管理硕士两个专业学位教指委专家到校现场考察工作。

【改革招生制度】

通过科学制定招生宣传方案，组织重点城市集中招生宣讲，成功举办首届研究生招生校园开放日等举措，多方物色优秀生源。招生规模稳步增长，录取硕士生较上年增长2.5%；录取博士生较上年增长3.3%，生源结构稳定。在职博士生比例控制在10%以内，较上年下降9个百分点。

稳妥推进博士生招生改革工作：出台新的博士生招生选拔规定，持续扩大硕博贯通博士生培养规模；继续加强与科研院所联合培养博士生工作，新增与中科院水生生物所联合培养博士生8名；确保博士生全身心投入学习研究，不允许博士生在职攻读博士学位；博士生入学考试全部采取试题库或入闱命题方式，硕士生部分科目采取入闱命题或试题库方式并逐步推广。

【完善培养环节】

加强博士研究生培养过程环节的管理，建立博士分流淘汰机制；继续加大硕博连读、直博和提前攻博比例，进一步优化我校博士生源结构；扩大优博基金资助面，提高博士培养质量。

推动我校研究生公共英语课程与教学改革，启动《非英语专业研究生公共英语教学改革研究》立项，积极探索研究生公共英语硕博一体化培养。聘请海外知名教授开设研究生全英文专业课程6门，积极推进研究生课程建设的国际化。

通过国家基金委高水平研究生项目，年内学校共派出59名优秀研究生到国外一流大学攻读博士学位或联合培养。通过学校设立的研究生教育国际交流基金，选拔33名博士生联合培养，234名研究生出国参加高水平国际学术会议或短期研修。通过国家留学基金委"博导短期出国交流项目"，成功全额资助5位博导访学1个月。

【学位授予】

年内学校新增博导19名，新增兼职博导9名。首次开展博士生导师招生资格审核工作，审核通过175人博士生招生资格，23人没有通过博士生招生资格审核。

继续采用"查重"和"盲审"方法，双管齐下强化过程管理和质量意识。

年内有11篇博士学位论文获评湖北省优秀博士学位论文，21篇硕士学位论文获评湖北省优秀硕士学位论文。27篇博士论文获评学校优秀博士学位论文，43篇硕士论文获评学校优秀硕士学位论文。

【专业学位管理】

继续加强案例库建设，新增9项案例库建设资助项目，对2014年立项建设的15项案例库进行验收评审。

受全国工程专业学位研究生教育指导委员会委托，成功组织召开"第四届全国工程专业学位研究生教育指导委员会2015年工作会议"。

地质调查研究院2013届毕业生陈仁全获全国工程专业学位研究生教育指导委员会评选的"第二届工程硕士实习实践优秀成果奖"。本次全国共有42所高校的89名工程硕士获此荣誉称号，这是我校研究生首次获得此项荣誉。

积极组织申报湖北省研究生工作站。地球物理与空间信息学院牵头的"能源地球物理研究生工作站""湖北省地质局地球物理勘探大队研究生工作站"及公共管理学院牵头的"秭归县国土资源局研究生工作站"三个湖北省研究生工作站获批。到目前为止我校已获批五个湖北省研究生工作站。

作为地质工程领域协作组秘书处，成功召开第十三届全国地质工程领域工程硕士培养工作研讨会。

【综合管理】

围绕研究生教育综合改革实施方案和全院工作重心，认真督办落实院务会讨论商议的研究生教育各项工作，做好各种会议和活动的组织、会务、后勤保障等工作。

做好财经政策的宣传和经费管理工作，及时传达学校公务接待管理办法、职工酬金发放办法等文件精神。

完成年度毕业研究生学历注册、2015级新生学籍注册、在校研究生学年注册等学籍管理和研究生休学、复学、退学、个人身份信息变更等学籍异动管理工作。

组织完成2016年毕业研究生电子摄像采集的组织工作。

完成"攻读博士（硕士）学位研究生分学科、分专业人数统计表""在校学生来源统计表""在校学生年龄统计表"等高等教育基层统计报表、研究生教育收入预算表、2015年收费项目及标准、行政事业经费预算表等的统计工作。

加强信息管理，完善信息系统建设：按照问题导向，紧密联系研究生教育各项业务流程，组织业务部门对信息系统进行持续优化，使得系统易用性和稳定性得到提升，相关用户使用体验得到良好改善。

（撰稿：于晓舟；审稿：杜远生）

[附录]

附录1　2015年博士学位授权学科

序号	学科门类 代码、名称	学科代码、 名称		自设学科 代码、名称		授权级别
1	02 经济学	0202	应用经济学			一级学科
2	03 法学	030505	思想政治教育			二级学科
3	07 理学	0707	海洋科学			一级学科
		0708	地球物理学			一级学科
		0709	地质学一级学科	0709Z1	宝石学	二级学科
				0709Z2	地球生物学	二级学科
				0709Z3	行星地质与比较行星学	二级学科
				0709Z4	水文地质学	二级学科
4	08 工学	0805	材料科学与工程			一级学科
		0814	土木工程			一级学科
		0815	水利工程			一级学科
		0816	测绘科学与技术			一级学科
		0818	地质资源与地质 工程一级学科	0818Z1	资源产业经济	二级学科
				0818Z2	资源与环境遥感	二级学科
				0818Z3	地学信息工程	二级学科
				0818Z4	地质装备工程	二级学科
				0818Z5	控制系统与工程	二级学科
		0820	石油与天然气工程			一级学科
		0830	环境科学与工程 一级学科	0830Z1	资源与环境化学	二级学科
				0830Z2	环境生物与生态技术	二级学科
				0830Z3	环境规划与设计	二级学科
		0837	安全科学与工程			一级学科
5	12 管理学	1201	管理科学与工程			一级学科
		120405	土地资源管理			二级学科

附录2 2015年硕士学位授权学科

序号	学科门类代码、名称	学科代码、名称		自设学科代码、名称		授权级别
1	01 哲学	010108	科学技术哲学			二级学科
2	02 经济学	0201	理论经济学			一级学科
		0202	应用经济学			一级学科
3	03法学	0301	法学			一级学科
		030203	科学社会主义与国际共产主义运动			二级学科
		0305	马克思主义理论			一级学科
4	04教育学	0401	教育学			一级学科
		040203	应用心理学			二级学科
		040303	体育教育训练学			二级学科
5	05文学	0502	外国语言文学			一级学科
		0503	新闻传播学			一级学科
6	07理学	0701	数学			一级学科
		0702	物理学			一级学科
		0703	化学			一级学科
		0705	地理学			一级学科
		070602	大气物理学与大气环境			二级学科
		0707	海洋科学			一级学科
		0708	地球物理学			一级学科
		0709	地质学一级学科	0709Z1	宝石学	二级学科
				0709Z2	地球生物学	二级学科
				0709Z3	行星地质与比较行星学	二级学科
				0709Z4	水文地质学	二级学科
		0710	生物学			一级学科
		0712	科学技术史			一级学科
		0713	生态学			一级学科
		0714	统计学			一级学科

续表

序号	学科门类代码、名称	学科代码、名称		自设学科代码、名称		授权级别
7	08工学	0802	机械工程			一级学科
		0804	仪器科学与技术			一级学科
		0805	材料科学与工程			一级学科
		0810	信息与通信工程			一级学科
		0811	控制科学与工程			一级学科
		0812	计算机科学与技术一级学科	0812Z1	信息安全	二级学科
		0814	土木工程			一级学科
		0815	水利工程			一级学科
		0816	测绘科学与技术			一级学科
		0817	化学工程与技术			一级学科
		0818	地质资源与地质工程一级学科	0818Z1	资源产业经济	二级学科
				0818Z2	资源与环境遥感	二级学科
				0818Z3	地学信息工程	二级学科
				0818Z4	地质装备工程	二级学科
				0818Z5	控制系统与工程	二级学科
		0820	石油与天然气工程			一级学科
		0830	环境科学与工程一级学科	0830Z1	资源与环境化学	二级学科
				0830Z2	环境生物与生态技术	二级学科
				0830Z3	环境规划与设计	二级学科
		0835	软件工程			一级学科
		0837	安全科学与工程			一级学科
8	12管理学	1201	管理科学与工程			一级学科
		1202	工商管理			一级学科
		1204	公共管理			一级学科
9	13艺术学	1305	设计学			一级学科

专业学位授权点名称	学院名称
工程硕士	地球科学学院、资源学院、材料与化学学院、环境学院、工程学院、地球物理与空间信息学院、机械与电子信息学院、经济管理学院、信息工程学院、艺术与传媒学院、公共管理学院、计算机学院、地质调查研究院、自动化学院
工商管理硕士	MBA教育中心
公共管理硕士	MPA教育中心
艺术设计	珠宝学院、艺术与传媒学院
法律硕士	公共管理学院
资产评估硕士	经济管理学院
翻译硕士	外国语学院
会计硕士	经济管理学院
旅游管理	经济管理学院
工程管理硕士	工程学院、经济管理学院
体育硕士	体育部
教育硕士	高等教育研究所

附录4　2015年各学科在岗博士生指导教师

专业代码	专业名称	导师姓名
020200	应用经济学	成金华 邓宏兵 帅传敏 吴巧生 徐德义 严良 杨树旺 余敬 余瑞祥 诸克军
030505	思想政治教育	储祖旺 丁振国 傅安洲 黄娟 李祖超 吴东华
070700	海洋科学	解习农 陆永潮 吕万军 任建业 王华 王家生 张海生* 任新国
070800	地球物理学	陈超 顾汉明 胡祥云 黄宝春* 金振民 刘江平 罗银河 潘和平 万卫星* 王琪 夏江海 徐义贤 张玉芬 朱露培* 朱培民
070900	地质学	陈中强 胡圣虹 李超 朱振利
070901	矿物学、岩石学、矿床学	陈能松 洪汉烈 蒋少涌 李建威 马昌前 邱华宁* 魏俊浩 赵军红 赵葵东 赵珊茸 赵新福 郑建平 郑有业
070902	地球化学	鲍征宇 戴特莱·格温特* 高山 胡圣虹 胡兆初 李超 凌文黎 刘勇胜 托马斯·阿尔杰奥* 吴元保 张宏飞 赵来时
070903	古生物学与地层学	杜远生 冯庆来 龚一鸣 何卫红 黄春菊 赖旭龙 颜佳新 姚华舟* 张克信 赵来时
070904	构造地质学	曾佐勋 蒂姆科斯 金振民 李德威 王国灿 续海金 杨坤光 章军锋
070905	第四纪地质学	胡超勇 赖忠平* 李长安 谢树成
0709Z1	宝石学	卢韬 沈锡田 袁心强
0709Z2	地球生物学	陈中强 冯庆来 龚一鸣 赖旭龙 童金南 谢树成
0709Z3	行星地质与比较行星学	曾佐勋 肖龙 张昊
0709Z4	水文地质学	靳孟贵 梁杏 马腾 万军伟 王焰新 詹红兵* 周爱国
080500	材料科学与工程	陈艳玲 程寒松 何岗 何涌 柯友忠 侯书恩 李容 梁玉军 孟大为 田熙科 王东升* 王圣 吴金平 吴秀玲 严春杰
081400	土木工程	陈建平 胡新丽 李云安 马保松 唐辉明 王亮清 吴立 徐光黎 晏鄂川 周传波
081500	水利工程	陈植华 郭清海* 胡钦红 靳孟贵 刘崇炫* 马瑞 唐仲华

续表

专业代码	专业名称	导师姓名
081600	测绘科学与技术	程新文 关庆锋 胡友健 刘修国 吴信才 谢也忠 周顺平
081801	矿产普查与勘探	陈红汉 陈守余 成秋明 郝芳 何生 蒋少涌 焦养泉 解习农 李建威 陆永潮 吕万军 吕新彪 梅廉夫 邱华宁* 任建业 沈传波 石万忠 王华 王生维 魏俊浩 姚光庆 叶加仁 张均 赵鹏大 朱有业 朱红涛 朱书奎 庄新国 左仁广
081802	地球探测与信息技术	陈超 顾汉明 胡祥云 李宏伟 刘江平 潘和平 夏江海 徐义贤 张玉芬 朱培民 左仁广
081803	地质工程	陈建平 陈学军* 段隆臣 高德利* 胡新丽 蒋国盛 李云安 马保松 宁伏龙 契霍特金* 苏义脑* 唐辉明 乌效鸣 吴立 项伟 徐光黎 晏鄂川 姚坤龙 殷坤龙 殷跃平* 余宏明 周传波
0818Z1	资源产业经济	张均 赵鹏大
0818Z2	资源与环境遥感	程新文 刘修国 吴信才
0818Z3	地学信息工程	蔡之华 曾三友 陈守余 成秋明 戴光明 刘刚 唐善玉
0818Z4	地质装备工程	曹卫华 陈鑫 丁华锋 董浩斌 王典洪
0818Z5	控制系统与工程	曹卫华 陈鑫 董浩斌 何勇 赖旭芝 王典洪 吴敏 熊永华
082000	石油与天然气工程	顾军 郝芳 向生 姚光庆
083000	环境科学与工程	鲍建国 曾凡香 程寒春 郭益铭 蒋宏忱 李义连 刘从强* 刘慧* 卢国平* 祁士华 王红梅 王焰新 袁松虎 张彩香
0830Z1	资源与环境化学	陈艳玲 程寒松 何汉忠 田熙科 王东升* 王圣平 吴金平*
0830Z3	环境规划与设计	赵冰*
083700	安全科学与工程	蒋国盛 陆愈实 赵云胜
120100	管理科学与工程	查道林 成金华 郭海湘 帅传敏 严良 杨树旺 余敬 余瑞祥 赵晶 诸克军
120405	土地资源管理	胡守庚 李江风 王占岐

注：*指兼职导师。

人才培养

附录5 2015年分办学形式研究生数

（单位:人）

专业名称	毕业生数	授予学位数	招生数		在校生数						预计毕业生数
			计	其中:应届毕业生	合计	一年级	二年级	三年级	四年级	五年级及以上	
总计	1939	1938	2373	1678	6793	2352	2293	2110	21	17	2835
其中:女	810	810	983	695	2729	975	951	790	7	6	1058
学术型学位博士	215	215	320	229	1420	318	302	762	21	17	761
其中:女	51	51	90	62	410	90	96	211	7	6	215
国家任务	160	160	302	229	1121	300	264	519	21	17	518
委托培养	52	52	18	0	298	18	38	242	0	0	242
自筹经费	3	3	0	0	1	0	0	1	0	0	1
学术型学位硕士	1056	1055	1224	903	3534	1211	1178	1145	0	0	1145
其中:女	481	481	577	422	1584	570	539	475	0	0	475
国家任务	1032	1032	1223	903	3490	1210	1174	1106	0	0	1106
委托培养	24	23	1	0	43	1	4	38	0	0	38
自筹经费	0	0	0	0	1	0	0	1	0	0	1
全日制专业学位硕士	668	668	829	546	1839	823	813	203	0	0	929
其中:女	278	278	316	211	735	315	316	104	0	0	368
国家任务	577	577	829	546	1832	823	812	197	0	0	922
委托培养	89	89	0	0	7	0	1	6	0	0	7

人才培养

附录6 2015年分学科在校研究生数

（单位：人）

学科	研究生	毕业生数	授予学位数	招生数 计	招生数 其中：应届毕业生	在校生数 合计	一年级	二年级	三年级	四年级	五年级及以上	预计毕业生数
总计	博士	215	215	320	229	1420	318	302	762	21	17	761
	硕士	1724	1723	2053	1449	5373	2034	1991	1348	0	0	2074
法学	博士	5	5	7	4	43	7	10	26	0	0	26
	硕士	57	57	68	45	151	66	60	25	0	0	41
工学	博士	130	130	178	126	833	177	167	473	9	7	466
	硕士	957	957	1097	840	2771	1086	1073	612	0	0	1139
管理学	博士	15	15	22	17	88	22	21	45	0	0	45
	硕士	221	221	254	100	740	251	278	211	0	0	353
教育学	博士											
	硕士	38	38	51	27	147	51	48	48	0	0	48
经济学	博士	2	2	9	4	46	9	13	24	0	0	24
	硕士	27	27	35	24	99	35	38	26	0	0	37
理学	博士	63	63	104	78	410	103	91	194	12	10	200
	硕士	240	240	364	293	965	362	315	288	0	0	288
文学	博士											
	硕士	94	93	87	63	224	87	86	51	0	0	81
艺术学	博士											
	硕士	84	84	90	52	265	89	89	87	0	0	87
哲学	博士											
	硕士	6	6	7	5	11	7	4	0	0	0	0

人才培养

附录7　2015年在职攻读硕士学位在学人数

学位类别	在学人数（人）
工程硕士	3033
工商管理硕士	139
公共管理硕士	182
合计	3354

附录8　2015年优秀博士学位论文获奖情况（省级）

级别	作者姓名	导师姓名	一级学科名称	论文题目
湖北省优秀博士学位论文	王浩	吴元保	地质学	东秦岭－桐柏造山带新元古代—早古生代不同阶段演化的变质和岩浆作用
	许丽丽	金振民	地质学	含水石榴子石流变学性质的高温高压变形实验研究
	王全荣	唐仲华	水利工程	孔隙介质中非常规溶质径向弥散规律解析及数值模拟研究
	杜劲松	陈超	地球物理学	基于球坐标系的卫星磁异常数据处理与正反演方法研究
	杨欢	谢树成	地质学	陆相微生物脂类GDGTs的古气候重建:现代过程及其在黄土－古土壤和石笋中的应用
	肖智勇	曾佐勋	地质学	月球表面哥白尼纪与水星表面柯伊伯纪的地质活动对比研究
	李智勇	郑建平	地质学	华北北缘下地壳岩石磁性结构研究
	肖凡	赵鹏大	地质资源与地质工程	覆盖区区域矿产资源评价方法研究——以东天山戈壁沙漠区"土屋式"斑岩铜（钼）矿为例
	倪卫达	唐辉明	地质资源与地质工程	基于岩土体动态劣化的边坡时变稳定性研究
	廖时理	赵鹏大	地质资源与地质工程	甘肃省白银地区找矿靶区逐级圈定与定量预测
	王艳红	王焰新	环境科学与工程	河套平原强还原高砷地下水系统微生物分子生态学研究

附录9 2015年优秀硕士学位论文获奖情况（省级）

级别	作者姓名	导师姓名	一级学科名称	论文题目
湖北省优秀硕士学位论文	范广慧	王永标	地质学	贵州紫云晚二叠世生物礁的演化及其对火山作用的响应
	苏奥	陈红汉	地质资源与地质工程	东海盆地西湖凹陷中央反转构造带油气成藏控制因素
	田健	廖群安	地质学	东准噶尔卡拉麦里地区早石炭世侵入岩的岩石学特征及其地质意义
	吴剑劳	李珍	材料科学与工程	钾长石矿制备低温烧结α—董青石微晶玻璃基板材料
	刘圣华	胡兆初	地质学	活性基体在激光剥蚀电感耦合等离子体质谱分析中的增敏作用及其应用研究
	李黎明	曾佐勋	地质学	贺兰山中段孔兹岩的发现及其年代学证据
	张龙	汪新庆	地质资源与地质工程	地质矿产图例符号数据模型及应用——以全国矿产资源潜力评价数据为例
	谢宜龙	陈刚	物理学	相对论重离子碰撞中末态粒子分形特性的研究
	曹立成	姜涛	海洋科学	莺歌海—琼东南盆地新近纪物源演化及其应用研究：来自稀土元素、重矿物和锆石 U–Pb 年龄的证据
	张丽萍	谢先军	环境科学与工程	地下水质位砷实验研究
	樊端利	刘安平	数学	传染病动力学及其稳定性分析
	金承胜	李超	地质学	华南寒武纪早期（约526–514 Ma）海洋化学时空演化及其与早期动物演化关系初探
	韩嵘	马保松	地质资源与地质工程	HDD铺管后环空泥浆固结特性试验研究
	岳绍飞	王华	地质资源与地质工程	洛伊地区三叠系沉积与储层特征研究
	罗明森	袁松虎	环境科学与工程	磁性 $PdFe_3O_4$ 纳米颗粒催化电芬顿技术对有机污染物的降解研究
	夏章良	梁玉军	化学	新型稀土掺杂体系荧光粉的合成及其发光性能的研究
	付鑫	朱红涛	地质资源与地质工程	DF13–1/2 气田黄流组一段 I、II 气组地震沉积学分析
	易平	方世明	土地资源管理	基于脱钩理论的地质公园旅游可持续发展评价研究——以嵩山世界地质公园为例
	裘竞	曾宪春	生物学	新的蝎毒素多肽的发现、功能与进化及其对蝎子适应环境的意义
	高连通	晏鄂川	土木工程	地下水封石油洞库围岩体渗流特性与水幕系统优化规律研究
	刘凯	文章	地质资源与地质工程	非完整井附近达西非达西渗流规律研究

人才培养

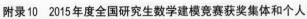

附录10 2015年度全国研究生数学建模竞赛获奖集体和个人

姓名	学院	奖项	参赛队伍及指导老师
闻子骏	数学与物理学院	全国一等奖	罗文强
张恩培	数学与物理学院		
李 陆	数学与物理学院		
李 阳	数学与物理学院	全国二等奖	罗文强
李倩男	数学与物理学院		
姚宁宁	数学与物理学院		
张发奇	信息工程学院	全国三等奖	李宏伟
刘 雄	信息工程学院		
陈 超	信息工程学院		
邓 洋	计算机学院	全国三等奖	刘安平
罗 鑫	计算机学院		
朱宏博	计算机学院		
曾 照	工程学院	全国三等奖	韩世勤
吴 江	工程学院		
栗书锋	计算机学院		
熊永福	数学与物理学院	全国三等奖	刘安平
卢文超	数学与物理学院		
马玉剑	数学与物理学院		
郭 伟	工程学院	全国三等奖	刘安平
秦 森	机械与电子信息学院		
巫伟皇	机械与电子信息学院		

附录11 2015年研究生联合培养及对外交流情况

联培、交流形式	人数(人)
国家公派联合培养	44
国家公派攻读博士	14
学校资助联合培养	33
学校资助国际会议	234
合计	325

国际学生教育

国际学生规模实现稳步增长。截至2015年12月，国际学生在校人数为895人，其中本科生197人，硕士研究生390人，博士研究生134人，进修生78人，短期交流生96人。如图1所示为在校国际学生规模增长情况。

格工业大学的联系，扩大学校地球科学类短期项目的海外生源市场和课程影响力，并积极争取教育部、商务部、国土资源部等国家部委高级研修项目。

【严格规范国际学生管理】

全面推进实施《国际学生培养与管理规定》，尝试改进国际学生的培养模式。2015年，学校以资源学院石油与天然气工程专业为试点，调整国际学生的培养方式。新的培养模式侧重培养学生综合素质及解决实际问题的能力；在教学形式上以授课为主，强化实习、实践环节，在毕业考核形式上采取

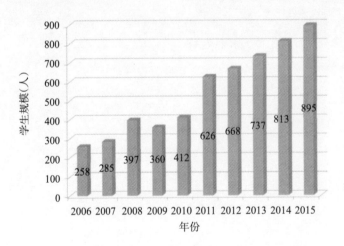

图1 中国地质大学（武汉）在校国际学生规模增长情况

【多方拓展招生渠道】

完成与苏丹卡萨拉大学短期校际合作项目；协助商务部完成"发展中国家地理信息系统短期培训"项目。围绕优势学科，积极探索专题化、多样化的课程体系，加强与美国密歇根大学、休斯顿大学和德国弗莱贝

专业素质测评和提交工程设计方案相结合。

完善公寓管理制度。以搬入新国际学生公寓（丹桂苑）为契机，对国际学生公寓管理进行全面改进。一是通过后勤物业服务中心对公寓进行专业管理；二是在公寓楼设置门禁，对进出人员实行严格管理；三是对

楼内人员和设施进行严格管理；四是努力改善学生学习生活环境，为学生尽可能提供舒适安心的公寓设施，如在每层楼设置公用厨房、引进社会资源建设国际化标准公共洗衣房等。

【推动多元文化融合】

积极推进中外文化交流活动。组织学生参加中共武汉市委宣传部组织的"走近武汉近代建筑"等中国文化系列讲座；参加国家留学基金委组织的"中国政府奖学金生系列社会体验活动——感触荆楚大地、体验荆楚社区、感知中国人文"，以及"巴西'科学无国界'项目学生与企业交流活动"；组织2016迎新年国际学生元旦舞会；开设中国书法课程，成功举办国际学生"迎新年书画展"；与学生工作处学习支持中心共同举办"对话留学生"系列活动之"走进加纳"。2015年8月，国际学生舞龙队代表学校参加在徐州举行的第八届大学生舞龙舞狮锦标赛，并获金奖。

【确保平安校园建设】

认真落实消防安全责任。与国际学生公寓入住学生逐个签订《消防安全责任书》；加大对国际学生公寓消防安全管理的力度，对学生房间和消防器材进行定期检查，杜绝火灾类隐患；在校保卫部门的支持下，多次开展消防实地演习。

圆满完成新留学生公寓（丹桂苑）的搬迁工作。搬迁工作时间紧，任务重，且方案复杂，涉及到600余名师生和大量资产物品的安置。在国际合作处、后勤保障处、基建处等部门通力合作下，学校在1个月内完成了搬迁工作。

【积极服务"一带一路"战略】

学校围绕"一带一路"战略，以"丝绸之路学院"和中约大学建设为依托，不断加强与国内外各地矿单位和科研院所在人才培养方面的合作。通过多种形式，搭建国际产学研联盟和高校战略合作平台。2015年，先后有紫金矿业、中交天津港航局、中海油安全技术服务有限公司、中交二航局、四川开元集团、武汉智能鸟无人机有限公司等单位到校招聘国际学生毕业生。

【"丝绸之路学院"正式揭牌】

2015年10月17日，"丝绸之路学院"正式揭牌。该院将重点培养参与"一带一路"合作的紧缺型人才，开展地质资源环境问题的协同研究，搭建合作共赢、包容互信的交流平台。目前，"丝绸之路学院"已与沿线30多所大学建立了合作关系，学校在沿线国家的影响力位于全国高校前列。

【积极发挥高校智库作用】

近年来学校大力推进教育对外开放，通过开展人文交流，积极推动国家公共外交。通过发挥学科优势，围绕重大现实问题，开展综合研究，提出具有针对性和操作性的政策建议，为党和政府科学决策提供高水平智力支持。2015年，受教育部委托，学校主持完成了《"一带一路"教育专项规划》建议稿，被教育部采纳。同时，学校还参与制定了《关于做好新时期教育对外开放工作的若干意见》《2015—2017年留学工作行动计划》《教育"十三五"规划》等重要文件。黄定华、马昌前教授完成的《关于开展中国特色外交主导斡旋乌克兰局势的紧急建议》也得到了教育部采纳并提交有关中央领导同志参阅。

【努力提高对外汉语教学质量】

切实落实"主讲教师负责制"，做到教学管理流程规范化；制定和修订《汉语公共课管理方案》《学生考勤管理规定》，规范教学管理；同步推进教学和科研工作；根据教师实际教学经验和历年教学成果，以及教材使用情况的调查结果，自2015年下半年开始实行新的对外汉语教学改革方案，内容包括从第一学期开始安排HSK的辅导课，写字课课程由单独使用教材改为辅助综合课教学，更换使用北京语言大学出版社出版的《HSK标准教程》等。通过一系列的教学改革，我校对外汉语教学质量得到了明显提升，学生HSK考试通过率较往年也有了较大的提高。如表1所示为HSK参考及通过情况。

（撰稿：苏洪涛、袁江；审稿：马昌前）

表1　HSK参考及通过情况

考试级别	参考人数（人）	占报名人数百分比（%）	优秀（人）	占参考人数百分比（%）	合格（人）	占参考人数百分比（%）	不合格（人）	占参考人数百分比（%）
三级	26	46	21	81	3	11	2	8
四级	28	49	8	28	12	43	8	29
五级	2	3	1	50	—	—	1	50
六级	1	2	—	—	1	100	—	—

[附录]

附录1　2015年国际学生数 （单位：人）

博士研究生	硕士研究生	本科生	高级进修生	普通进修生	汉语生	短期生	合计
134	390	197	19	15	44	96	895

附录2　2015年分学科国际学生数

（单位：人）

经济学	法学	教育学	文学	理学	工学	管理学	合计
29	9	5	122	151	395	184	895

附录3　2015年分经费来源国际学生数

（单位：人）

中国政府资助	本国政府资助	校际交流	自费	合计
691		47	157	895

附录4　2015年主要国家国际学生数

（单位：人）

马达加斯加	苏丹	巴基斯坦	坦桑尼亚	加纳	刚果（布）	越南
103	76	55	48	28	29	26

附录5　2015年分大洲国际学生数

（单位：人）

亚洲	非洲	欧洲	北美洲	南美洲	大洋洲	合计
263	531	42	15	20	24	895

附录6　2015年毕业、结业国际学生数

（单位：人）

博士研究生	硕士研究生	本科生	高级进修生	普通进修生	汉语生	短期生	合计
15	72	50	9	0	34	92	272

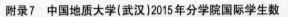

附录7　中国地质大学(武汉)2015年分学院国际学生数 （单位:人）

学院	进修生	本科生	硕士研究生	博士研究生	合计
地球科学学院	9	10	22	24	65
资源学院	6	64	103	23	196
材料与化学学院	0	0	2	2	4
环境学院	2	14	54	37	107
工程学院	1	17	14	4	36
地球物理与空间信息学院	4	6	12	7	29
机械与电子信息学院	0	30	8	0	38
自动化学院	0	0	2	0	2
经济管理学院	0	41	80	17	138
外国语学院	0	0	1	0	1
信息工程学院	30	8	11	6	55
珠宝学院	0	16	1	1	3
公共管理学院	1	4	71	11	87
计算机学院	0	2	4	2	8
国际教育学院	121	0	0	0	121
马克思学院	0	0	2	0	2
高等教育研究所	0	0	3	0	3
总数	174	197	390	134	895

人才培养

远程与继续教育

【概况】

学校现代远程教育在全国建立了61个网络教育校外学习中心,14个成人教育函授站,6个高等教育自学考试教学点。

网络教育在籍生36 483人、毕业生14 944人、注册录取15 573人(附录1),成人教育在校生2990人、毕业生1300人、注册录取994人(附录2),授予学位1307人。网络教育、成人教育招生专业分别为42个和33个(附录3),授权54个学习中心和14个函授站招生(附录4)。

自学考试招生注册1638名,毕业学生2337人。组织安排考试3次,共计2552人次,5862科次;评卷127门151 470份试卷,办理免考课程11687科次。自学考试主考专业19个(附录5)。

非学历教育培训学员6317人(附录6),成立了国土资源职业教育在线学习联盟。积累在线培训课程资源74门,在线学历教育课程资源450门,新增29门培训视频课程。

学历教育、非学历教育总收入约5178万元(其中网络教育4284万元,成人教育203万元,自学考试284万元,非学历教育407万元)。

【教学质量管理】

网络教育、成人教育招生专业分别为42个和33个。开设课程922门,聘请任课教师452人。网络教育巡考64人次,抽查站点64个,对山东等5个违规站点分别采取约谈、暂停招生等处理。

2015年春季,成人函授的教学、形成性考核、终结性考核实现了与网络教育的全融合。2015年共计分发试卷21.2万份,评阅试卷18.9万份,评阅论文9516份。网络统考通过8989门次。

【教学平台建设】

资源管理系统、学习管理平台、在线培训系统、自学考试系统、归档系统已投入试运行。

【教学资源建设】

完成了279门网络课程、446门网上学习资源(PPT+辅导视频)、74门311讲视频培训课程的SCROM标准化改造工作,共计1968个在线课程资源,4090多个视频资源。新录制29门培训课程并完成第九批20门网络课程资源建设。

【移动学习应用】

移动学习模式升级到支持随时随处学习的O2O学习模式。学员注册可实现O2O的课程学习、在线作业、在线考试、实时互动和学习过程跟踪计时。

(撰稿:李贵龙,审稿:吕国斌)

人才培养

附录1 2015年网络教育学生数

（单位：人）

毕业生数			招生数			在校生数		
合计	本科	专科	合计	本科	专科	合计	本科	专科
14 944	6331	8613	15 573	6560	9013	36 483	16 855	19 628

附录2 2015年成人教育学生数

（单位：人）

学习形式	毕业生数			招生数			在校生数		
	合计	本科	专科	合计	本科	专科	合计	本科	专科
	1300	860	440	994	702	292	2990	1902	1088
函授	1296	856	440	994	702	292	2879	1811	1068
业余	0	0	0	0	0	0	101	81	20
脱产	4	4	0	0	0	0	10	10	0

附录3 2015年远程教育招生层次和专业

招生层次		专业名称
网络教育	专科	经济管理、工商企业管理、行政管理、法律事务、会计、公共安全管理、国土资源管理、人力资源管理、市场营销、物业管理、公共安全管理(煤矿安全)、机电一体化技术、岩土工程技术、建筑工程技术、计算机应用技术、安全技术管理、区域地质调查及矿产普查、测绘工程技术、煤矿开采技术、珠宝鉴定与营销、机电一体化技术(矿山机电)、石油工程技术
	专升本	经济学、工商管理、行政管理、法学、会计学、公共安全管理、土地资源管理、人力资源管理、公共安全管理(煤矿安全)、土木工程(岩土工程)、土木工程(建筑工程)、计算机科学与技术、水文与水资源工程、资源勘查工程、机械设计制造及其自动化、安全工程、测绘工程、电气工程及其自动化、自动化(矿山机电)、采矿工程
成人教育	专科	法律事务、经济管理、工商企业管理、工商行政管理、会计、工程测量技术、计算机应用技术、建筑工程技术、岩土工程技术、区域地质调查及矿产普查、水文与工程地质、土地资源管理、资源勘查工程、机电一体化、石油工程技术、煤矿开采技术
	专升本	人力资源管理、法学、工商管理、会计学、土地资源管理、安全工程、测绘工程、地质工程、宝石及材料工艺学、机械设计制造及其自动化、电气工程及其自动化、计算机科学与技术、采矿工程、石油工程、水文与水资源工程、土木工程(岩土方向)、资源勘查工程

附录4 2015年授权招生的学习中心/函授站分布情况

省市分布	学习中心(54个)	函授站(14个)
湖北	武汉、荆州、孝感、江汉油田、武汉数字化	
湖南	湖南、长沙、郴州、衡阳	湖南、衡阳
河南	郑州	郑州、三门峡
广东	深圳、广州	
江苏	南京、金坛、吴江、南通	
上海	上海	
浙江	浙江(分院)、诸暨、海宁、长兴、台州、温州、宁波、江山、绍兴	

中国地质大学(武汉)年鉴 2015

省市分布	学习中心(54个)	函授站(14个)
山东	济南、胜利油田、青岛、德州	山东
甘肃	兰州	甘肃
山西	山西	
四川	四川、川建设、泸州、遂宁	
安徽	陆军军官学院	合肥
内蒙古	内蒙古	内蒙古
新疆	新疆	新疆
云南	瑞丽、云南、云南国土	
江西	萍乡、赣州、九江、南昌、吉安	
天津	天津	
河北	唐山	
辽宁	沈阳	
黑龙江	哈尔滨、黑煤职院	
贵州		贵州
广西	南宁	广西
福建		福州
海南	海口	海南
宁夏		宁夏

附录5 2015年自学考试主考专业

招生层次	专业名称
本科	国际贸易、国际金融、市场营销、人力资源管理、建筑经济管理、工程管理、商务英语、环境艺术设计、视觉传达设计(装潢设计方向)、艺术设计、石油工程、珠宝及材料工艺学、机电一体化工程、计算机科学与技术、电子信息工程、地质工程、会计(注册会计师方向)、行政管理(电子管理)
专科	珠宝及材料工艺学

人才培养

附录6　2015年非学历培训教育项目

序号	项目名称	培训人数	合作对象	承办单位
1	2015年第一期全国地质灾害治理工程勘查与设计培训班	141	中国地灾协会	远程与继续教育学院
2	2015年第二期全国地质灾害治理工程勘查与设计培训班	114		远程与继续教育学院
3	2015年第三期全国地质灾害治理工程勘查与设计培训班	87		远程与继续教育学院
4	2015年第四期全国地质灾害治理工程勘查与设计培训班	204		远程与继续教育学院
5	2015年第五期全国地质灾害治理工程勘查与设计培训班	230		远程与继续教育学院
6	2015年第一期全国矿山地质环境保护与治理恢复方案编制培训班	255		远程与继续教育学院
7	2015年第一期全国地质灾害治理工程总工（高管）研修班	56		远程与继续教育学院
8	2015年第三期全国地质灾害治理工程总工（高管）研修班	56		远程与继续教育学院
9	2015年山西省国土资源厅第一期国土资源管理业务培训班	88	山西省国土资源厅	远程与继续教育学院
10	2015年山西省国土资源厅第二期国土资源管理业务培训班	90		远程与继续教育学院
11	2015年山西省国土资源厅第三期国土资源管理业务培训班	85		远程与继续教育学院
12	2015年黑龙江省国土资源厅矿政管理培训班	25	黑龙江省国土资源厅	远程与继续教育学院
13	2015年地质公园导游培训班	76	中国地质学会旅游地学与地质公园研究分会	远程与继续教育学院
14	2015年地质公园建设标准培训班	95		远程与继续教育学院
15	2015年第一期深圳市城市管理综合执法队长培训班	48	广东深圳职业训练学院	远程与继续教育学院
16	2015年第二期深圳市城市管理综合执法队长培训班	35		远程与继续教育学院
17	第一期江苏省地质调查研究院地质灾害防治技术培训班	34	江苏省地质调查研究院	远程与继续教育学院
18	第二期江苏省地质调查研究院地质灾害防治技术培训班	24		远程与继续教育学院
19	2015年矿业权评估师考试培训	190	自办	远程与继续教育学院
20	2015年武警黄金部队第一期地质灾害应急救援骨干培训班	51	武警黄金部队	地质调查研究院
21	2015年武警黄金部队分析测试技术培训班	19		地质调查研究院
22	2015年武警黄金部队第四期百名矿业务骨干集训班	109		地质调查研究院
23	2015年武警黄金部队第三期地质灾害应急救援骨干培训班	50		地质调查研究院

人才培养

序号	项目名称	培训人数	合作对象	承办单位
24	2015年地质灾害调查百名业务骨干技术培训班（秭归）	105	湖北秭归县国土局	地质调查研究院
25	2015年水文地质调查业务骨干技术培训班（兴山）	142	湖北兴山县国土局	地质调查研究院
26	2015年贵州省地矿局水工环高级研修班	45	贵州省地矿局	国土管理干部学院
27	2015年山西省地质矿产科技评审中心主要业务骨干培训班	50	山西省地质矿产科技评审中心	国土管理干部学院
合计		2501		

Nianjian

科学研究与社会服务

↘

科学研究

【概况】

2015年，学校科技工作以国际学科前沿和国家重大需求为导向，围绕学校"十二五"科技发展规划，注重顶层设计和统筹，全年科技工作取得突出成绩。

【国家自然科学基金项目】

2015年，学校申报国家自然科学基金501项，获资助项目156项，其中创新研究群体1项、优青2项、重点项目3项、重大研究计划重点项目2项、国际（地区）合作与交流重点项目1项、面上项目72项、青年基金69项、应急管理项目5项、国际（地区）合作与交流国际会议项目1项，获资助直接经费9558万元，总资助经费首次突破亿元，创历史新高。

【基地平台建设】

两个国家重点实验室通过科技部评估。在科技部组织的地学领域国家重点实验室五年期评估中，地质过程与矿产资源国家重点实验室获评"优秀"，生物地质与环境地质国家重点实验室获评"良好"。一个实验室通过教育部重点实验室评估。12月15日，构造与油气资源实验室顺利通过教育部组织的数理地学领域教育部重点实验室五年期评估。

获批科技部创新人才培养示范基地。依托地质过程与矿产资源国家重点实验室申报科技部创新人才推进计划人才培养示范基地，11月份通过湖北省评审，12月23日通过科技部视频答辩。

学术创新基地建设计划持续推进。至2015年，学校批准建设两批共计17个学术创新基地。运行两年以来，学术创新基地在人才团队、基础条件方面已累计投资8000多万元，在科学研究、方向凝练、人才团队建设、机制体制建设、开放交流、大型仪器设备

中国地质大学（武汉）年鉴 2015

运行管理方面取得了实质性的进展。

【科技人才及团队建设】

科技人才团队建设取得新突破。郝芳教授当选中国科学院院士。至此，学校拥有中国科学院院士11名。王焰新教授团队获得国家自然科学基金创新研究群体项目资助；左仁广教授和袁松虎教授获得优秀青年科学基金项目资助。蒋少涌教授荣获李四光地质科技研究者奖；外籍专家维克多·契霍特金教授获湖北省"编钟奖"。郑建平、李建威入选国家百千万人才工程；曹淑云、叶宇入选国家"青年千人计划"项目；宁伏龙、胡兆初、章军锋入选"万人计划"青年拔尖人才。

国际学术影响力提升。2015年，地球科学学院高山院士和吴元保教授再次入选地球科学领域2015年汤森路透全球"高被引科学家"，自动化学院吴敏教授、何勇教授、佘锦华教授再次入选工程领域"高被引科学家"。此次公布的全球高被引科学家涵盖地球科学和工程学等21个学科领域，共2975名（3126人次）科学家入选，中国（含港澳台地区）148名（168人次）入选。其中，地球科学领域11名中国科学家入选，工程领域26名中国科学家入选。王雁宾教授当选2015年美国地球物理联合会会士，左仁广教授获国际地球化学协会首届Kharaka奖，胡兆初教授当选英国皇家化学学会会士。

【科研成果】

多项成果获省部级科技奖励。2015年学校作为第一完成单位获得湖北省自然科学一等奖1项（谢树成）、湖北省科技进步二等奖1项（马保松）、湖北省发明奖二等奖1项（侯书恩）；高等学校科学研究优秀成果奖自然科学一等奖1项（童金南）。作为参加单位获得国土资源科技一等奖1项、二等奖1项；湖北省科技奖一等奖1项、二等奖1项。承办何梁何利基金高峰论坛暨图片展。

高水平论文持续增长。2015年学校三大检索论文1858篇。其中，入检SCI968篇，SSCI20篇，CPSI－S32篇，EI期刊论文965篇，EI会议论文40篇。与上年度比较，期刊论文总量保持稳定上升趋势，会议论文有所下降；高水平SCI、EI期刊论文增量明显，968篇SCI论文中，T1论文79篇、T2论文301篇；第一作者单位SCI论文598篇，其中T1论文43篇、T2论文188篇。

【人文社科】

2015年，学校人文社科项目共230余项，合同经费约5800万元，较2014年增长35%，实到经费逾4000万。其中，国家社科基金2项（含教育学单列1项），教育部人文社科项目10项；获湖北省社科优秀成果奖3项（其中二等奖1项），湖北省发展研究奖1项，武汉市社科优秀成果奖6项。新增湖北省马克思主义中青年理论家培育计划1人。

【国防科技】

2015年新增国防科研项目11项，其中新增国防纵向项目1项，项目实到经费100余万元。持续开展月球与行星科学预研究、空间智能与演化技术、地理信息系统应用研究，积极介入国家"一带一路"建设领域及非传统安全问题研究，开拓国防科研新领域。

【新一届学术委员会成立】

依据《中国地质大学（武汉）章程》，2015

年完成新一届学术委员会组建。7月,公布学校新一届学术委员会成员名单。12月,通过《中国地质大学(武汉)学术委员会章程(暂行)》,成立学科建设委员会、教学工作指导委员会、科学技术委员会、学术道德委员会4个专门委员会,制定发布各专门委员会规程。

【学术交流】

2015年主办、协办国际国内学术会议36场次,组织名家论坛28场次。2人获"第15届青年地质科技奖",1人获"湖北省科普先进工作者",成功申报武汉市科协学术交流活动平台项目1项,成功申报首批湖北省

院士专家服务示范基地等。

2015年青科协共开展4次活动。11月举办了学校首届青年学者学术年会,共有62位青年学者进行了口头报告。连续四年举办中国科协"全国青少年高校科学营"活动;中国地质学会批准学校成立以李长安教授为首席科学家的地貌学及第四纪地质学科学传播专家团队;"'地球故事'系列儿童科普互动电子书:水的故事"项目获批中国科协科普部组织的移动端科普融合创作项目重大创新选题。

(撰稿:王肖戈、田永常、李想姣、成军;审稿:胡圣虹)

[附录]

附录1 2015年国家级、省部级科研平台、基地

序号	实验室名称	类别	负责人	成立时间	依托单位
1	地质过程与矿产资源国家重点实验室	国家重点实验室	成秋明	2004年	地球科学学院资源学院
2	生物地质与环境地质国家重点实验室	国家重点实验室	童金南	2011年	地球科学学院环境学院
3	国家GIS工程技术研究中心	国家工程中心	谢　忠	2013年	信息工程学院
部级重点实验室与工程中心					
4	资源定量评价与信息工程重点实验室	国土资源部重点	胡光道	1994年	资源学院
5	国家遥感中心地壳运动与深空探测部	科技部科研中心	王　琪	2005年	地球物理与空间信息学院
6	岩土钻掘与防护教育部工程技术中心	教育部工程研究中心	唐辉明	2006年	工程学院
7	纳米矿物材料及应用教育部工程研究中心	教育部工程研究中心	侯书恩	2007年	材料与化学学院

序号	实验室名称	类别	负责人	成立时间	依托单位
8	构造与油气资源教育部重点实验室	教育部重点实验室	姚书振	2007年	资源学院
9	教育部长江三峡库区地质灾害研究中心	教育部研究中心	唐辉明	2008年	工程学院、地球物理与空间信息学院、地球科学学院
10	国土资源法律评价工程实验室	国土资源部重点	李江风（非第一单位）	2011年	公共管理学院
省级重点实验室与工程中心					
11	资源环境经济研究中心	湖北省科技厅	成金华	2002年	经济管理学院
12	湖北省黄姜皂素循环经济工程技术研究中心	湖北省工程中心	洪岩（非第一单位）	2006年	经济管理学院
13	湖北省光谱与成像仪器工程技术研究中心	湖北省工程中心	金星（非第一单位）	2006年	机械与电子信息学院
14	湖北省湖泊湿地与生态恢复重点实验室	湖北省重点	葛继稳（非第一单位）	2008年	经济管理学院
15	湖北省高校艺术创作中心	湖北省教育厅	郝翔	2010年	艺术与传媒学院
16	大学生发展与创新教育研究中心	湖北省教育厅	丁振国	2011年	高等教育研究所
17	地球内部多尺度成像重点实验室	湖北省科技厅	徐义贤	2012年	地球物理与空间信息学院
18	珠宝首饰的传承与创新发展研究中心	湖北省科技厅	杨明星	2013年	珠宝学院
19	湖北省区域创新能力检测与分析软科学基地	湖北省科技厅	邓宏兵	2014年	经济管理学院
20	湖北省生态文明研究中心	湖北省委专业智库	郝翔	2014年	科学核技术发展院
21	智能地学信息处理湖北省重点实验室	湖北省重点	王力哲	2014年	计算机学院

序号	机构名称	依托单位
1	行星科学研究所	地球科学学院
2	数学地质与遥感地质研究所	资源学院
3	沉积盆地与沉积矿产研究所	资源学院
4	水资源与环境研究院	环境学院
5	可持续能源研究所	材料与化学学院
6	中美联合非开挖工程研究中心	工程学院
7	勘查建筑设计研究院	工程学院
8	地球内部成像和探测实验室	地球物理与空间信息
9	装备与仪器研究所	机械与电子信息学院
10	旅游发展研究院	经济管理学院
11	电子商务国际合作中心	经济管理学院
12	外国语言文化研究所	外国语学院
13	人工智能研究所	信息工程学院
14	材料模拟与计算机物理研究所	数学与物理学院
15	珠宝检测技术及贵金属工艺研究中心	珠宝学院
16	应用心理学研究所	马克思主义学院
17	公共经济研究所	公共管理学院
18	空间智能计算与信息处理研究所	计算机学院
19	地质信息科技研究所	计算机学院
20	自然历史文化研究与传播中心	艺术与传媒学院
21	国际科技知识传播中心	科学技术发展院
22	青藏高原研究中心	科学技术发展院
23	全球变化研究中心	生物地质与环境地质国家重点实验室
24	重大地质灾害研究中心	三峡库区地质灾害研究中心

中国地质大学(武汉)年鉴 2015

附录3　2015年新增科研项目　　　　　　　　　（经费单位：万元）

项目类别	科技类			社科类			合计		
	立项数	合同经费	实到经费	立项数	合同经费	实到经费	立项数	合同经费	实到经费
横向项目	351	11 346	11 233	86	1612	1493	437	12 959	12 725
国家自然科学基金项目	118	7557	9093	4	207	83	122	7764	9176
地调项目	48	3893	7869			90	48	3893	7959
国务院其他部委项目	114	3333	3528	11	577	361	125	3910	3889
科技部项目	22	633	2926	2	38	52	24	671	2978
省市项目	95	2894	2226	80	636	705	175	3529	2931
教育部项目	14	45	151	10	69	47	24	114	197
国际合作项目	3	65	35			77	3	65	113
实验室项目	22	116	52	6	10	1	28	125	53
总计	787	29 881	37 113	199	3149	2908	986	33 030	40 021

附录4　2015年新增国家级科技计划项目

项目类型	类别	项目数	批准经费（万元）
国家自然科学基金	面上项目	72	5145
	青年基金	69	1444
	重大重点	4	1090
	创新群体	1	1050
	国家优青	2	260
	国际合作	2	253
	专项和应急	5	56
国家重点基础研究发展（"973"计划）	课题	1	186

附录5 2015年新增国家自然科学基金项目

学院(课部)、研究单位	项目数	批准经费(万元)
环境学院	22	2183
地球科学学院	26	2055
地球物理与空间信息学院	18	1088
资源学院	14	896
地质过程与矿产资源国家重点实验室	7	538
工程学院	10	450
三峡库区地质灾害研究中心	6	322
生物地质与环境地质国家重点实验室	6	294
计算机学院	8	288
自动化学院	9	265
经济管理学院	4	167
材料与化学学院	5	143
数学与物理学院	4	141
信息工程学院	6	123
机械与电子信息学院	3	105
地质调查研究院	1	77
公共管理学院	1	64
协同创新中心	2	42
珠宝学院	1	20
丝绸之路地质资源研究中心	1	19
宣传部	1	18

附录6　2015年新增科研项目（国家社科基金项目）

序号	项目名称	项目来源	批准经费（万元）	负责人	承担单位
1	城市群生态文明协同发展机制与政策研究	国家社科基金	20	张欢	经济管理学院
2	新一轮本科教学合格评估效能分析	国家社科基金单列学科（教育学）	15	刘旭	高等教育研究所

附录7　2015年新增科研项目（教育部人文社科项目）

序号	项目名称	项目来源	批准经费（万元）	负责人	承担单位
1	大数据背景下突发公共事件的关联关系挖掘与预测	教育部人文社科	10	郭海湘	经济管理学院
2	代工企业和国际客户治理模式演化机制：基于权力与嵌入的二元逻辑	教育部人文社科	10	马海燕	经济管理学院
3	节能约束下我国产业结构调整多目标优化研究	教育部人文社科	10	於世为	经济管理学院
4	能源消费对空气污染的公共健康效应研究——基于空间相关性分析	教育部人文社科	8	孙　涵	经济管理学院
5	税收显著性对奢侈品相关税收流失的影响研究	教育部人文社科	8	周琦深	珠宝学院
6	三峡库区秭归民间音乐的调查与保护传承研究	教育部人文社科	8	袁　玥	艺术与传媒学院
7	基于生态价值观的废弃矿区景观再生设计研究	教育部人文社科	7.5	廖启鹏	艺术与传媒学院
8	高校立德树人根本任务的实现路径和工作机制研究	教育部人文社科专项（思想政治工作）	5	郝　翔	学工处

附录8　2015年科技成果获奖

序号	名称	获奖名称	获奖等级	完成人	颁奖单位
1	深部矿体勘探钻探技术方法和设备研究及应用(第三完成单位)	国土部科技奖	二等	朱恒银、刘跃进、王强、翔、朱晓彦、蔡正水、王川婴、张文生、陈师逊、周勇前	国土部
2	黔东地区南华纪锰矿成矿系统与深部找矿重大突破(第二完成单位)	国土部科技奖	一等	周琦、朴远生、覃英、逐、安正泽、袁良军、潘文、杨胜堂、尹森林、王佳武、温官国、侯兵德、杨炳南、余文超、谢小峰	国土部
3	关键地史时期地质微生物对海陆环境的响应	湖北省自然科学奖	一等	谢树成、胡超涌、罗根明、黄咸雨、殷鸿福	湖北省
4	多维度微纳矿物材料及其应用研究	湖北省发明奖	二等	侯书恩、靳洪允、吴耀庆、马艳兵、曾鸣、范良辉	湖北省
5	水平定向钻管道穿越关键技术与装备	湖北省科技进步奖	二等	马保松、张志海、李国辉、曾聪、童清福、蔡记华、马晓成、胡郁东、吕伟祥、孔耀祖	湖北省
6	二叠纪末大灭绝—复苏期生物环境事件和过程	高等学校科学研究优秀成果奖自然科学奖	一等	童金南、赖旭龙、江海水、宋海军、孙亚东	教育部
7	城市生态与景观敏感区湖底隧道设计与施工关键技术(第五完成单位)	湖北省科技进步奖	二等	邓利明、薛勇、姚颖康、喻小勇、刘全林、朱明刚、肖铭钊、蔡兵华、任青阳、孙金山	湖北省
8	水污染治理与水体修复生态工程关键技术研发与推广(第四完成单位)	湖北省推广奖	一等	吴振斌、贺锋、周巧红、徐栋、肖恩荣、刘碧云、付贵萍、李树苑、邱东茹、成水平、夏世斌、张丽萍、梁威、雷志洪、赵强、左进城、武俊梅、张义、王亚芬、张婷	湖北省

续表

序号	名称	获奖名称	获奖等级	完成人	颁奖单位
9	大型地下水封库洞围岩系统稳定性研究及其示范应用	中国岩石力学与工程学会科学技术奖科技进步奖	一等	晏鄂川、宋琨、季惠彬、陈刚、宋矿银、曹洋兵、朱华、谭立勤、梁建毅、胡成、王泽利、胡德新、王亚军、高连通、王章琼	中国岩石力学与工程学会
10	三维地质模型数据交换格式GEO3DML（第四完成单位）	地理信息科技进步奖	二等	花卫华（第五完成人）	中国地理信息产业协会
11	矿产资源潜力评价数据模型研制、开发、应用与数据集成建设（第二完成单位）	地理信息科技进步奖	二等	汪新庆	中国地理信息产业协会
12	城市土地价格分布规律研究	湖北省第九届社会科学优秀成果奖	二等	胡守庚等	湖北省
13	从莫言获诺贝尔文学奖看中国文化的海外传播	湖北省第九届社会科学优秀成果奖	三等	谢稚	湖北省
14	中国非可再生能源区域优化配置问题研究	湖北省第九届社会科学优秀成果奖	三等	陈军等	湖北省

附录9 2015年各学院(课部)、研究单位国际合作项目

学院(课部)、研究单位	项目数	合同经费(万元)
信息工程学院	1	45
环境学院	2	40
自动化学院	1	20
地球科学学院	1	15
珠宝学院	1	5

附录10 2015年各学院(课部)、研究单位科研经费

学院(课部)、研究单位	项目数	合同经费(万元)	实到经费(万元)
资源学院	100	6147	9401
地球科学学院	79	4593	5203
环境学院	148	3777	3936
工程学院	109	3190	3609
地球物理与空间信息学院	86	2411	3265
公共管理学院	76	2633	2475
地质调查研究院	7	959	2096
信息工程学院	72	2365	1607
自动化学院	29	970	1293
经济管理学院	68	1231	1282
材料与化学学院	51	1845	1280
计算机学院	30	694	748
生物地质与环境地质国家重点实验室	20	346	711
远程与继续教育学院	4	97	655
地质过程与矿产资源国家重点实验室	21	675	605
机械与电子信息学院	15	342	381
三峡库区地质灾害研究中心	21	165	275
数学与物理学院	26	467	258
其他	33	211	220
珠宝学院	12	332	213
艺术与传媒学院	20	145	132
马克思主义学院	16	113	128
高等教育研究所	12	87	90
资产与实验室设备处	2	21	50
学校办公室	2	5	40

续表

学院(课部)、研究单位	项目数	合同经费(万元)	实到经费(万元)
协同创新中心	1	5	25
体育课部	10	44	21
研究生院	5	5	10
图书馆	4	7	6
外国语学院	7	15	4

附录11 各学院(课部)、研究单位申请、授权专利

序号	学院	2015年专利申请				2015年专利授权			
		发明	实用新型	外观设计	合计	发明	实用新型	外观设计	合计
1	机械与电子信息学院	51	65	10	126	29	65	14	108
2	工程学院	60	41		101	35	29		64
3	材料与化学学院	46	2		48	31	1		32
4	环境学院	26	9		35	17	3		20
5	自动化学院	27	8		35		10		10
6	信息工程学院	25	3		28	1	3		4
7	计算机学院	43	2		45	5	2		7
8	资源学院	16	5		21	11	2		13
9	生物地质与环境地质国家重点实验室	3			3				0
10	资环工研院		6		6	1	5		6
11	地球物理与空间信息学院	4	1		5	2			2
12	三峡库区地质灾害研究中心	1			1				0
13	地球科学学院	1			1	1			1
14	珠宝学院	9	28	4	41	1	2	1	4
15	公共管理学院		2		2		2		2
16	经济管理学院				0				0
17	地质过程与矿产资源国家重点实验室	1			1	3			3
18	数学与物理学院	4	1		5	3	4	2	9
19	远程与继续教育学院	3	1		4		1		1
20	体育课部				0				0
21	艺术与传媒学院				0	1		8	9
	合计	320	174	14	508	141	129	25	295

社会服务

【概况】

学校与宜昌市、夷陵区、当阳市、荆门市、昆山市体育局及相关企业、深圳市富恒新材料股份有限公司、深圳美之高科技股份有限公司、江苏优创数控设备有限公司等地方政府、企业签订了战略合作或产学研合作协议,并在相关企业建立产学研基地。学校牵头成立"湖北省地下基础设施产业技术创新战略联盟"。三部两院一省产学研合作和江苏省"教授博士柔性进企业活动"工作稳步推进。与中国海洋石油总公司、中国石油化工集团公司、中国石油天然气股份有限公司等国企的科技合作准入换证办理完毕。

【国土资源行业人才培养培训】

推进与中国地质科学院岩溶地质研究所人才培养培训合作。承担中国地质科学院岩溶地质研究所同等学力博士培养工作,促进学校与岩溶所在申报国家重点实验室及科研项目合作等方面的深入合作。贵州省地质矿产勘查开发局同等学力博士班开班。完成同等学力博士学位人员审核工作。

开展特色专题业务培训。为贵州省地质矿产勘查开发局举办"水工环高级研修班",45名生产一线技术骨干参加培训,参培时间约1个月。截至2015年底,为贵州省地质矿产勘查开发局组织了4期培训班,有力推进学校与贵州省地质矿产勘查开发局战略合作协议的实施。为山西省地质博物馆举办"地质博物馆建设培训班",50名技术管理人员参加培训。

【产业规范化建设】

2015年5月12日,教育部直属高校国有资产管理专项检查组对学校国有资产管理进行全面检查。资产公司对13项重点内容进行系统梳理,查找问题、分析原因,认真落实国家、教育部国有资产管理相关规定,以检促改,以检促建,不断规范公司的经营行为。

按照有利于建立更适应校属企业发展,有利于优化资产管理布局结构的管理体制的原则,对公司机构进行调整。撤销汉口经营部、发展部,设置大学生创业中心项目部。加强规章制度建设,制定《武汉中地大资产经营有限公司差旅费管理办法》。

根据中组部、教育部有关文件规定和要求,对资产公司董事会、监事会成员进行调整,进一步完善公司对校属企业的经营管理自主权。全年公司召开两次董事会、两次监事会。对出现经营问题、无经济效益,又存在经营风险的武汉地大海卓钻采技术有限公司、武汉地大石油技术有限公司进行了清算处理,按政策要求确保国有资产的安全。完成原汉口校区资产门面及房产清退工作。

【提升企业核心竞争力】

加强产学研平台建设,完成学校科技园一期8万余平方米的建设,签订入园的10余家校办企业陆续入驻。完成3700m²孵化器大楼资产转移工作，资产公司增加约1500万元资产，相关手续正在办理。

原附属小学选址建设宝谷创业大厦项目进行变更，变更后以"中国地质大学（武汉）大学生创业中心项目"进行实施。完成大学生创业中心项目概念设计、总体规划方案设计、建筑方案设计及施工图设计方案。区内清理工作已完成，即将全面启动项目建设。

对致力于长期发展并具有强烈盈利动力的资环院公司进行9359.62万元无形资产增资，对地大（武汉）环保科技有限公司进行155.52万元无形资产增资，进一步提升企业的竞争力，增强市场对企业的信任度。

【校属企业情况】

中国地质大学出版社有限责任公司。组织完成了"十三五"国家重点图书选题征集申报工作；以资本合作方式成立"地大传媒有限公司"并正式运行。武汉地质资源环境工业技术研究院有限公司。明晰公司业务定位，确定产业重点发展三大方向，承接了3个国家级中心的市场化运营，专利申请量共444项，同比增幅达30%。累计成立投资及孵化企业50家，有4家企业已启动IPO/新三板上市进程。完成一期4.8万 m² 园区建设，与中电华通通信有限公司签订入驻协议，共建华中地区最大的大数据中心。参股企业股份制改造情况。武汉地大华睿地学技术有限公司股份制改造工作基本完成，武汉中地数码科技有限公司、湖北地大热能科技有限公司股份制改造工作正在推进。

（撰稿：晁念英、王肖戈、田永常、李想姣、成军、董平；审稿：陶应发、胡圣虹、吴胜雄）

师资队伍建设

中国地质大学(武汉)年鉴 2015

【概况】

截至2015年底,全校教职工总数3020人,其中教师1678人(含专任教师、思政教师、专职科研教师),占55.6%。中国科学院院士11人,"千人计划"创新人才8人、青年项目(青年千人)入选者6人,"万人计划"科技创新领军人才1人、青年拔尖人才3人,"长江学者"特聘教授12人、讲座教授5人,国家杰出青年科学基金获得者13人,国家优秀青年科学基金获得者7人,国家"百千万人才工程"入选者7人,教育部"新世纪优秀人才支持计划"入选者31人,湖北省"百人计划"入选者6人,湖北省"楚天学者计划"教授36人。

专任教师中,正高级专业技术职务395人,占23.5%;副高级专业技术职务654人,占39.0%;中级及助理级职务人员629人,占37.5%。45岁及以下青年教师1177人,占70.1%。专任教师中具有博士学位者1180人,占70.3%,具有硕士学位者393人,占23.4%;具有国际合作与交流经历者1310人,占78.1%(表1、表2)。

表1　2015年专任教师学科分布情况　　　　(单位:人)

学科	专任教师总数	正高级人数	副高级人数	中级及助理级人数
总计	1678	395	654	629
总计:女	583	75	240	268
哲学	56	11	23	22
经济学	67	15	32	20
法学	66	14	33	19
教育学	41	7	13	21
文学	162	16	61	85
理学	379	125	148	106
工学	834	193	300	341
管理学	73	14	44	15

表2　2015年专任教师年龄分布情况　　　　　　（单位：人）

年龄段	总数	正高级人数	副高级人数
35岁以下	526	5	125
36~45岁	651	85	355
46~60岁	481	285	174
61岁以上	20	20	

【博士后工作】　学校有13个博士后科研流动站。2015年，学校新进站博士后研究人员61人，年末在站人数216人。在站博士后研究人员获批中国博士后科学基金面上资助及特别资助项目43项，资助经费合计271万元。在站博士后研究人员获批国家自然科学基金项目资助38项。2位博士后获博士后国际交流计划学术交流项目资助。9个博士后科研流动站参加人力资源和社会保障部、全国博士后管理委员会组织的2015年全国博士后综合评估，"地质学""地质资源与地质工程"2个博士后科研流动站获评"优秀"，5个博士后科研流动站获评"良好"，1个博士后科研流动站获评"合格"（表3）。

表3　博士后科研流动站情况

流动站名称	依托单位	建站时间
地质学	地球科学学院	1985年
地质资源与地质工程	资源学院、工程学院、地球物理与空间信息学院	1991年
环境科学与工程	环境学院	2003年
石油与天然气工程	资源学院	2007年
海洋科学	资源学院	2007年
地球物理学	地球物理与空间信息学院	2007年
测绘科学与技术	信息工程学院	2009年
管理科学与工程	经济管理学院	2009年
土木工程	工程学院	2009年
安全科学与工程	工程学院	2012年
材料科学与工程	材料与化学学院	2012年
水利工程	环境学院	2012年
马克思主义理论	马克思主义学院	2014年

【教师选聘】

2015年新聘用、调入及接收师资博士后共130人,其中教师和实验研究岗位聘用80人。教师选聘坚持标准,严格程序,师资队伍质量稳步提升。

为提高教学质量、增强科研实力、加强实验教师队伍建设,人事处协同资产与实验室设备处、各相关学院组织实验教师选聘工作,2015年选聘6名实验教师(5名博士和1名硕士)。

【人才引进与培养】

2015年,学校进一步健全完善目标明确、层次清晰、相互衔接的高层次人才队伍建设体系。制定实施《"地大学者"岗位管理办法(试行)》,设置学科杰出人才、学科首席教授、学科骨干人才、青年拔尖人才、青年优秀人才等高层次人才岗位,提高引进人才和培养人才的实效性。制定实施《柔性引进人才实施办法》,健全柔性人才引进机制。根据学科发展需求和人才引进政策,修订《特任教授(研究员)、特任副教授(副研究员)岗位聘任办法》。

充分利用"千人计划""万人计划""长江学者奖励计划""湖北省百人计划""楚天学者计划"等国家级、省部级平台大力引进和培养人才,通过实施学校"地大学者"岗位聘任办法等举措,切实加强对青年人才的引进和培养。2015年,新当选中国科学院院士1名(郝芳教授),签约引进国家"千人计划"创新人才长期项目1人(佘锦华教授),入选长江学者特聘教授1人(陈中强教授),长江学者讲座教授1人(Ali Polat教授),国家"百千万人才工程"2人(郑建平教授、李建威教授),"千人计划"青年项目3人(曹淑云教授、叶宇教授、张仲石教授),国家"万人计划"青年拔尖人才3人(章军锋教授、宁伏龙教授、胡兆初教授),享受国务院政府特殊津贴专家3人(冯庆来教授、徐义贤教授、靳孟贵教授),湖北省"百人计划"创业人才1人(郝亮教授),湖北省楚天学者8人(含特聘教授2人、讲座教授2人、楚天学子4人)。

【青年教师发展促进计划】

学校教师发展促进中心制定实施青年教师发展促进计划,帮助青年教师做好职业发展规划、提升专业发展能力。2015年新聘任来校的58位教师均接受为期两年的系统培训,含岗前培训、师德师风和"三关"专业技能等培训。围绕促进计划,制订系统全面的培训计划并严格执行。培训内容丰富、形式多样,包括理论课程学习、教学观摩、主题沙龙、专题和能力提升讲座等,培训领域涵盖高等教育学、心理学、高等教育法规、科研和教学能力、个人修养等方面。教师发展促进中心对2012年入校、参加发展促进计划期满的青年教师38人进行评估,并根据教师需求安排相关咨询、辅导,评估情况纳入教师成长档案。各学院(课部)、科研平台采取多种措施关心和帮助青年教师成长,部分学院为青年教师安排了经验丰富的导师,指导青年教师开展教学科研工作。

【青年教师国际化计划】

以教师队伍为主体,兼顾其他系列队伍,有计划地实施青年骨干教师出国研修项目,推进师资队伍国际化建设。2015年共有

55位教师获公派出国留学资格，其中：国家全额资助26人，国家与学校配套资助18人（分两批申报，其中行政管理项目2人），学校与学院配套资助1人，其他公派项目资助10人。

【岗位聘任】

修订学校《岗位设置管理实施方案》，并按照新修订的实施方案组织岗位聘任工作。2015年对高聘教师、专业技术岗位正高级指标数进一步收紧，严格高聘人员业绩条件审核，加强教学工作审核，增设专职科研岗位。2014—2015年度分级聘用二级教授3人，三级教授3人；高聘教授11人，高聘副教授24人；专职科研岗位高聘副高级职务1人；非教师专业技术岗位高聘正高级职务2人，副高级岗位10人；高聘管理岗位五级职员4人，六级职员9人。

【工资福利与养老保险改革】

根据国务院办公厅、湖北省人力资源和社会保障厅等文件精神，完成了2014年10月前离退休教职工基本离退休费增加和在职职工基本工资预先兑付工作。

落实湖北省机关事业单位养老保险制度改革工作电视电话会议精神，根据学校工作实际，做好全校教职工社会保险相关管理工作。

【外派专家服务地方经济社会建设】

援疆工作。2015年学校选派两位教师赴新疆进行援疆工作。其中，数学与物理学院何水明副教授赴新疆农业大学，工程学院辅导员高晓东赴和田师范专科学校，依托学校在教学、科研、人才培养、学科建设、学生思想政治教育工作等方面的优势，加强沟通交流，推进校校合作，扎实做好援疆工作。2015年新疆农业大学选派6名大三年级本科生（分别为英语、土木工程、地理信息科学专业）到学校进行为期一年的访学。

博士服务团工作。2015年，由湖北省委组织部、团省委联合实施"博士服务团"服务基层计划，公共管理学院侯林春老师入选全省第四批博士服务团，赴老河口市进行为期一年的服务工作。

支持武警黄金部队开展公益地质工作。2015年5月，第一批专家张雄华、杨宝忠、寇晓虎3位教师完成支持工作，获得"优秀帮带工作者"荣誉称号。同时继续选派杨宝忠、刘德民、于洋3位教师，分别赴武警七支队、十支队、二支队支援武警黄金部队区域地质调查工作。

新农村建设工作。2015年，按照湖北省委、省政府的统一部署，参加省直新农村建设工作，继续选派曲珍祥同志和省安监局有关人员共同组成驻麻城市农村工作队。2015年3月，省委、省政府召开省直新农村工作会议，学校与省安监局组成的麻城市农村工作队被评为"成绩突出工作队"，曲珍祥同志获评"成绩突出工作队员"。

（撰稿：罗映娟、杨春霞、夏雪萍；审稿：张宏飞、李红丽）

Nianjian

党建与思想政治工作

思想建设

【概况】

学校党委重视思想政治工作，全年组织党委中心组理论学习（扩大）会议7次，印发《地大之声》理论学习资料10期。2015年，学校被评为湖北省"2013—2014年度湖北省精神文明单位"、创建全国文明城市工作"突出贡献单位"。

【思想政治教育】

组织学习贯彻习近平总书记系列重要讲话和十八大及十八届三中、四中、五中全会精神。完成全校报刊宣传资料征订工作，订阅重要报纸53种，订阅思想理论类刊物37种。全年外请专家集中宣讲习近平总书记系列重要讲话精神3次，湖北省社科院党组书记、省宣讲团成员张忠家教授来校作十八届五中全会精神专题报告；召开校党委中心组理论学习7次。

出台《2015年党委理论学习中心组学习计划》（地大党发[2015]6号）和《关于学习贯彻党的十八届五中全会精神的通知》（地大党发[2015]12号），通过专家宣讲、推荐书籍、发放报刊杂志、编辑《地大之声》等形式加强理论学习。向全校副处级以上干部发放《习近平关于协调推进"四个全面"战略布局论述摘编》《习近平总书记在文艺工作座谈会上的重要讲话学习读本》《求是》杂志。根据教育部社科司的要求，撰写并提交了《中国地质大学（武汉）关于马克思主义理论学科及相关学科建设情况汇报》；向湖北省委高校工委报送《学校党委中心组党的十八大以来认真学习习近平总书记系列重要讲话情况的汇报材料》。

【培育和践行社会主义核心价值观】

在教学课堂、社会实践、校园文化和互联网新媒体中培育和践行社会主义核心价值观，通过教室、宣传橱窗、电子屏幕等方式在师生中深入开展社会主义核心价值观宣传教育，建立社会主义核心价值观培育践行的长效机制，使社会主义核心价值观内化于心、外化于行。与书香校园建设相结合，培育和践行社会主义核心价值观，鼓励师生开展形式多样、内容丰富的读书活动，师生撰写的读书评论在《光明日报》《解放日报》等报刊陆续发表。

【师德师风宣传教育】

以"有理想信念、有道德情操、有扎实学识、有仁爱之心"为主题，开展第七届师德师风建设宣传教育月主题活动，活动分为政策法规宣传教育、典型培育、主题活动3个部分，共计14项活动。校园媒体开设勇攀高峰的人、创新创业之星、精准扶贫进展、地大故事、点赞身边好人等专栏，挖掘师生中"爱国、爱家、爱校、爱岗、爱生"与"爱国、爱家、爱校、爱学、爱习"的典型人物、典型事件和典型活动，宣传教师在教学科研工作一线的精神风貌，扎实推进青年教师思想政治工作，营造讲师德、尊师德、守师德的良好风尚和育人氛围。

【法治宣传教育】

深入学习贯彻党的十八届五中全会精神，开展习近平总书记《谈治国理政》论著学习，大力加强《中华人民共和国宪法》《中国共产党章程》等学习宣传教育，以《中国地质大学（武汉）章程》颁布实施为契机，积极开展"六五普法"宣传教育和国家宪法日主题实践活动，增强遵法、学法、守法、用法意识，提升依法治校能力。以"12·4"国家宪法日为契机，主办模拟法庭庭审活动，推出10块法律宣传展板、举行法学便利大赛等活动，向湖北省委高校工委提交《中国地质大学（武汉）"六五"普法总结材料》。《光明日报》以《以法治文化助推高校治理能力现代化》为题报道学校不断完善现代大学制度的做法。

【宣传思想阵地建设】

学校高度重视宣传思想文化阵地建设，注重规范化、制度化和长效化，总结和梳理马克思主义理论研究计划取得的创新实践成果、制度成果和理论成果，组织编写《马克思主义的时代魅力》。

出台《校内宣传设施管理暂行办法》（地大党办发[2015]15号）、《关于校园新媒体建设管理暂行办法》（地大党办发[2015]16号）、《新闻发布工作实施办法》（地大党办发[2015]17号），实行校内新媒体注册管理，改进和完善校报、电视、广播、图片、网络五位一体宣传模式，加大微博、微信、客户端（掌上地大）、电子屏等意识形态阵地的管理力度，在融媒体时代更加规范化、科学化，注重加强规范新闻采写、编发流程，做到文字有力、电视有形、广播有声、图片有意、网络有度。

（撰稿：陈华文；审稿：李素矿、刘国华）

组织建设

【概况】

全校共有二级党组织29个，其中学院

(课部)党委(党总支部)18个,直属单位党总支部8个,职能部门党委3个;各分党委(党总支部)下设支部468个,其中在职教职工党支部151个,离退休人员党支部17个,流动党员党支部2个,本科生党支部98个,研究生党支部200个;共有党员8013名,其中在职教职工党员2125名(占在职教职工总数的66.09%)、离退休党员636名、本科生党员2061名(占本科生总数的11.39%)、研究生党员3191名(占研究生总数的62.91%)。全年共发展党员1245名,其中学生党员1231名(研究生党员240名,本科生党员991名),教职工党员14名。转正党员1225名,其中学生党员1212名,教职工党员13名。

全校共有二级单位58个,其中学院(课部)18个,职能部门24个,直属单位16个;学校领导班子成员10人,中层管理干部267人,其中处级领导干部259人(处级正职82人、处级副职177人),处级非领导干部8人。全校处级干部中,55岁以上干部占总数的7.5%,45~55岁干部56.9%,35~44岁干部占32.2%,35岁以下干部占3.4%;具有硕士及以上学位的干部占总数的73.8%;具有副高及以上专业技术职务的干部占总数的74.2%;中层女干部占总数的20.6%;党外干部占总数的10.5%。

【基层党组织和党员队伍建设】

指导基层党组织按期换届。完成环境学院党委、科研平台联合党总支部、期刊社党总支部、医院党总支部4个二级党组织的换届选举工作和271个党支部的换届工

作。现有教职工党支部共169个,其中职能部门(群团组织)党支部49个,系(教研室)党支部68个,研究所党支部4个,实验室党支部8个,其他党支部40个;学生党支部共299个,其中按班级设党支部72个,按年级设党支部50个,按专业设党支部63个,按专业设年级党支部78个,其他党支部36个。学生担任党支部书记289人。适时成立北戴河、周口店、秭归实践教学基地暑期临时党支部,实现党组织全覆盖。

落实党建工作责任制。强化二级党组织书记主体责任,6名二级党组织书记进行党建工作述职;建立发展党员工作约谈机制,对发展党员工作不规范的学生党建工作负责人约谈4人次;回收870份学生党支部调查问卷,了解二级党组织落实学生党建工作责任制情况;制定《2015年党支部理论学习安排》,印发《关于党支部组织学习贯彻<中国共产党廉洁自律准则>和<中国共产党纪律处分条例>的通知》,落实"三会一课"制度;修订学校《组织员工作细则》(地大党办发[2015]5号),聘任新一轮组织员69名。

选优训强教师党支部书记。认真落实湖北省教师党支部书记"双带头人"培育工程计划,制定和出台《关于加强教师党支部书记"双带头人"培育工程的通知》(中地大(党)组建字[2015]14号),建立学校党委常委及党委各职能部门主要负责人联系教师党支部制度,"双带头人"教师党支部书记达98.7%。管理科学与工程系党支部书记郭海湘教授获湖北省委组织部通报表扬,材料系第二党支部书记马睿教授在省委高校工委

"双带头人"培训班上做交流发言，上述两名党支部书记典型事迹还入选《党务带头、业务带头——湖北高校教师党支部书记"双带头人"撷英》一书。

强化党员教育管理。为加强流动党员的教育、管理和服务工作，出台《中国地质大学(武汉)流动党员管理规定》(中地大(党)组建字[2015]1号)，制作《流动党员梳理情况汇总表》，梳理流动党员495名(学生427名)，转接241名党员，按照党章要求清理部分不合格流动党员；给基层党组织订购和印发学习资料1293册；坚持分类培训制度，组织169名教职工党支部书记参加国家教育行政学院"加强高校基层党组织建设　办好中国特色社会主义大学"专题网络培训，选派1名学院党委书记参加教育部高校院系党组织书记示范培训班、1名辅导员参加教育部高校青年教师党员示范培训班、2名教师党支部书记参加湖北省高工委教师党支部书记"双带头人"培训班学习，推荐1名学生党员参加全国大学生新党员培训示范班、2名大学生党员参加湖北省高校大学生党员"双育"计划培训班学习，组织特邀组织员专题培训1次，全年共培训学生党员5087人、入党积极分子2477名；建立党员各类管理台账，共转接党员组织关系2182人次；及时处置不合格党员14人，其中，延长预备期8人，取消预备党员资格6人。

坚持党内激励、关怀、帮扶。给29个分党委(党总支部)下拨党建活动经费15.3万元，给无创收单位下拨党建经费10.51万元、党支部书记电话补贴2.28万元；开展重大节日慰问党员活动，向186名困难党员和老党员(其中教职工121名、学生65名)送上5.7万元慰问金。

【党建主题实践活动】

开展党支部建设活动立项。大学生党支部开展"党徽照我行——支部引领"工程主题立项活动482项，教职工党支部参与"结对领航，让党旗更辉煌"主题立项活动153个，发挥教职工党支部在大学生思想政治教育工作的引领作用，占教职工党支部总数的90.5%。

认真开展"两访两创"活动。深入开展以"干部访教师、教师访学生"的"访三室转三风"为主题的"两访两创"活动。全校访谈实验室342个、教室468间、寝室2721间；访谈新生5842名、年轻教师263名、"四难"学生1752名、党外代表人士170名、拔尖人才及学科带头人186名。

【干部队伍建设】

学校党委以党的十八大、十八届历次全会和习近平总书记系列重要讲话精神为指导，坚持党管干部、从严管理干部的原则，严格按照中央关于干部选拔、任用、管理有关规定和程序，不断加强干部队伍建设，提高选人用人公信度。

严格控制中层干部职数编制。新提任正处级干部1名、公开选拔院长1名、提任副处级干部4名，调整交流副处级干部2名，因故免职5名；完成了艺术与传媒学院、体育课部两个单位的行政领导班子换届工作。

不断完善干部选任和考核机制。修订和出台《处级干部选拔任用工作实施办法》

（地大党发[2015]11号），完善处级干部选任基本条件，细化公开选拔的必要条件，对处级干部破格提拔、交流轮岗做出具体规定，新增干部选任必须遵守的六条纪律等。修订和完成《处级单位和处级干部考核办法》，进一步优化处级单位和干部年度工作考核办法，制定《教学科研型/管理服务型单位年度考核核心指标体系》，新增处级单位述职评优、12个管理服务型单位接受大学生服务态度和服务质量满意度专项测评等环节，明确处级单位和处级正职干部评优比例等内容；进一步完善干部选拔任用机制、干部任期制和干部交流制，针对处级干部岗位特点采取公开竞聘答辩等方式选拔和调整干部；组织2014年度学校领导班子及班子成员述职述廉测评大会和学校处级干部选拔任用"一报告两评议"工作，完成学校《2014年度中层干部选拔任用工作报告》，新提任处级干部不满意率均未超过10%。

持续强化干部教育培训。起草关于学校贯彻落实《全国教育系统干部培训规划（2013—2017年）》中期自评报告，制定并完成《2015年度处级干部教育培训计划》，严格执行干部培训考勤制度。干部参加培训1572人次，参训率达74%；举办处级干部学习辅导报告6次、观看教育影片1次；开展"教育经费管理与党风廉政建设"和"怎样当好书记，如何履行党建主体责任"两个专题学习研讨活动，14篇党建获奖论文进行表彰并上网交流；选派1名校领导参加教育部高校领导干部进修班、2名正处级干部参加教育部高校中青年干部培训班、2名处级干部参加教育部高校科研经费管理专题研讨班、4名副处级干部参加教育部中南教育管理干部培训班、3名副处级干部参加教育部高校行政管理人员出国研修计划、12名干部教师参加"湖北干部讲堂"。

加强干部监督管理。委托学校审计处对学校办公室、工程学院、机械与电子信息学院进行经济责任审计和回访工作，学校纪委委托学校审计处完成党委组织部经济责任审计工作，协助审计处做好对计算机学院、期刊社的财务专项审计工作；完成263名处级干部个人有关事项报告数据录入、28名处级干部有关事项报告抽查核实和11名拟提任处级干部有关事项报告重点核查送审工作；完成303人次因私出国(境)备案和108人次干部因私护照借用登记工作。

开展干部人事档案专项审核工作。起草学校《干部人事档案专项审核工作方案》（中地大(党)组发字[2014]7号），重点围绕"三龄两历一身份(干部的年龄、工龄和党龄；学历和工作经历；干部身份)"进行审核。先后完成动员部署、审核登记、汇总分析、调查核实、组织认定等多个环节任务，共审查干部人事档案263份，发现问题191个，补充干部档案材料581份。

配合完成其他工作。认真落实湖北省委"三万"活动和"精准扶贫"工作，选派驻村工作队员3人，开展党员干部"精准扶贫"捐款298 320元；配合教育部、外交部完成1名干部驻外使(领)馆考察、2名干部参加高级外交官选拔(其中1名同志入围考察)、2名教授参加国际组织高级人才推荐选拔等工

中国地质大学（武汉）年鉴 2015

作;完成教育部事业单位机构和人员编制核查、领导干部参加社会化培训专项整治等情况报告;完成14名干部在企业违规兼职清查工作,7名干部主动向学校上缴违规酬金1 275 917.54元;配合湖北省委组织部完成市副厅级后备干部和年轻干部后备人选推荐工作,共推荐11名干部,3名处级干部入围考察;完成湖北省选调生推荐工作,23名学生报名,6名学生入选;参与起草学校"十三五"规划卓越管理体系建设专项计划、学校综合改革方案,按要求做好组织部"十三五"规划工作。

【党的群众路线教育实践活动】

召开学校教育实践活动督查推进会,督促落实活动整改"回头看"任务。完成学校《党的群众路线教育实践活动继续深化整改情况报告》,完善学校教育实践活动整改落实情况一览表,并在一定范围内进行通报,年底做好30余万字的教育实践活动材料汇编工作。

【"三严三实"专题教育活动】

完成"三严三实"专题调研、专题党课、专题研学、专题交流等多个环节任务。起草学校"三严三实"专题教育活动方案(中地大(党)组发字[2015]5号),召开专题教育活动动员大会,校党委书记带头为处级干部作"厉行'三严三实'要求,更好促进学校事业发展"的专题党课,其他校领导给分管或联系单位党员干部做专题党课。暑假期间,学校党委中心组集中开展"三严三实"专题学习教育,处级党务干部和校领导利用国家教育行政学院专题网络开展"三严三实"自学活动,学校被国家教育行政学院评为高校干部网络培训工作优秀组织单位。给处级及以上干部配发《习近平总书记系列重要讲话读本》等学习材料,加强"三严三实"专题教育活动宣传,凝练"坚持'三个着力'搞好专题教育"的经验做法被湖北省《党员生活》刊登。制定学校2015年"三严三实"专题民主生活会方案,突出抓好整改落实和强化立规执纪工作。

(撰稿:李周波、冷再心、刘治国、郭敬印;审稿:刘亚东)

反腐倡廉建设

【概况】

2015年,学校纪检监察工作按照中央、中央纪委精神和上级党委、纪委决策部署,在学校党委和行政的领导下,深入学习贯彻党的十八大、十八届四中、五中全会精神和习近平总书记系列重要讲话精神,将纪律挺在前面,坚持惩防并举、注重预防的方针;不断丰富反腐倡廉教育形式,完善惩治和预防腐败制度体系;认真落实"三转"工作,扎实开展监督执纪问责;重视来信来访工作,全面履行纪检监察职能,切实担负起学校党风廉政建设监督责任。

【党风廉政建设责任制】

2015年4月,学校召开党风廉政建设工作会议,校党委书记、校长与各二级单位党政负责人签订党风廉政建设责任书和廉政承诺书,各分管校领导与分管职能部门、直属单位党政负责人签订责任书,落实责任制的各项任务,构建"一级抓一级,层层抓落实"的党风廉政建设责任体系。12月下旬,学校对全校二级单位领导班子和领导干部就贯彻执行党风廉政建设责任制落实情况进行检查考核,29个分党委(党总支)及机关各处(室)依据年初签订的《党风廉政建设责任书》,对党风廉政建设的组织领导、责任分工、职责履行、领导干部廉洁自律等进行自查;纪委委员、各分党委(党总支部)书记及党委各部门负责人在校领导带领下,分成10个检查考核小组,对1个学院和18个职能部门(直属单位)落实党风廉政建设责任制的情况进行检查考核;协助党委推进二级单位领导班子公开述责述廉,资源学院等5个单位领导班子在全校中层干部大会上进行述责述廉,推进党风廉政建设责任制和反腐败斗争责任体系及工作机制的落实。

【反腐倡廉宣传教育】

2015年初,学校召开2015年党风廉政建设工作会议,全面布置学校纪检监察工作,组织学习党的十八届四中、五中全会,十八届中央纪委四、五次全会、教育部2015年教育系统党风廉政建设工作会议和湖北省纪委十届五次全体(扩大)会议精神。组织编写《廉政参考》材料,将电子版发给每个副处及以上领导干部进行学习,为全校各二级单位发放《中国监察》,所有处级干部、党支部书记配发《条例》和《准则》,二级单位主要负责人和纪委委员发放《习近平关于党风廉政建设和反腐败斗争论述摘编》等廉政学习资料;4月,在全校党员干部中开展以"严明政治纪律和严守政治规矩"为主题的集中教育活动;5月,围绕"守纪律、讲规矩、作表率"为主题的党风廉政建设宣传教育月活动,进行党性党风党纪教育,深化开展"10个一"主题教育活动;对新提任干部开展"5个一"教育活动,组织近三年新提任的处级干部、纪委委员和各二级党组织纪检委员90余人赴洪山监狱接受警示教育,给处级及以上干部家属发送廉洁倡议信《给全校领导干部家属的一封信》;协同宣传部精心制作反腐倡廉专题橱窗;组织全体二级党组织书记学习《准则》和《条例》;在各个时间节点,通过短信平台给每位校领导和处级干部发送廉洁过节提醒短信,今年发送12次廉洁提醒短信,共计发送1814人次,要求领导干部增强纪律意识,自觉遵守中央八项规定精神;开展新进教职员工岗前廉政教育活动;在毕业生中开展廉洁教育等活动。

【惩防体系建设】

2015年,按照《中国地质大学(武汉)贯彻落实<建立健全惩治和预防腐败体系2013—2017年工作规划>实施办法》对工作任务的责任分解,督促相关责任单位制定和修订《建立健全师德建设长效机制实施办法(试行)》《学校统一采购限额以下采购管理办法》《采购与招标管理办法》《个人酬金发放管理办法》《处级干部选拔任用纪实工作办法》《领导干部经济责任审计实施办法(修订)》《国内公务接待管理办法》等规章制度,印发《学校加强公务用车管理专题工作会议

中国地质大学(武汉)年鉴 2015

纪要》《关于做好领导干部外出请假报备工作的通知》等规范性工作通知。同时，还制定出台《关于党员干部操办婚丧喜庆事宜的监督检查办法》《招标投标监督管理暂行办法》等规章制度。

【监督检查】

实施纪委书记、副书记定期召集二级单位领导班子进行廉政谈话制度。2015年，纪委负责人同下级党政主要负责人个别谈话21人次，纪委书记与二级单位集体廉政谈话41人次，任前个别廉政谈话9人次，个别约谈26人次。纪委书记、副书记到二级单位和职能处室调研提醒式谈话8次；领导干部述职述廉258人次；对新任职的副处以上干部6人实行任前书面征求纪委意见和干部任用前廉政谈话制度。

2015年，在接受教育部办公用房、公务用车、资产管理与校办企业、基本建设、国内公务接待、MBA办学6项专项检查，湖北省纪委组织的机关内部食堂及培训中心违规公款消费、违规发放津补贴或福利、财务票据问题、党员干部带彩娱乐等4项专项检查，以及财政部、国家基金委、国家地质调查中心等组织的财务票据、科研经费专项检查和湖北省教育厅《关于认真做好2015年规范教育收费治理教育乱收费专项检查工作的通知》的基础上，组织和开展治理教育乱收费、办公用房、公务用车、党员领导干部婚丧嫁娶喜庆事宜、机关内部食堂及培训中心违规公款消费、违规发放津补贴或福利、国内公务接待问题、党员干部带彩娱乐、二级单位"三重一大"制度落实情况等11个专项

监督检查和整治工作。其中，清退教育乱收费违规金额183 102元，违规报销餐饮发票退还金额20 608元，国内公务接待清理退还违规金额379 972.07元；将各二级单位及科研项目团队车辆全部收归后勤保障处统一管理、调配使用。

在工程招标、物资采购、招生录取、财务收费、校办企业、基建后勤、新校区建设等领域加大对各项管理规定和履行程序的监管力度，共参与监督基建（修缮）和物资采购招标；校内共计149项、完成招标金额11 122.9 418万元，校外30项、完成招标金额54 971.214 478万元；监督完成本科考试招生4606人、硕士2050人、博士315人；全程参与自主招考、小科类招生的试卷印阅和组考过程以及研究生的命题与组考、阅卷与面试等监督工作；继续执行财务处每季度向纪委报备各单位"三公"经费支出情况；继续执行国际合作处每季度向纪委报备各单位因公出国出境情况；继续执行处级干部因公因私出国出境向纪委报备制度。

向新校区建设指挥部派驻纪检组长，专司新校区建设监督之责。对学生工作处（部）、体育课部、研究生院等单位分别下达《监察建议书》；全年开除党籍1人，党内严重警告2人，党内警告2人，党内通报批评3人，行政记过3人，免职4人，全校通报批评12人次，诚勉谈话20人，批评教育30人，约谈70人次。

【信访工作】

2015年，学校纪委受理信访举报和上级转办信访件共计24件，主要涉及招生考试、

师德师风、科研经费、廉洁自律、住房政策、失职渎职、违反财经纪律等方面。针对上述举报内容,按照国家有关信访条例规定,及时进行调查核实。其中,初核2件,函询13件,了结24件,谈话23人。

【纪检监察队伍建设】

按照"准确定位、科学履职,聚焦主业、突出重点,强化职能、确保实效"的总体要求,加快落实"三转",优化纪检监察工作职能。2015年初,学校党委对纪委书记分工进行调整,不再分管宣传和审计工作;2015年,学校纪委13人次参加中纪委、省纪委、驻教育部纪检组组织的纪检监察干部培训学习,赴北京、天津6所高校进行调研学习,承担教育部直属高校纪委第二片组第四次工作研讨会;加强纪检监察组织建设,形成二级党组织纪检委员、专职纪检干部、纪委委员三位一体执纪监督队伍体系;向新校区建设指挥部派驻纪检组长,实行二级党组织纪检委员向纪委全委会报告工作,地球物理与空

间信息学院党委等4个二级党组织纪检委员向纪委全委会报告工作。

(撰稿:王长虹;审稿:陶继东)

统战工作

【概况】

2015年,学校共有民主党派成员213人,涉及到8个民主党派(表1),有民主党派基层组织6个(表2)。学校有11人担任各级人大代表和政协委员及参事,其中党外代表人士9人。现有全国政协委员1人、湖北省政协委员3人(其中常委1人)、武汉市政协委员3人(其中常委1人)、武汉市人大常委1人、洪山区政协3人、洪山区人大代表1人、硚口区人大代表1人,省参事1人,市参事1人。

表1　2014年中国地质大学(武汉)民主党派组织机构状况

党派名称	委员会(个)	总支(个)	支部(个)	成员数(人)	
				总数	2015年新增数
中国国民党革命委员会			1	11	0
中国民主同盟	1	4		112	2
中国民主建国会			1	11	1
中国民主促进会			1	19	0
中国致公党			1	15	0
九三学社	1			41	2
中国农工民主党				2	0
台湾民主自治同盟				2	0
合计	2	4	4	213	6

中国地质大学(武汉)年鉴│2015

表2　2015年中国地质大学(武汉)各民主党派负责人

党派名称	姓名	职称	职务	所在单位
中国国民党革命委员会	倪晓阳	主委	副教授	工程学院
中国民主同盟	刘修国	主委	教授	信息工程学院
中国民主建国会	张　萍	主委	教授	材料与化学学院
中国民主促进会	万军伟	主委	教授	环境学院
中国致公党	吴北平	主委	教授	信息工程学院
九三学社	王龙樟	主委	教授	资源学院

【思想建设】

学校党委高度重视中央统战工作会议精神,学习贯彻《中国共产党统一战线工作条例(试行)》,组织从学校党委理论学习中心组到全校处级干部、学生党支部书记和入党积极分子等各个层面的传达和学习。

协助、组织各民主党派及统战团体、无党派代表人士深入学习贯彻党的十八届四中、五中全会精神、中央统战工作会议精神和全省统战部长会议精神。分管校领导朱勤文在各民主党派、统战团体及无党派代表人士中两次分层次传达中央统战工作会议精神及《中国共产党统一战线工作条例(试行)》,统战成员进一步加深对统一战线重要文件的了解;学校纪检委负责人向党外人士传达党风廉政建设和反腐工作情况。

组织党外教师学习两会精神。支持统战成员参加民主党派中央、省市社会主义学院的各类学习,支持无党派代表人士参加无党派人士理论研修班,支持欧美同学会会员和侨联成员参加省欧美同学会和省侨联举办的培训班。做好少数民族干部和代表人士的培训工作。

【调研工作】

组织无党派人士和各民主党派、统战团体开展纪念抗战70周年暨秭归实习基地"摇篮之旅"教育实践活动,参观宜昌烈士纪念碑,缅怀先烈,增强党外代表人士对地质教育的认识和对野外实践教学的认知。

组织民主党派到国家电子商务示范基地及相关企业实地调研,加强硚口区民主党派与学校民主党派及企业实体的联系,为民主党派关注大学生创新创业这一主题提供调研途径和实践保障。

【组织建设】

协助各民主党派做好组织发展工作,结合各党派做好组织、思想和作风建设,积极引导年轻党外成员,提高他们的政治把握能力、参政议政能力、组织协调能力、合作共事能力。2015年各民主党派共发展新成员6名。

协助党派做好后备干部的培养,加强与湖北省委统战部和武汉市委统战部的联系沟通,推荐2名党外代表人士到洪山区挂职锻炼,实现武汉市党外干部挂职零的突破;建立30人的重点培育人才库。

协助民建支部赴中国科技大学,与民建中国科技大学支部进行"创新创业教育理念与实践模式探索"的调研活动。协助民盟地大委员会组织盟员赴湖南省芷江侗族自治县,参观抗日受降旧址,缅怀革命先烈。

协助学校欧美同学会·留学人员联谊会召开第二次代表大会,完成理事会的换届工作,推选出新一届的理事会成员。完成了全校305名会员的建档工作。

协助侨联做好组织建设工作,推荐学校侨联主席项伟、副主席万沙为湖北省第十次归侨侨眷代表大会新一届委员,推荐万沙为武汉市第十次归侨侨眷代表大会委员,协助侨联完成全校249名归侨侨眷和华人华侨的侨情统计工作。

【双岗建功】

围绕学校重点工作和热点问题,组织好双月座谈会,鼓励党外人士认真履行政治职责,围绕学校的中心工作和改革发展积极献言献策,鼓励党外人士积极参政议政,双岗建功。2015年,民进会员、材料与化学学院副教授沈毅撰写的《建议高度警惕我国石墨产业存在的问题》获中央政治局常委、国务院副总理张高丽同志批示,提案《关于尽快规范我国石墨产业发展,加强石墨资源战略性储备》获2015年民进中央参政议政成果二等奖,本人也被评为湖北省政协信息工作先进个人;民进会员、全国政协委员、地球科学学院教授李长安的两份建议得到湖北省委常委武汉市委书记阮成发、武汉市副市长龙正才、武汉市人大常务副主任胡绪鹍等批示,本人也被民进中央授予"全国先进个人"

称号;民建地大支部和民盟第三总支分别被党派省委会授予先进基层组织荣誉称号等。

【侨务、民族宗教和港澳台工作】

认真落实党的侨务政策,协助省侨联做好老归侨的帮扶工作,协助学校侨联开展各项联谊活动,加强组织凝聚力。加强与湖北省台联的联系,协助相关学院做好学校台籍教师和学生的思想教育工作。

协助欧美同学会会员积极参加湖北省欧美同学会和武汉市欧美同学会的各类活动,选派会员参加由湖北省委统战部和省欧美同学会组织的湖北省第四期留学人员代表人士培训班、参加湖北省委统战部组织的留学人员统战工作建言献策活动、参加中国欧美同学会以民间外交为主题的调研献策活动。

做好新时期民族宗教各项工作,赴新疆、宁夏相关学校,了解当地高校的民族宗教工作机制、大学生民族宗教事务管理、外籍教师及留学生宗教事务管理和民族预科生的教育管理等问题。

【统战理论研究】

承办湖北省高校统战理论研究会第31次年会,学习贯彻中央统战工作会议及第二次全国高校统战工作会议精神,学校荣获"优秀组织奖"及优秀论文一项,并获得2015年度全省统战工作成绩突出单位。

(撰稿:覃晓明;审稿:唐勤)

安全稳定与综合治理

【概况】

2015年，学校认真贯彻党的十八届四中、五中全会精神，全面落实湖北省综合治理工作会议要求，按照湖北省和学校签订责任目标书的目标任务，认真落实安全稳定与综合治理工作责任制，大力推进校园及周边综合治理工作，扎实开展平安校园建设，优化学生学习生活和学校事业发展的周边环境，美化校园环境，减少安全矛盾，得到师生的高度认可。

学校将安全稳定和综合治理（平安建设）工作作为关系事业发展的大事，认真研究、全面部署、狠抓落实。2015年，学校召开综合治理工作会议8次。学校党委常委会议、校务会议先后6次研究安全稳定与综合治理有关事项，及时研究解决学校社会管理综合治理和平安建设的重大问题，对于涉及安全稳定事项的工作优先投入、重点建设、全面保障。

学校将安全稳定和综合治理工作列入学校2015年工作要点，党政主要负责同志高度重视。在全校性的大会上，坚持逢会必讲安全稳定工作，强调工作要求，强调突出事项，克服麻痹大意，防范责任真空。2015年春秋学期开学第1天，学校主要领导带队开展全校性安全大检查。在秋季学期工作布置会上，王焰新校长要求全校各部门深刻汲取"8·12"天津港特别重大火灾爆炸事故教训，一定要责任到位、不存侥幸，一定要检查到位、不留死角，一定要限期整改、挂牌督办，不留隐患。

【安全稳定】

落实校园综合治理工作责任制。学校与各二级单位分别签订《消防安全责任书》和《综合治理责任书》。各二级单位按照"谁主管，谁负责"的原则，落实本单位安全稳定工作的责任领导、责任人员和具体责任，做到守土有责、守土尽责，凡有事故一律追责、问责，形成高效运转的综合治理工作网络。

深入听取师生意见，及时排查化解矛盾问题。学校不断完善矛盾纠纷排查调处工作机制，坚持开展"校领导接待日"（已举办165期），2015年，学校举行6期专题接待，有效化解各类矛盾纠纷。坚持开展"两访两创"活动，做好源头维稳。全年共访谈实验室342个、教室468间、寝室2721间，"访三室"基本实现全覆盖。共访谈新生5842人（含本科生、研究生、留学生）、年轻教师263人、"四难"学生1752人、党外代表人士170人、拔尖人才及学科带头人186人。全校153个教职工党支部与学生党支部"结对子"。开展年度心理状况调查，建立学生心理健康状况动态数据库，全年咨询量达800余人次，危机干预39人次。

持续开展宣传教育，切实提高全校师生的安全意识。学校以《反间谍法》颁布1周年为契机，组织开展国家安全宣传教育活动，通过横幅、展板、电子屏等载体宣传反间谍、保安全,提高师生国家安全意识,发放"反间谍法漫画宣传册"、"反间谍法"书签等宣传品3000份,清理非法宗教宣传120余份。印发《2015级新生入学安全提示》5000份,深入学院组织学生、辅导员开展大型法制安全教育课12次;印发《治安简报》900余份,出台《强化学生安全教育管理"十项"制度措施》(简称"安全十条")。

强化学校安全防范,扎实开展平安校园建设。学校持续加强三防体系建设,全年对安保人员开展9轮培训,累计培训200余人次;严格执行24小时值班巡逻制度,抓获违法犯罪现行27起,32名嫌疑人。调解各类民事纠纷30余起,侦破各类案件10起;全年无重大刑事案件和重大治安灾害事故发生。全年投入75万元对老旧消防设施进行维修保养,增补、更换灭火器7000余具,消防水带400条,应急照明灯、逃生指示牌440处,并对校医院等7处消防栓进行整改。开展消防培训20余次,教授实训实操课程30节,培训师生员工7000余人。分别针对新生和留学生开展组织大型逃生疏散演练2次,参练人数5000余人。

【综合治理】

加大基础设施建设,改造投入力度。全年共投入1.66亿元,先后新建、改造校园基础设施。大力整治校园及周边交通秩序,细化校园交通管理方案,规范车辆(特别是建筑施工车辆)行车路线及通行时间,完善校内道路交通设施、标牌配置,划定停车场地;做好学生(含附校学生、幼儿园)上学、放学,上下课等高峰时段的交通疏导,开放部分教学楼侧门,缓解人流压力,在重点路段实行机动车交通管制,人车分流,保证道路畅通和交通安全。

推进校园及周边环境整治,创建文明校园。学校进一步加大校园及周边环境排查整治工作力度。在春秋两季开学时期和其他重要时段对校园环境、安全隐患的问题开展排查整治行动。对排查出的问题实行台账管理,制定整改方案,明确整改措施和时间节点,落实责任单位,从根本上解决师生员工反应强烈的校内垦地种菜、乱倒垃圾、违规广告、楼道内乱堆乱放等问题。

【校地共建】

学校高度重视与地方政府开展校地共建工作,积极参与开展"校园及周边安全环境整治月"活动。与相关政府部门继续保持了良好的沟通渠道,多形式、多方位争取政府资源对学校建设的支持。

学校坚持向湖北省教育厅、综治委汇报学校综合治理的重点和难点(每学期至少1次),寻求有关单位支持。2015年,学校多次协调湖北省和武汉市公安、交管、城管等单位领导来校专题调研,解决南望山庄挡土墙应急抢修、喻家山庄儿童户外设施建设等问题,学校南区门面拆迁、汉口校区拆迁处置等问题也正在推进。

认真做好校内流动人口、特殊群体的社区管理工作。学校积极支持社区居委会和计生办以"两管、两防"为重点,做好常住人口、重点人口、流动人口管理和出租公私房管理工作。

(撰稿:尚东光;审稿:刘东杰)

信息公开

【概况】

2015年，学校坚持将信息公开工作作为推进依法治校、促进民主办学、履行服务职能、实现社会监督的重要途径，深入贯彻落实《高等学校信息公开办法》的规定，严格按照教育部《信息公开清单》（以下简称《清单》）的要求，牢固树立"以公开为原则，以不公开为例外"的理念，积极推进信息公开工作规范化、制度化发展，充分保障师生民众的知情权、参与权、监督权，更好地服务师员工和社会大众。

健全信息公开制度。在学校制订的规章制度中强化了关于信息公开的要求。在印发的《处级党员领导干部民主生活会管理规定》《教师选聘实施办法》《博士生指导教师遴选办法（修订）》《招标投标监督管理暂行办法》《领导干部经济责任审计实施办法（修订）》《建立健全师德建设长效机制实施办法（试行）》等文件中提出了相关信息公开的要求。

完善信息公开机制。在"信息公开"专题网站设置登陆平台，分配相应的管理权限至各二级单位的信息公开联络人。形成"领导小组负责、信息公开办公室牵头组织、各二级单位分工配合"的工作机制。

通过信息公开促进民主管理。以党代会、教代会、工代会、团代会、学代会作为信息公开的重要渠道，积极动员组织广大师生参与学校民主管理和监督，有效落实师生的知情权、参与权、表达权、监督权，提高依法治校水平。

多种形式进行宣教培训。学校将信息公开工作要求列入年度工作计划，提出明确要求，增强单位负责人的信息公开意识。为了提高相关单位信息公开联络人的工作技能，信息公开办公室对信息公开工作联络员进行了信息公开专题网信息维护的一对一培训。

【主动公开信息情况】

学校始终重视主动公开信息平台的建设，努力构建多样化的信息公开渠道。通过学校主页、信息公开网、二级单位主页、各专题网站公开信息。同时，通过在校内网设置简报信息栏，分类向师生员工公开学校重要决策、决议和改革发展信息。

2015年，学校通过官方主页"地大要闻""通知公告"和"学术动态"栏共发布信息422条；通过"地大之声"网站发布信息1092条、"地大新闻"视频40期；通过学校信息公开网公开信息302条；在信息公开栏张贴公开信息51次。

【《清单》落实情况】

《清单》要求公开的内容全面落实。在学校"信息公开网"开辟专栏逐项落实《清单》要求公开的事项。本学年度，累计公布《清单》事项信息302条，其中基本信息90条，招生考试信息84条，财务、资产及收费信息77条,人事师资信息12条,教学质量信息10条,学生管理服务信息13条,学风建设信息3条,学位、学科信息7条,对外交流与合作信息3条,其他信息3条。

【依申请公开和不予公开情况】

2015年,学校信息公开办公室接到书面信息公开申请1例,信息公开办公室接到申请后,会同相关部门协商研究,提出答复意见,并在规定时间内答复了申请人。

2015年,学校不存在不予公开的情况,也没有因依申请公开信息收取或减免费用的情况。

（撰稿:孙博文;审稿:刘世勇）

学生思想政治教育工作

【概况】

2015年,学生思想政治教育工作以学风建设年为主线,紧扣坚定学生理想信念、促进优良学风建设、增强学生创新创业能力、提高生源和就业质量、拓展学生国际视野5项任务,坚持以党建工作为龙头,以学术创新为载体,进一步提升思想政治教育与管理服务工作科学化水平,为不断提高学术培养质量提供强有力的思想保证。

【践行社会主义核心价值观】

组织广大学生深入学习和贯彻党的十八大和十八届三中、四中、五中全会精神及习近平总书记系列重要讲话精神,强化学生对中国特色社会主义的道路自信、理论自信、制度自信,坚定学生理想信念。充分发挥"党徽照我行——支部引领"工程的载体作用,印发《"党徽照我行——支部引领"工程指导手册》,举办第七届支部书记风采大赛,全年新一轮立项503个,其中班级立项429个,支部立项74个,81%的班级都参与到工程立项的建设中。

制定《纪念中国人民抗日战争暨世界反法西斯战争胜利70周年活动方案》,组织学生观看9·3阅兵、参观省博展览、开展学生座谈会、调查思想状况、举办专题讲座、组织师生到市民之家参加"百万大学生看武汉"活动。

做好学生党员教育、管理、服务工作,评出10个"十佳学生党支部"、18个"优秀学生党支部"、10名"十佳学生党员"、101名"优秀学生党员",召开纪念建党94周年暨学生党建工作总结表彰大会,并将先进事迹在全校广为展示宣传,发挥示范作用。

开展"我的中国梦"主题教育活动,以党团组织生活、形势政策课、学术讲座、专题晚会等活动为载体,广泛组织学生开展"中国梦"主题学习研讨,举办"党员政治纪律和政治规矩"主题征文活动。开展"我身边的榜样"主题教育活动,依托橱窗、报刊、微信、大型典礼等渠道,充分发挥先进典型榜样示范作用。全年共评选出研究生先进个人1335名、研究生先进集体20个。学术创新标兵、2016届毕业生方堃被评为湖北省第二届"长江学子";2015级研究生钱瑞被评为"中国好人"，其"割肝救母"的至孝行为感动大众；2014级研究生龚建鹏被评为"品德高尚、关爱同学"的优秀研究生，在全校研究生中开展向以上3位同学学习的活动。

【网络思想政治教育】

成立舆情监测专项小组，实行24小时舆情监测。搭建以中国地质大学（武汉）吧、侏罗纪BBS论坛、地大人等网络平台为导向的网络舆情监测中心，开展舆情监测、舆情分类、舆情分析、舆情报送等工作，并于每周五形成舆情简报。

加强新媒体建设，构建以网站为基础，以微信、微博、电子屏、QQ空间等为补充的层级式网络宣传架构，依照流程化服务标准进行管理，及时更新相关信息，办理在线业务咨询，年度累计在线服务万余次。

加强"大学生在线""地大黄页"建设，开展《地大学工》刊发和网络舆情监控及上报等工作。"地大人"微信粉丝量达到27 143人，微信活跃度7/7（以周计算），累计推送各类资讯1500余篇；地大人空间全年推送各类消息2000余条，日访问量5000余人次，总访问量超过130万人次；地大人CUG微博粉丝量达3734人，发布各类消息2731条；地大侏罗纪BBS微博粉丝量达3688人，累计发布各类消息4216条。

【研究生党建】

组织研究生开展"示范党支部"创建活动，启动"研究生示范党支部建设工程"。2015年，全校共有研究生党员3108名，研究生党支部196个，党员比例为44.9%。第1期研究生示范党支部创建活动共有100个研究生党支部参加，编印党员学习教育资料4期，开设研究生示范支部创建活动专题网页，及时刊发创建活动系列报道27期，各学院还分别召开研究生党支部书记及支部委员培训班。在活动中期召开全校研究生党支部书记工作经验交流会、研究生"示范党支部建设工程"推进会，第1批共授予24个研究生党支部为"研究生示范党支部"，发挥示范党支部辐射作用。

加强研究生骨干的培训力度，全年共举办研究生骨干培训班4期；选派校研究生会主席祝赫参加中国大学生骨干培养学校第八期培训班结业典礼；举行校级研究生学生组织负责人述职大会，完成校研究生会及社团的换届工作。

【心理健康教育】

扎实做好危机干预工作，大学生咨询中心全年咨询924人次、304人，咨询量逐年上升。面向大一新生开设"心理学与自我成长"课程，共51个教学班，35名教师参加教学，并邀请优秀青年教师上示范课，提高教学效果。其中，对7个教学班564名学生开展随堂调查，总体满意率达到90.46%。全年大学生咨询中心直接参与处理危机干预事件37人（部分学生是反复处理）。坚持每月召开一次例会布置本月的工作，加强中心专职老师和学院联络员的沟通交流。组织开办近三年新进辅导员心理健康教育培训班，邀请知名学者、心理健康教育中心主任来校讲学。选派11位辅导员参加华中师范大学、教育部全国高校辅导员骨干培训班学习。积极参与"东方之星"客轮翻沉心理辅导工作,受到湖北省高校工委、湖北省教育厅的表彰。

开展"成长与发展"主题班会,编印以职业生涯规划、心理健康教育、学业规划为主要内容的《大学生成长与发展班级主题活动手册》;全年开展心理讲座20场(含对学生干部的培训),心理沙龙活动(16场),举办"5·25"心理健康月。认真做好心理状况调查工作,进一步优化量表,对2015级、2014级、2013级在校学生进行心理普查与访谈,施测率达到96.33%,为近四年最高。同时,随机抽取10个学院的1910名学生,围绕心理压力、学业信心、择业信心3个主题开展专项心理状况调查。

完善研究生、导师、学院、学校立体监控服务网络体系和"及时预防、及时疏导、有效干预、快速控制"的心理工作机制。坚持开放研究生咨询室,每周一至周五由专家免费提供咨询服务,新增职业生涯规划咨询服务,聘请专业老师为研究生一对一答疑解惑,共有122人次研究生做咨询,主要是学业压力、生活适应和情感问题等。组织2000余名2015级研究生参加心理普查,对60名重点对象进行跟踪访谈;开展"5·25心理健康月"主题活动,提高研究生对自我心理健康的关注度;举办5场"压力管理放松训练"和"压力管理想象练习"的心理沙龙及团体辅导;邀请8位心理学专家开展题为"卡尔·荣格的理论和中国哲学思想—东西方思想的相遇""心理咨询与干预中的伦理与法律问题""共识质化研究方法""潜意识对亲密关系的影响""致—彩旗下的爱"等心理健康

系列讲座;举办3场心理学电影赏析活动。处理地球物理与空间信息学院、资源学院、环境学院、珠宝学院的4起危机干预事件,并做好重点人群的预防监测工作 。

【奖励与资助】

2015年,共认定家庭经济困难学生6031人,占在校生人数33.36%;审核发放各类奖助项目42 020人次,涉及金额5874.598万元。全年评审奖学金、助学金61项,奖助7094人次,资助2100.99万元。办理助学贷款2838人次,发放1895.86万元;安排勤工助学岗位2148人次,发放勤工助学工资226.2万元;受理基层就业及义务征兵的学费补偿申请材料302份,申请金额628.93万元;办理代偿退费1349人次,退费911.9万元;其他资助20 455人次,发放355.32万元。持续推进发展型资助,强化资助育人功能,发放院级英才工程资助计划12 043人次,发放金额893.5万元;组织"双百励志圆梦行动"暑期走访家庭经济困难学生169户,3个学生团队被评为校级社会实践优秀团队,3名优秀老师被评为了校级优秀工作者。授予689名同学校级优秀学生标兵,641名校级优秀学生,259名校级优秀学生干部,338名校级优秀个人单项荣誉称号。

2015年,共有174名研究生获得国家奖学金,发放国家奖学金402万元;为研究生发放研究生助学金4230万元和"三助"酬金4000万元;发放各类专项奖学金47.3万元。

【研究生学术和文化活动】

加强学风建设,确定每年9月份为研究生科学道德与学风建设教育月,邀请国内知

名学者和科学家来校作学术道德和学术诚信教育专题报告。2015年，组织研究生听取著名科学家欧阳自远院士关于"地外生命的探寻"、杨卫院士关于"为学有道，为人有德"、王焰新校长关于"环境问题、创新机遇与青年责任"等主题报告会。

重视学术实践，积极组织研究生参加学术竞赛、学术实践等活动。在全校范围内选拔数十支研究生学术团队参加全国研究生数学建模竞赛、全国研究生机器人足球赛、计算机仿真大赛、电子设计大赛、中国石油工程设计大赛、全国研究生石油装备创新设计大赛等学科竞赛活动，约50名研究生分获各类全国竞赛一、二、三等奖。组织13支研究生团队参加第十二届全国研究生数学建模竞赛，共有5支队伍获三等奖，1支队伍获二等奖，1支队伍获一等奖，其他6支队伍获得参赛奖。

以学术交流活动与学术竞赛活动为载体，引导学生追求学术卓越。全年举办"博士论坛"、"良师益友论坛"、研究生英语口语大赛、研究生英语演讲比赛及研究生科技报告会等各类学术交流活动数10场，近5000多人次研究生参与。在全校范围内组织开展2014—2015年度研究生先进集体和先进个人评选表彰活动，全年评选出2014—2015学年度研究生先进集体20个，优秀研究生标兵10人，优秀研究生300人，优秀研究生干部309人，研究生单项优秀591人。

发挥校园文化活动的教育功能，开展运动会、文艺晚会、心理健康知识教育等活动。2015年5月，举办第八届研究生运动会，运动项目全部是自主设计的集体趣味性项目，全校半数以上研究生参加；6月，举办"万语千'研'难说再见"研究生毕业晚会；10月，举办新生杯篮球赛和研究生十佳歌手大赛；全年通过网络、研究生报、《研究生教育》校内刊物、橱窗等刊登和宣传优秀研究生及导师的事迹的文章90多篇，推动研究生校园文化发展，营造健康有益、积极向上的校园文化氛围。

【辅导员队伍建设】

印发《中国地质大学（武汉）辅导员队伍建设办法（试行）》《中国地质大学（武汉）辅导员队伍建设规划纲要（2015—2020年）》《中国地质大学（武汉）辅导员年度考核办法》等文件，进一步完善队伍建设制度体系。严把人员选聘的"入口"关，优化队伍结构，配足、配强一线辅导员。进一步完善辅导员培训培养体系，全年共选派64人次参加教育部、省教育厅主办的各类培训和研讨活动，组织校内专题培训6期和新进辅导员岗位技能系列培训；45名辅导员参加职业生涯规划教学TTT－2（职场篇）的培训；21个学院（课部、部门）参加第二期全国高校辅导员专题网络培训；组织兼职辅导员的选聘、培养及管理工作。

继续加强辅导员科研能力和典型选树工作。邀请学校储祖旺教授、李祖超教授、曹桂华教授等专家为辅导员做科研能力培训讲座；认真组织了教育部思政专项申报和新进辅导员中央高校基金新青年项目申报；评选并资助培育14项校内辅导员工作精品项目，并推荐全国辅导员工作精品项目2

项、全国高校辅导员优秀论文评选推荐3篇（其中环境学院辅导员杨雪的论文获评一等奖）。计算机学院辅导员刘佳的1篇论文和学生工作处王林清主编的1部著作荣获全国高校学生工作优秀学术成果特等奖。组织评选学校"十佳辅导员"，开辟"地大辅导员"栏目对优秀辅导员先进事迹进行采写并积极宣传。

（撰稿：高艳丽、候建湘、朱继、徐伟、张丹丹；审稿：喻芒清、张建和、陈慧）

共青团工作

【概况】

2015年，学校团委紧紧围绕学校发展目标和育人中心工作，坚持以党建带团建，以激发青年学生自主为目标导向，不断完善大学生自育体系建设，以思想政治引领、创新创业教育、文化素养培育、自育体系建设为重点，着力传递青春正能量，服务团员青年成长成才。

一是强化思想政治引领，筑牢青年学生思想高地。积极开展学习宣传贯彻习近平总书记系列重要讲话精神的"四进四信"主题教育活动。持续打造"与信仰对话"报告会等思想政治引领品牌活动。贯彻落实团支部"活力提升"工程，做好"青年马克思主义者培养工程"相关工作。二是推进创新创业教育，激

发青年学生创新潜力。指导大学生科学技术协会，开展大学生创新创业普及型教育实践活动。专业型学院特色科技活动目前已经形成遍地开花的态势。以"挑战杯"为龙头，积极组织学生参加高级别科技竞赛活动。三是培育文化素养，服务青年学生全面成长。原创话剧《大地之光》在武汉和西安公演，原创服装秀《丝路新语》亮相央视"五月的鲜花"主题晚会，原创情景剧《北京，不会震》在人民大会堂演出，教育部大学生网络文化工作室成功获批，积极探索"青年文化旅行社"的建设和发展。四是整合实践平台，提高育人资源供给能力。进一步丰富社会实践内容，在实践中增长才干；进一步整合志愿服务队伍，在优化中打造精品；进一步助力多项重大赛事，在奉献中创造佳绩。五是重视宣传信调，主动贴近青年、了解青年。建设第四纪传媒，探索团学工作网络新媒体战略转型；关注学生思想动态，维护校园安全稳定。六是加强团委自身建设。坚持以党建带团建，团委工作开展自觉服从和服务于学校的建设发展。认真做好"五月的鲜花"五四评优相关工作。加强对学生组织的指导，推动学生民主参与学校治理。

【主题教育活动】

2015年，承办"与信仰对话"全国重点报告会1场，举办"与信仰对话"报告会8场，覆盖5000余人。承接团中央"奋斗的青春最美丽"系列报告会1次，举办校级分享会8次，邀请全国向上向善好青年代表来校与学生分享交流人生感悟，累计参与听讲人数超过3000人。

【创新创业教育】

以"挑战杯"为龙头,扎实开展创新创业教育。在第十四届"挑战杯"全国大学生课外学术科技作品竞赛中,获得二等奖1项、三等奖5项,学校荣获"全国高校优秀组织奖"。在湖北省第十届"挑战杯"大学生课外学术课外作品竞赛中,获得特等奖1项、一等奖3项、二等奖7项、三等奖1项,学校荣获"优胜杯"。

积极配合大学生创新创业教育中心工作,建立大学生创业团队台账,创业交流QQ、微信等交流平台,充分联络、挖掘和利用社会资源,为大学生创业解决实际困难。"中地大科创咖啡"获批国家级创新型孵化器,且先后获批东湖高新区众创空间、湖北省众创空间以及全国首批众创空间。

【学生发展服务】

认真指导学生会,在5次校领导接待日中学生共提出132个问题,当场解决或由权益服务部跟进解决的有116个,暂未解决的有16个。支持学生会、研究生会、社团联合会等学生组织按照各自的章程自主开展工作,重点打造好校领导接待日、"最受学生欢迎的老师"评选等服务品牌与活动。积极拓展国际视野,2015年8月3日至8日,选派学生会3名主要学生骨干赴马来西亚泰莱大学参加"2015亚太学生领袖峰会";10月,校团委和学生会作为主要承办单位组织"丝路青年领袖论坛",来自国内外16个高校的青年学生骨干和来自世界各地的青年地球科学家共计60余人参与论坛交流。

（撰稿:胡肖、朱荆萨、姜明敏;审稿:龙眉）

工会与教职工代表大会

【概况】

2015年,校工会深入学习贯彻党的十八大、十八届四中、五中全会和习近平总书记系列讲话精神,紧紧围绕学校中心工作,认真履行"参与、维护、教育、建设"四项职能,坚持服务学校改革发展、服务教职工群众,积极参与民主管理,切实维护教职工合法权益,加强自身队伍建设,扎实推进各项工作,不断增强工会组织的吸引力和凝聚力,团结和动员广大教职工为提升学校核心竞争力和综合办学水平争创业绩,为促进学校改革发展发挥作用。

【第八届教职工代表大会暨第十七届工会会员代表大会第二次会议】

2015年5月13日至16日,学校召开第八届教职工代表大会第二次会议暨第十七届工会会员代表大会第二次会议"。会议的主题为《立足国际视野 坚持一流标准 加快推进高水平大学建设》,共有270余名教职工代表参加此次大会。代表分别听取了《立足国际视野 坚持一流标准 加快推进高水平大学建设》的校长工作报告和《凝心聚力 务实创新 努力服务学校改革发展事业》的工会工作报告;学校财务工作报告和学校人才工作报告。

2015年5月19日，在学校第八届二次教代会暨十七届二次工代会闭幕大会上，代表听取了各代表团讨论意见汇总报告和八届一次教代会提案工作报告。会议通过了"关于校长工作报告的意见""关于通过工会工作报告的决议"。围绕大会主题，地球科学学院院长郑建平、自动化学院院长吴敏、国际教育学院院长马昌前和生物地质与环境地质国家重点实验室责任主任童金南4位老师作了大会交流发言；代表听取了八届一次教代会提案工作报告。会上表彰了第八届一次教代会提案工作先进集体、优秀提案和2013—2014年度校工会工作先进集体。

【教代会工作】

坚持落实教代会制度，积极推进民主政治体系建设，在落实教代会制度、履行教代会职权等方面下功夫。2015年，学校召开"两代会"，发挥教代会的作用，进一步增强学校各项决策的民主性、科学性与执行力。同时，二级教代会规范有序。二级教代会是院务公开的重要方式之一，不断规范二级教代会召开程序和内容，落实二级教代会职权，听取审议学院重大改革方案和重要制度已成为二级教代会的常规内容，学校二级教代会召开率达97%。

重视教代会提案工作，规范做好提案工作。2015年，学校首次在办公网发布《关于征集学校第八届教职工代表大会第二次会议提案的通知》。教代会代表共提交提案67份，比去年增加4份。经过提案工作委员会认真审核，最终立案62份，其他5份提案作为建议转发给相关单位。提案委员会经过认真分类、精心梳理，编印《八届二次教代会提案汇编》，提案答复满意率达到97%。

在教代会闭会期间，教代会执委会履行职责，共召开两次扩大会议。2015年4月10日，召开"中国地质大学(武汉)第八届教代会执委会2015年第一次扩大会议"。会议听取、审议由科技成果转移转化管理改革领导常务副组长、副校长王华所作的《关于提高科技成果转化时对成果完成人奖励比例》的报告和人事处处长张宏飞所作的《中国地质大学(武汉)岗位设置管理实施方案(2015年修订版)》的报告。会议审议通过第八届教代会执委会2015年第一次扩大会议关于通过《中国地质大学(武汉)岗位设置管理实施方案(2015年修订版)》的决议和《关于提高科技成果转化时对成果完成人奖励比例的提议》的决议。2015年12月31日，召开第八届教代会执委会2015年第二次扩大会议暨2015年校工会与校行政联席会。会议听取国际合作处处长马昌前作的题为《关于中国地质大学国际校区暨中约大学中国校区筹建方案》报告及资源学院院长解习农作的题为《成立海洋学院的可行性论证》报告。会议审议通过《关于中国地质大学国际校区暨中约大学中国校区筹建方案》的决议。在联席会上，学校工会常务副主席高芸汇报校工会2015年主要工作，与会的工会委员、分工会主席就人才培养、留学生管理、职称评定、基础设施建设、教职工意见落实等教职工普遍关心的问题提出意见和建议。

【民生工作】

着重做好学校教职工服务工作。2015

中国地质大学(武汉)年鉴2015

年,学校启动大病互助基金的申请与评审工作。按照《中国地质大学（武汉）教职工重大疾病互助基金管理办法（试行）》精神,教职工重大疾病互助基金管理委员会积极开展工作,召开专题会议,研究2015年度教职工重大疾病互助基金补助方案及基金管理相关事宜,确定大病互助基金补助的构成、补助对象、使用原则和交纳方式。约有3500名教职工加入互助基金,互助基金累积金额为127万余元。经过基金委员会的精心组织和严格审核,共有44名患重大疾病的教职工获得资助,总资助金额70万元,个人资助最高额度达45 000元。

关心单身青年教职工婚姻大事,为单身青年教职工的交友搭建平台。2015年4月25日至26日,在湖北省教育工会的支持下,学校联合武汉大学、华中科技大学等周边13家单位在赤壁三国古城举办由湖北省教育工会主办、学校工会承办、11个高校及企事单位参与的第四届"南望山之恋"相亲会,主题为"三国古城会男神,赤壁水岸定终身",160余名单身青年通过素质拓展、趣味活动、帐篷约会和晚会速配等方式进行交流。

坚持开展送温暖活动,在五一劳动节慰问模范、教师节看望杰出人才和一线教师,春节慰问工作在一线职工和特别困难及重病住院职工,暑期开展实习基地慰问工作。全年慰问劳动模范、杰出人才和困难教职工50余人次。

【教职工文体活动】

坚持并完善教职工社团的"一体两翼"的文体工作格局,不断丰富教职工业余文化生活。依托校工会和分工会、教职工社团

"一体两翼"的格局,精心策划大型群众性文体活动。2015年,共开展纪念抗日战争胜利七十周年文艺展演活动、拖拉机比赛、乒乓球比赛、运动会、篮球联赛、定向越野比赛等12项大型文化、体育活动。分工会和教职工社团也陆续开展内容丰富、各具特色的活动,如乒乓球协会、棋协等组织积极开展对外交流活动,以及开展冬季健身月活动。在全国棋类协会组织的洪山区象棋比赛中荣获团体第三名、个人第四名和第六名,并获精神文明代表队。校工会选送的《地质·梦·家园》节目在全省高校第六届"教职工杯"文艺汇演中获得二等奖。

【教职工教育】

加强教职工尤其是青年教职工教育,开展师德师风建设。2015年4月7日至9日,联合开展青年学者"南方行"活动,带领青科协6名青年骨干学者前往南方科技大学、华南理工大学、广州海洋地质调查局等知名高校和企事业单位的国家重点实验室和企业平台进行参观,并与杰出青年进行交流。2015年7月8日至11日,联合组织首届非地学专业优秀青年教师周口店"摇篮之旅"教育实践活动,共有21名非地学青年教师参加,安排实习站发展历史介绍和标本陈列馆参观、地质基础知识科普讲座、野外地质路线考察、青年教师教学与科研能力提升系列讲座和校歌教唱等活动。同时,还联合开展首届青年教师论文征集活动,向湖北青年教师发展论坛推荐5篇文章,其中有4篇入选《湖北青年教师发展论坛论文集（2015）》,1篇文章作为大会交流发言稿。

关爱青年教职工的生活，关心青年教职工的成长成才。为帮助、引导新进教职工尽快地融入学校、增进对学校的认同和感情，组织开展新进教职工"认家"联心联谊活动，200余名近三年新进教职工参加此次活动。

在学校师德师风道德模范评选表彰活动的基础上推荐老师参与湖北省十佳师德标兵和师德先进个人评选活动，学校环境学院王红梅老师被湖北省教育厅、湖北省教育工会授予2015年"湖北省师德先进个人"。2015年1月，校工会被中共湖北省委高等学校工作委员会、湖北省教育厅和湖北省教育工作委员会授予"湖北省高校教职工代表大会五星级"单位。2015年3月，校工会女职工委员会获得湖北省工会2014年度工会工作创新奖。

（撰稿：郭琬云；审稿：高芸）

离退休工作

【概况】

2015年，离退休工作以"让党放心、让老同志满意"为标准，做好离退休工作，发挥围绕中心、服务大局的作用。截至2015年12月，全校共有离退休教职工1611人，主要分布在北京、武昌、汉口社区三地，其中，离休干部35人，退休教职工1576人。

【学习教育活动】

按照"三严三实"要求，以主题报告、支部组织生活、年度"一校三地"校情通报、老干部阅文、板报宣传、参观访问等形式推进学习型党组织建设。全年组织党支部生活会7次，举办"两会精神解读"等专题报告2场，出宣传专刊7期，编印党员学习资料7期。组织离退休党员参加"新形势下学校党支部建设研究"课题问卷调查。

以"结对领航，让党旗更光辉"结对子活动为载体，鼓励引导老同志面向大学生讲好中国革命故事、中国改革故事、中国发展故事、家乡和身边故事，指导学生班级和支部建设、开展思想政治教育、帮扶学习困难学生、指导学生科学研究等。

【老年人协会换届】

依据校老年人协会章程，结合老同志工作的特点，圆满完成新一届老年人协会换届选举大会的各项议程，选配一批威信高、经验丰富、服务意识好、乐于奉献的老同志充实到新一届老年协会，顺利实现新老班子工作交接。

【老同志服务工作】

一是推进养老工作，为学校老同志编辑《武汉市老年人养护机构指南》；组织大学生志愿者在课余时间入户帮助12户高龄、空巢家庭。二是解决老同志难题，分5批为500多名老同志办理薪金卡；帮助23名北京集体户口老同志完成了户籍迁汉工作。三是坚持常规工作。全年探视病号260多人次，上门慰问300多人次，办理丧事25人，发放困难家庭、寿庆、节庆慰问费11万多元；为48名老同志办理老年优待证，组织高知高干体检301人，普检510人，妇检516人，为离休干部和特殊困难的退休职工借款120多万元，为离休干部和住外地退休人员报销医药费90多万元。全年受理来信来访350多人次。为16名高龄、失能、特困老同志送去组织的关怀。四是老年活动中心条件进一步改善，购置1台按摩机、更新1台洗衣机、1台饮水机，安装3台小厨宝，添置3对话筒，制作1个花架，维修4张台球桌。

动员老同志积极支持学校改革发展，配合学校完成红房区27户老同志的房屋腾退和搬迁过渡，以及房改房182户入户调查工作。

全年共举办学习兴趣班11个；组织608名老同志参加春季运动会，725名老同志参加秋季运动会，138名老同志参加园博园秋季户外活动。

举办离退休老同志书画影艺诗词展和湖北省高校老同志纪念抗战胜利70周年大合唱，展览共展出107名老同志创作的109件作品，大合唱有17所高校和2个团体的老年合唱团参加，1200多名老同志演出19个节目。

【关心下一代工作】

依托特邀党建组织员、教学督导员、心理咨询员、课外辅导员、思想教育宣传员等工作队伍，以结对领航、老少互爱、人生导航等形式面向青少年开展以弘扬践行社会主义核心价值体系为主要内容的教育活动，助力青少年健康成长，为学校立德树人释放正能量。特邀党建组织员上党课6次，审阅入党材料720份，与党员发展对象谈话720人，占发展总人数的58.5%。本科教学督导员听课160次，检查毕业生论文答辩511人，抽查毕业论文189份；研究生教学督导员听课480次，督导监考120次，参加论文开题、答辩120次，招生面试180人；参与考核各学院新进教师36人次，共考核78人；学生心理咨询员全年接待学生咨询270人次。上报5位老同志"好故事"材料；开展安全周护航、老少结对办展览、老教授讲校史、老干部讲抗战故事等4次活动。校关工委和附校关工委分会被评为全省关心下一代工作先进集体。

（撰稿：童宇；审稿：陈文武）

妇委会工作

【概况】

按照学校和湖北省省妇联的统一部署，认真履行工作职能，发挥妇女组织桥梁纽带作用，在依法维护广大妇女权益、和谐校园建设、女性问题研究等方面积极开展工作。

发布《中国地质大学（武汉）妇女委员会2015年工作要点》，充分发挥校工会女职工委员会、校老年人协会妇女小组、校学生会女生部、校研究生会女生部等工作小组的作用。把学习、宣传、贯彻中央和省委党的群团工作会议精神作为首要政治任务，学校党委副书记、校妇女委员会主任朱勤文同志宣讲了《中共中央关于关于加强和改进党的群团工作的意见》精神。结合"三严三实"专题教育活动，校妇女委员会联合学校纪律检查委员会发布"给全校领导干部家属的一封信"，引导女教职工干部准确把握保持和增强"三性"（政治性、先进性、群众性）。2015年3月，校工会女职工委员会获得湖北省工会"先进女职工组织"奖。

【庆祝三八国际劳动妇女节系列活动】

发布"关于2015年开展庆三八国际劳动妇女节系列活动的通知"，举办庆祝"三八"国际劳动妇女节105周年座谈会，展示学校优秀女性的风采和业绩，充分发挥杰出女性对广大妇女的示范引领作用，充分发挥女性先进典型的榜样力量。

【维护妇女特殊权益】

关爱女教职工身体健康，坚持实施"送健康工程"。2015年为全校1250余名女教职工购买女性重大疾病安康保险，并为3名女教职工办理女性重大疾病保险赔付手续。继续督促落实妇女特殊劳动保护费，看望慰问离退休和在职妇女约50余人。

做好女教职工的预防体检工作，与相关部门共同为全校女教职工1890余人安排妇科体检。同时，针对学校妇科体检经费偏低、体检项目不完善的状况，校妇委会对部分在鄂部属高校的妇科体检项目和经费情况进行调研，并与校工会女职工委员会、校医院共同提交申请提高妇科体检经费报告，调整2015年的妇科体检项目。

为加强妇女维权意识和拓宽教育学习条件，积极开展讲座活动。2015年10月至11月，聘请武汉大学倪素香教授团队来校为学生首开"性别意识与社会"公选课，共100多名学生选课。2015年12月16日，联合举办妇女维权知识讲座，即"法律走进生活——妇女婚姻家庭权益保护讲座"，增强学校妇女法律意识和法治观念。

【妇女工作研究】

加强妇女理论研究，提升服务妇女的能力和水平。2015年10月，组织参加湖北省妇联第二届湖北高校性别平等论坛，论坛吸纳学校提交的两篇论文，其中论文《管理者发展状况与对策研究报告》获得此次论坛及湖北省妇联主席彭丽敏的赞扬，论文《和谐家庭的构造：一种哲学的解读》成为大会交流报告。2015年4月30日，组织召开学校妇女委员会第一批调研课题结题汇报暨"追求学术卓越，巾帼岗位建功"主题座谈会，会上第一批调研课题结题汇报。

（撰稿：郭琬云；审稿：高芸）

中国地质大学（武汉）年鉴 | 2015

校园文化建设

校园文化

【概况】

根据《"十二五"大学文化建设行动计划》（地大发[2012]24号）要求，充分发挥文化育人功能，继续深入推进精神文化、学术文化、摇篮文化、网络文化、廉政文化、地学文化、体育文化、社区文化八大文化工程建设。构建了党委统一领导、党政共同负责、党政工团齐抓共管、宣传部组织协调、广大师生员工积极参与的文化工作格局。多种文化群团组织应运而生，丰富多彩的文化活动有序开展，文化人的文化氛围日益浓厚，文化育人体制机制常态化、常效化。学校重点推出了一批高质量、高水平、创新性的制度成果、实践成果和理论成果，打造了一批彰显学校办学特色、社会影响力强的大学文化品牌和精品，兴建一批特色鲜明、环境宜人的文化景观。

【传统媒体与新媒体融合发展】

出台《校园新媒体建设管理暂行办法》（地大党办发[2015]16号），严格遵守国家相关法律法规，坚守网络空间的"七条底线"，遵守学校各项规章制度，根据"谁主办、谁负责"原则管理。按照"一流校园媒体的标准"，加强校报、电视、广播、图片、网络等文化阵地建设，推进微博、微信、客户端APP等"两微一端"网络文化新平台的建设。地大之声网在湖北省高校网络文化建设优秀成果评选中被评为湖北省"高校十佳综合性网站"和"最佳新闻宣传奖"。

【加强文化建设阵地】

按照"谁主办、谁负责，谁使用、谁管理"原则，加强各级各类网站、出版物、论坛、讲座、印刷品、报刊、宣传栏等阵地的管理，不断提升学校宣传思想文化工作的科学化水平。同时，充分发挥博物馆、图书馆、档案馆、校史馆、孔子学院等文化育人和文化传播功能，开展主题教育、理论研讨、社会实践、文艺体育等活动，扩展文化建设的深度和广度。为纪念中国人民抗日战争暨世界反法西斯战争胜利70周年，9月26日在西区弘毅堂分两场放映电影故事片《百团大战》，全校3000多名师生观看了影片。重视发挥博物馆传承文明、弘扬文化、资政育人的功能，申报的"中国自然灾害发展趋势及自救逃生方略系列讲座及科普活动"在"礼敬中华优秀传统文化"系列活动成果交流会暨全国高校博物馆育人联盟第三次会员大会上，获全国高校博物馆育人联盟优秀育人项目评选特等奖。

【注重文化精品活动建设】

《大地之光》获2015年度教育部高校校园文化建设优秀成果一等奖。2015年，学校申报的"演绎科学大师人生 弘扬科学大师精神——倾力打造校园文化精品《大地之光》"荣获第八届全国高校校园文化建设优秀成果一等奖。该成果从聚焦科学大师精神内涵，倾力打造校园文化精品；遵循艺术育人规律，排演话剧《大地之光》；传承弘扬科学大师崇高精神，涵养社会主义核心价值观等方面对学校如何让青年学生和社会公众更好地了解科学前辈、感知和体悟其崇高品格、传承和弘扬科学精神进行了阐释。此外，4月28日，经过连续三天的专场演出，由中国科协发起的科学家主题宣传活动"共和国的脊梁——科学大师名校宣传工程"之《大地之光》在陕西师范大学的专场汇演落下帷幕。

原创情景剧《北京，不会震》在人民大会堂上演。9月25日、26日晚，"共和国的脊梁"专题节目在北京人民大会堂大礼堂上演，学校倾情演出原创情景剧《北京，不会震！》。该剧节选自学校原创话剧《大地之光》，并在原剧的基础上进行了进一步的创作，讲述了邢台地震后，面对周恩来总理的重大关切，李四光先生经过论证，坚定地告诉总理"北京，不会震！"，展现了李四光先生严谨的科学精神，塑造了一个追求真理、勇于担当、爱国奉献的科学大师形象。十二届全国政协副主席、科技部部长万钢，十一届全国人大常委会副委员长陈至立，中国科协党组书记、常务副主席、书记处第一书记尚勇，中国工程院院长周济等主办单位负责人，学校党委书记郝翔、党委副书记傅安洲、李曙光、王成善院士观看演出。10月1日20:55，中央电视台综艺频道（CCTV－3）播出了此专题节目。

【"一院一品"文化品牌活动持续继续开展】

持续开展"一院一品"校园文化活动，加强文化品牌示范引领作用。先后培育出地学文化节、"赛恩师·Science"、"寻找李四光·卓越地质工程师"、工程文化节、环境文化节、珠宝文化节、数理文化系列活动季，"身边的化学"展演、机器人大赛、研究生学术文化节、民族文化节、震旦讲坛人文讲座等一批文化品牌。学校还加大对各院系已形成的文化品牌宣传力度，加强对特色文化活动的培育扶持。加强先进典型单位、集体和个人的宣传，发现并挖掘先进典型的感人故事，用先进典型事迹感化师生心灵。

【文化建设成果丰硕】

八大校园文化建设工程取得的丰硕成

果得到了中央、地方等社会媒体的广泛关注。10月9日，《光明日报》刊登校党委书记郝翔署名文章《以法治文化助推高校治理能力现代化》。5月26日，《光明日报》刊登校长王焰新署名文章《"一带一路"战略引领高等教育国际化》。1月26日，《光明日报》刊登《思想政治教育与政治认同》。2月5日，《光明日报》刊登《开拓新型城镇化生态文明发展道路》。7月10日，《光明日报》刊登《怎样唤醒沉睡的资源——中国地质大学（武汉）地质调查研究院创新人才培养纪实》。8月12日，《光明日报》刊登《"四个全面"战略布局的四维向度》《"一带一路"提速高等教育国际化》。8月21日，《光明日报》刊登《抗日战争时期党的思想政治工作的经验与启示》。9月24日，《光明日报》刊登《扮演李四光不会演技就用真情》《科学魂照亮校园夜空——"科学大师名校宣传工程"纪实》。11月3日，《光明日报》刊登《生态文明建设应追求法治红利》。5月4日，由珠宝学院学生原创设计制作的服饰、原创作品《丝路新语》"五月的鲜花"在央视舞台上美丽绽放，向全国亿万观众、全国广大青年展示了学校青年学子的风采。

【培育师生先进典型】

注重发挥先进师生典型的模范作用和示范效应。地球物理与空间信息学院地质工程专业2015级硕士研究生钱瑞，现担任1041503班班长。2015年4月，因母亲身患重病，他献出自己60%的肝脏移植到母亲体内，挽救了母亲的生命。这一事迹获得了社会各界以及媒体的广泛关注和报道。2015年6月，在湖北省委宣传部、省文明办组织开展的"荆楚楷模"评选活动中获评"孝亲榜"上榜人物，同时获评"湖北好人"之"孝老爱亲好人"，7月荣登中央文明办组织评选的"中国好人榜"。资源学院矿产普查与勘探专业硕士研究生龚建鹏于2015年7月1日在青海省西宁市循化县清水乡阿么叉山进行野外实习时，为了搜寻和营救滞留于山顶失去联系的同学不幸意外跌落山崖，献出了年轻的生命，年仅24岁。龚建鹏品学兼优、尊敬老师、关心同学，积极要求上进，努力践行社会主义核心价值观，体现了当代青年大学生自立自强、求实奋进、乐于吃苦、勇于担当、甘于奉献的优秀品质。学校追授龚建鹏"'品德高尚、关爱同学'优秀研究生"荣誉称号，并号召全校师生学习他信念坚定、甘于奉献的高尚情操；学习他关爱他人、舍己为人的优秀品质；学习他不畏艰苦、勇于实践的可贵品格。

（撰稿：刘国华；审稿：李素矿）

体育活动

【概况】

2015年，在学校体育运动委员会的统筹规划和指导下，学校体育教育、体育竞赛、群众体育活动开展有新发展:学生体质健康测试工作规范有序、政策保障,达标率大幅提高;高水平运动队再获好成绩;学生群众体育工作为学生走出宿舍、走下网络、走进操场营造良好氛围;"7+2"登山暨科考活动进展顺利,再为学校扩大社会影响力。在"大体育观"的指导下,学校体育工作为培养品德高尚、素质全面、体魄强健、全面发展的高素质人才再做贡献。

【学校体育运动委员会工作】

2015年,学校体育运动委员会工作会议布置学生健康测试工作,解读国家相关政策,征求关于《中国地质大学国家学生体质健康标准实施暂行办法》的意见;统计并表彰2015年体质测试工作先进单位(表1)。

表1 2015年学校体质测试工作情况表

参测率排名前四学院	合格率排名前四学院
自动化学院98.7%	体育课部96.36%
李四光学院97.1%	地球物理与空间信息学院91.99%
材料与化学学院96.2%	李四光学院90.68%
信息工程学院96.1%	自动化学院90.52%

【大学生体质健康测试】

通过开发网上选测软件、大数据计算机处理软件,出台《中国地质大学国家学生体质健康标准实施暂行办法》、拨付体测专项经费、增加体育课身体素质训练内容等,做好大学生体测工作,全校大学生体质测试工作达标率上升为88.7%,比2014年提高4个百分点。

【高水平运动队建设及竞赛获奖情况】

2015年在各高水平队教练的努力下,取得了可喜的成绩:共获得奖牌27枚,其中金牌8枚、银牌13枚、铜牌6枚(表2)。

表2 2015年学校体育赛事情况表

项目	赛事	成绩
游泳	第15届全国大学生游泳锦标赛	获得6枚金牌、6枚银牌、2枚铜牌且打破两项赛会纪录的优异成绩,获"体育道德风尚奖"
羽毛球	3月韩国举行的第28届世界大学生夏季运动会	学校教练和两名运动员入选中国大学生羽毛球代表队,获得混合团体亚军,女双亚军,男双亚军3枚银牌
	7月举行的第19届中国大学生羽毛球锦标赛	获得女子乙组团体第二名,乙组女双亚军,乙组混双季军

续表

项目	赛事	成绩
攀岩	宁波亚洲攀岩锦标赛	学校运动员获得速度接力赛第二、第四名的好成绩
	全国大学生攀岩锦标赛	获女子丙组团体第一名、男子团体第三名等成绩；个人蒋融女子攀石第一、难度第二、速度第三、刘一获女子攀石第三、难度第四、速度第七
田径	湖北省田径运动会	获得女子团体第四名、男子团体第七名并且获得"体育道德风尚奖"
篮球	2015全国大学生篮球cuba湖北赛区	获得第四名

【学生群体工作】

2015年，举办和参加的各类群体活动和竞赛30余项，包括女子排球联赛、男子排球联赛、女子篮球联赛、男子篮球联赛、男子足球联赛、乒乓球比赛、网球比赛、攀岩比赛、轮滑比赛、跆拳道比赛、新生杯男子篮球联赛、全校运动会、自行车山地赛、飞盘比赛、12·9长跑、国际山地户外运动挑战赛、中国富阳滑翔伞定点世界杯等比赛。普通学生组队参加省级以上级别比赛所获成绩见表3。

表3 普通学生组队参加省级以上级别比赛所获成绩

赛事	成绩
2015年中国大学生跆拳道锦标赛	男女团体品势第五名
中华人民共和国第八届舞龙舞狮锦标赛	乙组自选套路第三名
2015大学生网球巡回赛·武汉站（总决赛）	男子团体第三名、女子团体第三名
2015中国富阳滑翔伞定点世界杯	第十三名
湖北省特步校园足球联赛	第三名
湖北省大学生健美操艺术体操比赛	个人全能一等奖、中国风健身操第一名
2015年湖北省轮滑锦标赛	男子花式刹停第一名、花式绕桩第一名、男子500米第一名、1000米第一名
湖北省高校排球联赛	女子甲组第二名

【完成"7+2"登山暨科考计划第五站、第六站活动】

2015年1月19日12:00（当地时间），学校登山队成功挑战"7+2"登山科考活动第五站，登顶南美洲最高峰阿空加瓜峰（海拔6964米）；2015年6月10日凌晨4时36分（北京时间），学校登山队成功挑战"7+2"活动第六站，登顶北美洲最高峰麦金利峰（海拔6194米）。

（撰稿：李铭；审稿：刘锐、董范）

学生科技竞赛

【概况】

按照"服务青年成长"的工作要求，积极响应学校"学术卓越计划"工作部署，依托"以人才培养为中心，目标相应三横三纵，工作体系三位一体"的工作思路，紧紧围绕"合作、创新、挑战"的工作理念，切实履行"科创之梦，为你点燃"服务理念，开展一系列创新创业教育活动。学校课外科技工作思路是：以"挑战杯（创青春）"为龙头，以青年科技节为主线，以科创课程表、科技论文报告会等活动为平台，积极搭建"大学生基础科研训练计划""大学生自主创新资助计划"等有层次、有区别的大学生科技创新活动支持体系，持续推进"高徒计划""卓越地质师计划"工作，持续推进"走进实验室"等活动，举办大学生科创起航训练营，继续支持学院开展特色科技活动。

【科普工作】

指导大学生科学技术协会，全面深入推进大学生创新创业普及型教育。通过深入开展"科创·起航训练营""科普博览""科普长廊""科普沙龙""科创电影秀"及设立科创课程表等方式向全校学生开展科研启蒙、科普宣传、基本科研能力培养等工作，在校内营造浓郁的科技创新创业活动氛围。开展了第四期"科创·起航训练营"，采用"project+course"模式，从全校大一、大二学生中选拔营员174人，组建团队17支。该活动已连续举办四届，累计参与人数651人。举办第四期、第五期"科普博览"活动，全校23个学术类社团组织参加，参与学生3000余人。开展日常性的"科普长廊"23期，设定专题，在西区、北区进行连续展出，凸显科普魅力。开展"科普沙龙"4期，累计参与学生1000余人。每周一期推出"科创课程表"22期，累计支持学生自主活动80余项。

【特色科技活动】

专业型学院特色科技活动目前已经形成遍地开花的态势。如，地球科学学院"赛恩师·学生科技引航工程"、资源学院"寻找李四光·卓越地质师培育工程"、公共管理学院"走进政治名家"等。各学院（课部）通过组织开展科技论文报告会、基础科研训练计划、学院特色科技活动等，积极探索将学术科研优势转化为人才培养优势的有效途径。2015年，大学生基础科研训练计划支持学生项目162项，支持经费由原10万元提升至本年度22.305万元。组织开展了第26届

"学生科技论文报告会"，其中本科生分为7个会场开展校级答辩，评出特等奖6项，一等奖18项，二等奖28项，三等奖69项，优秀组织单位5个。

【人才培养】

继续开展科创基地、信息中心建设，不断加强大学生自主创新资助计划、"高徒计划"、"卓越地质师计划"等项目。顺利开展大学生自主创新资助计划(第二期)结题考核工作，考核结果为12项考核优秀、26项考核良好、8项考核合格；大学生自主创新资助计划(第三期)遴选工作顺利进行，共计15个领航团队、69个启航项目获批资助。第四批"高徒计划"选拔工作完成，本批共招收学员22人；与地质调查院合作开展"卓越地质师"培养计划，共计参与培养学生15人；全年通过"卓越地质师班"推免研究生16人。

【科技竞赛】

以"挑战杯"为龙头，积极组织学生参加科技竞赛活动。在第十四届"挑战杯"全国大学生课外学术科技作品竞赛中，获得二等奖1项、三等奖5项，学校荣获"全国高校优秀组织奖"。在湖北省第十届"挑战杯"大学生课外学术课外作品竞赛中，获得特等奖1项、一等奖3项、二等奖7项、三等奖1项，学校荣获"优胜杯"。

【创业工作】

积极配合大学生创新创业教育中心工作，建立大学生创业团队台账，创业交流QQ、微信等交流平台，充分利用社会资源，为大学生解决实际困难。"中地大科创咖啡"获批国家级创新型孵化器，先后获批东湖高新区众创空间、湖北省众创空间以及全国首

批众创空间。

（撰稿：胡肖、朱荆萨、姜明敏；审稿：龙眉）

学生社团活动

【概况】

2015年，学校注册社团97个，分为学术科技、公益服务、语言文学、体育、艺术五大分会，由社团联合会负责管理和服务。社团联合会秉承"服务社团成长，服务学生成才"的组织宗旨及"管理社团、服务社团、引导监督"的组织目标，推动社团的规范化、精品化发展，不断丰富学生第二课堂，繁荣校园文化。

2015年，社团联合会联动社团打造了"百团大战、精英计划、'三走'"等系列品牌活动，活动力求内容健康向上、形式丰富多彩，在扩大活动覆盖面的基础上，充分调动学生的积极性，受到了广大师生的一致肯定。

在日常工作中，社联持续加强与兄弟院校的学习、交流，以调研促工作，创造性地完成了社团五四创优中的"标兵社团、优秀社团骨干、优秀社团成员"的考评与推优。

【精英计划】

每年四月启动"精英计划"，以"展精英风范，圆领袖之梦"为活动口号，旨在利用学校优良资源和环境，培养综合素质优秀的学生干部储备人才，活动历时7个月，针对大

一大二优秀学生,以"强强PK"的方式,将"我要创业、读书分享会、书记课程"等系列项目培训植入"递进式筛选、实战考核、精英20强遴选"环节的设置,通过课程培训、PK晋级的趣味性实践体验锻炼培养了学生的精英意识和能力。本次活覆盖全校18个学院212人,目前,2015年通过精英计划遴选的20强选手,均为学校各学生组织的主要学生干部。

【"三走"活动】

为响应团中央"走下网络,走出宿舍,走向操场""三走"活动的号召,在全校范围内开展"百团大战 跃动青春""三走"系列活动,旨在唤起广大学生加强体育锻炼、提升身体素质,磨炼坚强意志、锻造拼搏精神的能动性,通过社团开展"体验式运动课堂",号召体育类社团每周五晚在西区操场以"开放式晚训"吸纳广大同学体验锻炼;通过"书香传递 荧光夜跑""我行我秀"等9场主题活动多形式、多维度满足同学们多元化需求,5175人参与的"三走"系列活动,在丰富校园文化的基础上,使强健自我体魄、体验健康生活成为校园新风尚。

【社团获奖情况】

2015年,省级及省级以上团队/个人奖项覆盖学校15个社团,国家级奖项达28项。获奖社团或社团成员均具有代表性,分属各类分会,社团"百花齐放"文化氛围浓厚(表1)。

(撰稿:胡肖、朱荆萨、姜明敏;审稿:龙眉)

社会实践活动

【概况】

学校组织开展了以"传播青春正能量,践行核心价值观——我的中国梦·实践在基层"为主题的暑期"三下乡"社会实践活动。专门成立了大学生社会实践工作领导小组,统筹全校社会实践工作。前期申报工作在各学院(课部)、各相关部门的大力宣传和积极动员下,经学校大学生社会实践工作领导小组评审,全校各学院、部门和学生组织,共计提交申请342项,在项目申请的基础上组建校级重点团队42个、校级团队98个、院级团队201个,参与人数超过6000人。

【工作特色】

作为一所具有浓郁的地学特色,多学科协调发展的多科性大学。学校地质、资源、环境、工程、地质灾害防治、珠宝、资源经济等学科特色在"三下乡"社会实践中发挥了很好的作用。十多支团队前往地质调查科考一线,在专业探索中参与社会调查和实践,突出了学科特色,也受到了专业教师和实践地人民群众的欢迎。

注重调动学生积极性,在2015年暑期"三下乡"社会实践中,通过设置"回顾历史·传播爱国报国正能量""情系母校·传播好学向上正能量""聚焦生态·传播担当尽责正能量""专业使命·传播艰苦奋斗正能量""关注教育·传播奉献互助正能量""聚焦基层·传播遵法守信正能量""关注就业·传播职场风采正能量"等7个方面开展实践。

注重社会实践工作品牌建设，依托专业志愿者团队，不断建设和完善社会实践基地。十余年来，形成了地震与地质灾害防治宣讲团、"山中花儿"爱心助学团、岩土与文物保护宣讲团、"梦里水乡"社会调研团、"绿色地球"志愿服务团、"身边的化学"科普宣讲团、"北极光"珠宝义务鉴定团等20余个独具特色的社会实践工作品牌，在湖北、广西、新疆、四川、河南等地建立起20余个校外社会实践基地，保证了社会实践工作的持续性和广泛性。

保障暑期社会实践安全工作，专门出台了《关于进一步加强2015年大学生暑期"三下乡"社会实践安全出行的通知》。通过告知家长、购买保险、教师带队、安全出行、每日报备等具体措施，确保每一位学生平安出行、平安归来，在实践历练中茁壮成长。2015年暑期"三下乡"期间，学校无一人在实践中出现人身财产安全受损情况。规范社会实践流程，2015年学校编印了《大学生社会实践指导手册》，详细规范社会实践各个环节，明确了实践过程中的注意事项。编制《大学生社会实践实践手册》，确保每个团队一本，将实践手册使用要点、介绍信、实践日志、实践总结、实践单位反馈等信息统一规范，确保社会实践效度，提高实践水平。

【工作成效】

2015年，学校获得全国"三下乡"社会实践活动"优秀单位"，1支团队获"全国优秀团队"，1支团队获"全国百强团队"。2016年2月23日，团湖北省委对2015年社会实践进行通报表彰，学校被评为"优秀组织单位"，11支社会实践团队被评为省级"社会实践活动优秀团队"，8位老师被评为省级"社会实践活动先进工作者"，14名同学被评为省级"社会实践先进个人"。在校级社会实践成果分享报告会中，24支社会实践团队获得一等奖，29支社会实践团队获得二等奖，32支社会实践团队获得三等奖。在校级评审中，40支社会实践团队获校级"社会实践活动优秀团队"，44位老师或同学获得校级"社会实践优秀工作者"，44位老师获得校级"社会实践优秀指导老师"，并评选出7个校级"优秀组织单位"。

【志愿服务工作】

2015年，地大志愿者工作以团队扶持、项目培育为核心，完成了3000多名新生志愿者、31支专业志愿服务团队的注册工作；不断完善志愿服务管理体系，搭建整合志愿服务平台，全面推行"中国地质大学志愿服务银行"；贯彻执行团中央西部计划文件精神，圆满完成中国青年志愿者第十八届研究生支教团招募工作；积极打造并推广青年志愿服务文化，强化理论研究和成果转化，组织开展了"奋斗的青春最美丽"大型志愿服务宣讲会。涌现了一批以彭少龙、王佳琦等为代表的优秀志愿者和以"研究生支教团"等为代表的优秀专业志愿服务团队，推出了"花蕾助学""科普课堂"等广受学生好评的精品公益项目。

【十八届研究生支教团招募工作圆满完成】

根据共青团中央青年志愿者工作部《关于组建中国青年志愿者第十八届研究生支教团的通知》的精神和《中国地质大学研究生支教团招募管理办法》的有关规定,经学校研究决定,在全校公开招募推荐免试攻读硕士学位研究生和在校研究生参加中国青年志愿者第十八届研究生支教团。校团委联合学生工作处、研究部、教务处、纪监委组建领导小组,负责指导招募工作,共有46名志愿者提交了申请,通过资格审查、面试等多个环节的筛选,最终评选出霍少孟等11名优秀本科毕业生组建第十八届研究生支教团于2016年7月赴江西、云南开展为期一年的支教职工作。

【"志愿服务银行"项目获第二届湖北省志愿服务项目大赛银奖】

2015年7月,共青团湖北省委员会等单位共同主办的第二届志愿服务项目大赛举行,校志愿者协会的"'志愿服务银行'——新型志愿服务管理模式研究与实践"项目获银奖,启明星团队的"盲校支教"、北极光团队的"志愿鉴定情·走进千万家"项目获铜奖,分获1000~2000元资助。"'花蕾助学'留守儿童成长助力计划""花圃计划"分列湖北省"希望伴飞"二档、三档项目,分获5000~8000元资助。

【"'奋斗的青春最美丽'12·5千名志愿者宣誓大会"隆重举行】

12月4日晚,校团委、校志愿协会在弘毅堂举办"奋斗的青春最美凡"12·5千名志愿者宣誓大会。此次活动共有1300名新注册志愿者参与,校志协对"志愿服务银行"及"花蕾助学——留守儿童成长助力计划"进行了推荐;地球科学学院、资源学院、经济管理学院、珠宝学院、公共管理学院党委书记为志愿服务银行分行揭牌;第十六届研究生支教团成员和现场数千名观众分享了感动人心的支教故事并为"五星志愿者"颁发荣誉奖章;千名新生志愿者宣誓加入志愿服务行列。

(撰稿:胡肖、朱荆萨、姜明敏;审稿:龙眉)

Nianjian

国内外交流与合作

↘

外事与学术交流

【概况】

2015年，学校共派出长短期出国、赴港澳台教师463人次，其中合作研究106人次、参加国际学术会议357人；726名本科生远赴欧洲、美洲、东南亚等16个国家和地区参加海外短期访学、科研训练、专业实习以及国际会议等项目。

学校共执行外专局短期专家项目53项，包括10项"一带一路"国际交流与合作项目；执行高端引智项目"海外名师"3项、"学校特色项目"3项、"111引智基地"3项；接待来华专家362人次，其中外籍科学院院士10人，教授214人、副教授148人；3个"111引智基地"聘请专家90余人，发表高水平国际SCI论文30余篇，聘请多位知名外籍专家为研究生和教师讲授课程。通过实

施海外高层次人才引进计划，引进一批具有较强创新能力的专兼职教师，服务人才强校战略。其中，工程学院外籍专家维克多·契霍特金荣获"编钟奖"。至此，学校已成功为4位外籍专家申报该奖项。

学校积极引进国外优质教育资源，通过开展全方位、多角度、宽领域、高层次的出国留学项目，拓宽学生出国留学途径。2015年，学校共接待国内外来访团组28次，新签订23项友好合作备忘录和校际交流协议，新增两项国家留学基金委全额奖学金资助项目，新增3所国际交换生规模派出高校（现已达11所）。按照学校与国外合作高校双向标准，经在全校公开报名，共派出33名学生到国（境）外进行研修，其中"2+2"本科生联合培养项目、"3+2"本硕项目赴海外留学学生共计20余名；有14名合作培养学生顺利毕业，同时获得学校和国（境）外学校学历学位证书。2015年，学校共有726名本科生远赴欧洲、美洲、东南亚等16个国家和地区参加海外短期访学、科研训练、专业实习

以及国际会议等项目。

学校共申报国际会议9项，200多名外籍专家来校参会，其中包括数名外籍科学院院士。国际会议，尤其是地球科学领域的高层次国际会议扩大了学校在国外的学术影响力，促进了人才培养和学科建设，为学校乃至国内引智工作搭建了良好的交流互动平台，对学校发展起到积极的推动作用。

学校秉承以学生为本、以中外友谊为重的方针，以培养高层次、复合型、学有所长的来华留学人才和文化交流的友好使者为目标，不断更新教学理念，实施中外学生趋同管理，探索国际化人才培养新模式，初步建立了以语言和文化传播为核心、以地球科学为主要特色、以全日制培养为主体、长短期跨文化交流和科技合作相结合的综合性国际化人才培养体系。1987—2015年，国际学生规模从1人增长到895人，学生国别从1个增长到93个。2004—2015年，学校累计招收来自100多个国家的各类国际学生约1600名，培养毕业生近1000人。截至2015年12月，在校国际学生人数为895人，其中本科生197人，硕士研究生390人，博士研究生134人，进修生74人，短期交流生100人。

全面服务国家"一带一路"战略。受教育部委托，组织高水平专家团队，编制《"一带一路"教育专项规划(草案)》，与"一带一路"沿线20余所高校签订谅解备忘录或合作协议，深化教育和科研合作。

严格规范外事管理制度。严格遵守中央八项规定和教育部要求，制定新的《因公临时出国(境)管理办法》，加强学校因公出国(境)管理工作，规范审批程序，妥善保管因公出国(境)证照。结合教育部规定与学校实际，进一步完善了外籍教师聘请和引智项目管理的相关文件。

大力加强外事宣传。编撰12期《教育国际化动态》，聚焦世界一流高校和"一带一路"国家教育国际化发展历程与教育现状，为学校国际化办学提供有益借鉴。建立约旦研究中心网站，更新国际合作处、丝绸之路地质资源国际研究中心、地球科学国际大学联盟等相关网站，制作相关宣传册，展示学校国际化建设成果、宣传最新外事动态。筹建国际学生招生网站、更新国际教育学院网站等，制作招生视频、宣传海报等，加强招生宣传，努力提高生源质量。国内报刊杂志刊发学校"一带一路"研究工作相关报道50余篇，提升了学校的知名度。

【地球科学国际大学联盟建设】

不断推进地球科学国际大学联盟建设。根据《统筹推进世界一流大学和一流学科建设总体方案》，积极加强与世界一流大学和学术机构的实质性合作，将国外优质教育资源有效融合到教学科研全过程，开展高水平人才联合培养和科学联合攻关。在巩固深化与地球科学国际大学联盟学校合作关系的基础上，积极拓展与其他世界一流大学的战略合作。以"气象水文条件诱发滑坡的风险分析"为主题举办第二届"地球科学国际大学联盟"暑期学校，有联盟高校的近40位师生参与。2015年9月，吸纳牛津大学加入地球科学国际大学联盟。

【丝绸之路地质资源国际研究中心】

学校在大力推进"一带一路"建设的国家战略背景下，成立丝绸之路地质资源国际研究中心。该中心成立后，举办和参与了一系列重大活动。如"第二届亚洲特提斯造山与成矿国际学术研讨会"，吸引了20余个国家和地区的院士、大学校长、知名专家学者及优秀青年代表共计170余人参加。该中心人员还多次参与对外交流访问、学术交流与合作等，参加了诸如"中国西部造山作用与成矿研讨会""中国地质学会2015年学术年会""日本冈瓦纳国际地质大会""新西兰SMMTC会议""东亚东南亚地学计划协调委员会年会"等会议，开展了诸如"中亚区域地质矿产资源开发技术国际培训""中海油（中国）有限公司深水沉积培训""老挝矿产资源开发基础技术海外培训"等一系列的国内外培训，在人才培养、决策咨询、"一带一路"地质资源数据库筹建和科学研究方面做了很多基础工作。

【中约大学和约旦研究中心】

2015年1月14日—17日，校长王焰新率领学校代表团访问约旦，受到约旦首相恩苏尔的接见，并与约旦政府高等教育与科研部签署《推进中约大学建设合作意向书》。5月21日，在两国元首见证下，教育部部长袁贵仁与约旦计划与国际合作大臣伊玛德·法胡里（前国王办公室主任）共同签署《中华人民共和国教育部与约旦哈希姆王国高等教育与科研部关于合作建设高等教育机构的框架协议》，明确由学校与约旦高等教育与科研部合作利用约旦现有校舍开展中约大

学的初步办学活动。2015年9月9日，习近平会见约旦国王阿卜杜拉二世，双方决定建立中约战略伙伴关系，推动中约关系持续深入发展，共同发表《中华人民共和国和约旦哈希姆王国关于建立战略伙伴关系的联合声明》，强调要努力创建中约应用技术高等教育机构（即中约大学）。

为推进中约大学建设，学校于5月24日下午成立全国首个约旦研究中心，约旦高教与科研大臣拉比卜·穆罕默德·哈桑·赫达拉，校领导郝翔、王焰新、郝芳等参加了该中心揭牌仪式。约旦研究中心定位于具有丝路战略智库和国内最具影响力的中约教育与科技合作平台。中心举办和参与了"第二届丝绸之路高等教育合作论坛"等活动，与约旦多所大学签订谅解备忘录，编写和出版了《约旦研究》一书，为进一步开展相关国家和地区的高等教育以及科研合作、人才培养、决策咨询等打下了坚实的基础。

【特提斯造山与成矿国际会议】

2015年10月17日—18日，学校举办"第二届亚洲特提斯造山与成矿国际学术研讨会暨丝绸之路高等教育合作论坛"，中国科学院院士张国伟、殷鸿福、金振民，中国台湾中研院江博明院士以及来自美国、加拿大、英国、澳大利亚、土耳其、伊朗、巴基斯坦、印度、印度尼西亚等20余个国家和地区的大学校长、知名专家学者及优秀青年代表共计170余人参加。王焰新任大学校长论坛委员会主席，马昌前任组委会主席，杨经绥任科学委员会主席。此次论坛主题为"科教联通丝路，青年引领未来"，旨在搭建高等

教育科研和教学合作平台,培养具有国际视野的未来领军人才。

此次论坛分为学术会议和高等教育合作论坛两个部分。学术会议除设立特提斯及邻区构造演化与成矿主会场外,还开设了"特提斯演化与变质作用""特提斯蛇绿岩:成因及其对古地理和古构造意义""花岗岩及其相关的成矿系统""东特提斯成矿系统""特提斯沉积盆地与油气""特提斯构造与地震""中亚地质与成矿""丝绸之路沿线地热和水资源"8个专题会场。高等教育合作论坛包括丝绸之路大学校长论坛和丝绸之路青年领袖论坛两个部分。来自澳大利亚麦考瑞大学、印度尼西亚大学等的校长,世界青年地球科学联盟主席和国家自然科学基金委员会地球科学部代表,以及来自法国、哈萨克斯坦、巴基斯坦、缅甸、北非、加蓬等国内外16个高校的学生骨干和世界各地青年地球科学家先后在会上发言交流。

【中外合作办学及文化交流】

2015年,中外合作办学及文化交流情况稳步发展。

接待国内外来访团组28次。重要团组情况如下:①美国布莱恩特大学校长梅恪礼一行来校访问。3月20日—21日,美国布莱恩特大学校长梅恪礼、副校长杨洪、校董乔百络一行来校访问。校长王焰新,副校长赖旭龙、郝芳会见了梅恪礼一行。双方回顾了两校开展的交流与合作项目,对进一步开展有关孔子学院、师生交流以及优秀本科生项目等方面的合作交换了意见。②美国夏威夷大学马诺阿分校代表团来访。6月3日,

夏威夷大学马诺阿分校副校长布莱恩·泰勒教授,国际气象学家王斌教授,副校长助理克里斯·奥斯特兰德教授一行来校访问。王华副校长代表学校与对方签订了两校友好合作备忘录,两校将在学生培养、教师互访、合作科研等方面开展深入交流与合作。

多元化资助本科生开展国际交流。为培养具有国际视野、能参与国际合作和竞争、通晓国际规则的创新型人才,学校继续使用"大学生国际交流基金"资助品学兼优的本科生赴海外高水平大学开展学习交流;对品学兼优且家庭困难的学生,对其参加国际会议、申请国外大学官方组织的短期课程等多方面予以全额资助。截至2015年底,共有726名本科生远赴欧洲、美洲、东南亚等16个国家和地区参加海外短期访学、科研训练、专业实习以及国际会议等。

国际交换生规模较往年继续增长。新增马来西亚马来亚大学、美国伊利诺伊理工大学、台湾中正大学等3个派出高校,使国际交换生合作高校增加到11所。截至2015年底,遴选并派出33名学生出国(境)研修。

学历类本科联合培养项目稳步前进。2015年,学校共计20余名本科生通过"2+2"本科生联合培养项目、"3+2"本硕项目赴海外留学。另外,在教务处、学生工作处以及各相关学院的共同审核下,共有14名学生顺利毕业,获得学校学历学位证书和国外大学学历学位证书。

新增两项国家留学基金委全额奖学金资助项目。2015年,学校获得匈牙利政府互换奖学金项目和以色列高等教育署合作奖

学金项目资助。共有3名学生获得匈牙利政府互换奖学金项目全额资助，分别赴罗兰大学和佩奇大学攻读硕士学位；1名学生获得以色列高等教育署合作奖学金项目全额资助赴本·古里安大学攻读硕士学位；1名学生继续享受赴俄专业人才全额奖学金资助，在莫斯科国立大学攻读硕士学位。

【孔子学院】

2015年，学校的3所孔子学院运转正常，顺利完成各项年度工作计划，在汉语教学和中华文化传播上均取得较大成绩。

美国布莱恩特大学孔子学院。开展9个孔子课堂的教学，各类汉语班注册人数达400名。布莱恩特大学孔子学院继续组织大型文化交流活动：2月，举办中国农历新年联欢及庆祝活动；7月，举办中文夏令营；8月，举办金茉莉中国电影节；9月，举办中秋中国文化活动（配合孔子学院日活动）等；8月，布莱恩特大学孔子学院再次接待学校暑期游学团队。

美国阿尔弗莱德大学孔子学院。2015年，学校各类注册学生总数达8000人，长期（1年）汉语班学员达3377人。合作的地方学区又增加1个，达到10个学区。全年组织12场大型活动，26场小型活动，吸引1.5万人参加。2015年，学校继续总结探索"收费办学"模式，并尝试推广与杰尼瓦学区的合作经验。

保加利亚大特尔诺沃大学孔子学院。2015年，学校在提高教学质量和扩大影响上再有突破。在保加利亚8所城市设立教学点（包含2所孔子课堂），开展汉语教学；在大特尔诺沃大学孔子学院开设6门汉语课程，学员人数大幅增长；HSK考试（含HSK考试）的通过率为73.3%。大特尔诺沃孔子学院选派教师承担相关核心课程，参与汉语专业的学科建设和人才培养，并注重与5位本土教师的交流和合作。全年举办29场次中华文化推广活动，参加人数约32 330人。为配合孔子学院日活动，召开"中国与中东欧政治、经济、文化关系国际研讨会"，举办了保加利亚赛区的汉语桥比赛。

孔子学院重要活动、事件。

7月，南非祖鲁地大学基金会执行董事康尼女士一行来校考察访问，并签署合作协议。双方同意共同创造条件，努力在南非新建1所孔子学院。

8月，布莱恩特大学舞龙队在徐州第八届中国大学生龙狮大赛上获得最佳表演金奖。

12月，阿尔弗莱德大学孔子学院在第十届孔子学院大会上获得"优秀孔子学院"荣誉。

12月，大特尔诺沃大学孔子学院理事长普拉门教授举办画展，并被国务院副总理刘延东援引作为中外文化交流的典范。普拉门教授亦被孔子学院总部聘请为高级顾问。

（撰稿：孙来麟、张立军、范铭；审稿：马昌前）

附录1 2015年学校与国外高校新签校际合作交流协议一览

序号	外方机构	类型	国家(地区)	有效期
1	底特律大学	合作协议	美国	5年
2	约旦高教与科研部	备忘录	约旦	无
3	悉尼大学	备忘录	澳大利亚	5年
4	中东大学	备忘录	约旦	5年
5	约旦科技大学	备忘录	约旦	5年
6	约旦大学	备忘录	约旦	5年
7	约旦橄榄树大学	备忘录	约旦	5年
8	真纳大学	协议	巴基斯坦	5年
9	白沙瓦大学国家地质学卓越研究中心	备忘录	巴基斯坦	5年
10	拉合尔政府学院大学	备忘录	巴基斯坦	5年
11	旁遮普大学	备忘录	巴基斯坦	5年
12	詹姆斯库克大学	备忘录	澳大利亚	5年
13	南洋理工大学	补充协议	新加坡	6个月
14	悉尼大学	合作协议	澳大利亚	5年
15	夏威夷大学	备忘录	美国	5年
16	瑞波大学	备忘录	缅甸	5年
17	杜伦大学	合作协议	英国	5年
18	塞浦路斯国际大学	备忘录	塞浦路斯	5年
19	新泻大学	备忘录	日本	5年
20	印度尼西亚大学	备忘录	印度尼西亚	5年
21	白沙瓦大学	备忘录	巴基斯坦	5年
22	蒙大拿大学	备忘录	美国	5年
23	詹姆斯库克大学	合作协议	澳大利亚	5年
24	莫比阿特莫达勒斯大学	备忘录	伊朗	5年
25	矿业技术学院	备忘录	塔吉克斯坦	5年
26	扎布尔大学	备忘录	伊朗	5年

附录2　2015年重要国际学术会议

序号	会议全称	地点	开会时间	规模			合办	
				外方（人）	中方（人）	外方单位	中方单位	
1	协同计算国际研讨会：网络、应用与协作	武汉	11月9日—12日	30	70	无	中国地质大学（武汉）计算机学院	
2	第二届亚洲特提斯造山与成矿国际学术研讨会暨丝绸之路高等教育合作论坛	武汉	10月16日—18日	52	125	无	中国地质大学（武汉）丝绸之路学院、国家自然科学基金委员会、中国地质调查局	
3	全球大地构造新理论及方法国际研讨会	武汉	6月1日—2日	15	40	无	中国地质大学（武汉）地球科学学院	
4	科学与技术前沿国际会议暨先进计算智能与智能信息处理国际研讨会	武汉	10月22日—24日	30	70	无	中国地质大学（武汉）自动化学院	
5	矿质污染防治学术研讨会	武汉	5月22日—24日	20	100	无	中国地质大学（武汉）环境学院	
6	水文过程与生物地球化学相互作用：机理、耦合和影响国际会议	武汉	10月27日—29日	20	30	无	中国地质大学（武汉）环境学院	
7	第十四届武汉电子商务国际会议	武汉	6月19日—21日	50	250	无	中国地质大学（武汉）经济管理学院	
8	第二届中俄地震监测预报学术研讨会	武汉	5月10日—12日	5	45	无	教育部长江库区地质灾害研究中心	
9	第二十三届国际地理信息科学大会	武汉	6月19日—21日	50	450	无	中国地质大学（武汉）信息工程学院	

序号	日期	来访团组名称	主要活动
1	3月9日—13日	悉尼大学地质系代表团	洽谈"2+2"合作项目、短期项目及项目宣介会
2	3月27日	都柏林工业大学	合作项目洽谈
3	4月21日—29日	密西根大学迪尔本分校工程学院、理学院代表团	项目宣讲会、拓展新领域合作
4	4月23日	塔比阿特·莫达勒斯大学代表团	理学院教授一行3人来校访问参观
5	4月24日	台湾艺术大学	来校洽谈交换生项目
6	5月20日	美国帕拉戴姆公司	中国区域总裁焦雪凌与学校联合建立实验室,并捐赠价值600万美元的软件
7	5月23日—27日	约旦高教与科研部部长代表团	约旦高教与科研代表团一行5人,参观学校,洽谈中约大学合作事宜
8	5月27日	巴基斯坦拉舍尔大学政治学院	两校交换生项目合作洽谈
9	5月30日	台湾艺术大学院长、教授代表团	来学校签订协议,做学术报告
10	6月2日—3日	夏威夷大学副校长一行	签署合作备忘录
11	6月8日—11日	悉尼大学地质系代表团	短期项目及项目宣介会,"2+2"项目面试
12	9月7日—8日	杜伦大学代表团	项目宣讲会、面试
13	9月23日	塔比阿特·莫达勒斯大学教授代表团	一行6人来学校参观访问
14	10月12日—14日	耶拿大学地质系教授	两校交换生项目座谈
15	10月14日	法国地质工程专家	与工程学院洽谈合作
16	10月19日	麦考瑞大学副校长一行	与艺术与传媒学院洽谈短期项目事宜
17	10月25日—28日	美国蒙大拿大学	落实中外合作办学项目
18	10月27日	弗莱贝格工业大学国际部主任	两校交换生项目座谈
19	10月26日—28日	美国俄勒冈州立大学	合作会谈
20	10月26日	日本福冈县留学生支援中心运营协议会	一行5人与学校洽谈合作
21	10月28日	加拿大英属哥伦比亚大学	项目洽谈

中国地质大学(武汉)年鉴 2015

续表

序号	日期	来访团组名称	主要活动
22	11月3日	加拿大滑铁卢大学环境学院	项目宣讲、答疑
23	11月4日	美国纽约大学石溪分校	合作会谈
24	11月17日	英国爱丁堡大学	项目宣讲、答疑、面试
25	11月17日—18日	加拿大滑铁卢大学理学院	项目宣讲、答疑
26	11月23日	加拿大滑铁卢大学Renison 学院	2016年度入学考试
27	11月21日—23日	悉尼大学地质系代表团	"2+2"项目协议修订，2016年度招生宣传、面试
28	11月23日	约旦高教与科研部副部长	洽谈"中约大学"合作具体事宜

附录4　2015年学校出访团组

出访时间	姓名	国家或地区	出国事由
1月15日—18日	王焰新	约旦	商谈筹建中约大学相关事宜
1月19日—22日	王焰新	澳大利亚	参加由澳大利亚麦考瑞大学举办的博士和联合培养博士教育国际论坛
6月15日—21日	金振民	台湾	参加第八届世界华人地质大会
6月26日—17日	邹师思	韩国	参加第二十八届世界大学生夏季运动会羽毛球赛
6月26日—17日	闫子贝	韩国	参加第二十八届世界大学生夏季运动会游泳比赛
8月30日—6日	郝翔	吉尔吉斯斯坦、塔吉克斯坦	与吉尔吉斯斯坦国家科学院地质所所长和塔吉克斯坦国立大学副校长讨论双方合作计划，落实双方已签署的协议内容并编制人才培养方案
11月18日—25日	王华	美国、加拿大	参加引进海外人才恳谈会，为学校进行海外高层次人才招聘

港澳台工作

【概况】

2015年,学校与港澳台地区交流合作不断深化,成果显著。香港与内地高校师生交流计划项目连续第三年执行。参与"同行万里——香港高中学生内地交流计划",加强在香港地区的招生工作。

多次派送学生前往台湾高校学习交流。大力支持地球科学学院与澳门科技大学联合主办"第三届国际月球与行星科学论坛",全面推动与澳门高校间的合作。

【香港】

6月1日—10日,教育部港澳台"香港与内地高校师生交流计划项目"——"三峡地区地质、资源、环境野外教学和研究"联合野外实习活动顺利举行。学校师生与香港大学师生共40人赴三峡库区开展为期一周的野外考察和实习活动。该活动项目已连续3年获得教育部港澳台办重点资助,并被香港大学地质系列为选修课程。

为扩大在港澳台地区的影响力和宣传力度,学校分批接待"同行万里——香港高中学生内地交流计划"选派的11所香港中学388名师生到校参观交流。该项交流计划是香港教育局国民教育支援计划之一,旨在通过亲身体验交流,提升香港学生的民族历史认知度和民族自豪感。

完成2015年港澳台侨生联招、免试录取工作和奖学金评审上报工作,顺利完成香港免试生首招工作。2015年,港澳台侨生本科生录取数实现80.2%的增长,报到率为75%;港澳台研究生招生录取实现零的突破。积极参加2016港澳台侨生招生计划上报,并完成香港教育展招生宣传工作。

【澳门】

向教育部申报与澳门科技大学联合主办的"第三届国际月球与行星科学论坛",积极争取教育部港澳台办公室王宽诚教育基金会经费支持,大力推动与澳门科技大学的交流与合作。

【台湾】

根据与台湾海洋大学、台湾东华大学、台湾中正大学签订的交流协议,派遣多批学生前往台湾高校进行交流学习,参加交换生项目,并对其做好行前教育。

(撰稿:孙来麟;审稿:马昌前)

[附录]

附录1　2015年中国港澳台地区来访团组

序号	来访时间	来访团组名称
1	6月1日—10日	香港大学"三峡地区地质、资源、环境野外教学和研究"
2	4月6日	"同行万里——香港高中学生内地交流计划"系列团
3	4月30日	"同行万里——香港高中学生内地交流计划"系列团

附录2　2015年中国地质大学(武汉)赴中国港澳台地区访问团组

序号	出访时间	访问团组名称
1	2月23日—7月1日	高等教育研究所陈庚等同学赴台湾参加交换生项目
2	2月24日—7月3日	机械与电子信息学院魏鸿茜等同学赴台湾参加交换生项目
3	6月15日—6月21日	地球科学学院金振民教授一行赴台湾进行学术交流
4	7月26日—8月1日	外国语学院何珊等同学赴台湾参加交换生项目
5	2015年9月3日—2016年1月14日	艺术与传媒学院李玥等同学赴台湾参加交换生项目
6	2015年9月7日—2016年1月20日	马克思主义学院熊健宁静等同学赴台湾参加交换生项目
7	9月17日—23日	珠宝学院袁心强教授赴台湾进行学术交流
8	10月4日—10日	地球科学学院赖忠平教授一行赴台湾参加第六届东亚加速器质谱国际会议
9	11月5日—9日	国际教育学院吴丹老师一行赴香港参加"2015内地高等教育展"

校友工作与社会合作

【概况】

2015年,学校大力加强校友会、基金会工作制度化、规范化、信息化建设,在校友信息平台建设、地方校友分会组织建设、基金会建设等领域取得新进展。

校友会

【组织体系建设】

9月17日,校友会连续第三年通过民政部门组织的年度检查。11月14日,中国地质大学第七届全国校友分会会长、秘书长联谊会在广州市召开,校党委书记郝翔、校党委副书记傅安洲、校友会副会长邢相勤,全国各校友分会会长、秘书长和校友代表150余人出席了会议。会议总结了校友会一年来的工作成绩与经验,明确了下一年度的工作目标、思路。

【校友分会建设】

1月30日,校党委副书记傅安洲调研福建校友分会工作并与校友代表座谈。3月16日,校党委副书记傅安洲赴深圳走访校友,并与在深地大校友代表商议深圳校友分会换届事宜。3月28日,广东校友分会在深圳举办首届地大广深校友足球对抗赛。4月1日,傅安洲、邢相勤赴陕西走访

校友,并在西安组织召开陕西校友分会筹备会第一次会议。4月16日,在西安组织召开陕西校友分会筹备会第二次会议。4月23日,江苏校友分会在张家港市举办"徐江军校友世界骑观分享会"。4月26日,陕西校友分会成立大会在西安市召开,校党委书记郝翔、校党委副书记傅安洲,校友会会长赵鹏大、副会长邢相勤,在陕地大校友代表200余人参加成立大会。5月24日,在苏州组织召开苏州校友分会筹备会。6月7日,上海校友分会获得上海高校校友篮球比赛冠军。6月28日,苏州校友分会成立大会在苏州市召开。校党委副书记傅安洲,校教育发展基金会理事长张锦高,校友会副会长邢相勤,苏州地大校友代表126人参加成立大会。7月25日,北京校友分会成立大会在北京市召开。校党委书记郝翔、党委副书记傅安洲,校友会会长赵鹏大、副会长邢相勤,在京地大校友代表400余人参加成立大会。7月31日—8月2日,优秀运动员校友分会在秭归县召开2015年理事会。8月29日,北京校友分会赴周口店实习基地慰问师生。12月6日,川渝校友分会在重庆市召开第十四届校友联谊会。12月22日,武汉校友分会在武汉市召开换届筹备会。

【营造良好校友文化氛围】

1月8日,校友会赴四川看望困难校友梅可顺。3月20日,学校召开1981级毕业30年"十一"返校活动第一次工作协调会,积极邀请、组织老校友返校团聚。5月12日—15日,校友会赴广东省佛山市、贵州省铜仁

市,分别看望荣获"全国劳动模范"称号的张宗胜校友和荣获"全国先进工作者"称号的覃英校友。5月29日,学校召开"2015年校友大使聘任暨优秀校友大使报告会",高珂等239名应届毕业生受聘为2015届校友大使。7月1日—7日,校友会走访武汉时代地智科技股份有限公司、武汉中仪物联技术股份有限公司、湖北中青对外交流有限公司、武汉当代科技产业集团、武汉落地创意文化传播有限公司、武汉四方光电科技有限公司等校友企业。9月7日,学校召开1981级毕业30年"十一"返校活动第二次工作协调会。10月2日,在弘毅堂举行"我的深情为你守候"中国地质大学校友返校联欢会,1981、1991级、2001级等近千名校友参加了联欢大会。据统计,仅"十一"期间,学校就有10个年级、13个学院、64个班级2200余名校友返回母校团聚。5月30日,学校举办首届"校友地大杯"(深圳、上海、广州、武汉)足球比赛。

【加大校友工作宣传力度】

开发校友会APP,改版校友会官方网站,打造全新校友信息平台,启动"寻找媒体地大人"活动,进一步增进母校与校友间的感情和联系。每月向校友发送电子期刊、邮寄校报,保持校友的常态化联系。出版第九辑《地大人》,广泛宣传2014年学校事业发展取得的成就和校友工作情况。

【充分发挥优秀校友在学生培养中的作用】

7月17日—25日,利用暑期组织社团"爱校联合会"24名学生,分3组走访上海、深圳、四川3省市的优秀校友,并整理了相关资料。组织学生学习"寻找最美地大校友活动"中李家彪、武强、杜时贵、周琦、卓兴建、周宗文、林红玉等优秀校友事迹,宣传报道欧阳自远、陶家渠、张泽伟、刘丛强、郭林等返校校友讲座,用优秀校友的成长经历和感人事迹勉励在校学生勤奋学习。

基金会

【完成基金会审计、年检及税前扣除资格申请】

接受武汉永隆会计师事务所对基金会的年度审计,通过湖北省教育厅初审、湖北省民政厅年检和湖北省质量技术监督局年检。获得湖北省财政厅、湖北省国家税务局、湖北省地方税务局和湖北省民政厅联合认定的"2014年度公益性捐赠税前扣除资格的社会团体"。

【召开两次理事会】

3月18日,召开第一届理事会第九次会议。审议通过了基金会《投资咨询委员会管理办法》《投资管理办法》《项目档案管理实施细则》《校友与社会合作研究基金管理办法》。重点讨论并原则上通过了"天下粮仓稳健增长证券投资私募基金投资方案"。

12月30日,召开基金会理事会第十次会议。通过秘书处2015年工作总结;通过第五次募集奖励方案;建议学校组成专门小组,厘清2014年山河集团借款事宜;同意从李忠荣限定性捐赠款中支出贰佰万元整用于建设北区新校门周边建筑;同意从基金收益中列支叁拾万元整用于培养相关种子基金成长,其中贰拾伍万元整支持博士生创新人才基金,伍万元整支持大学生社会公益基金。

【积极募集社会各界捐赠】

积极募集社会各界捐赠,全年募集资金签署协议金额284.6万元,到账资金531.28万元。按照财政部、教育部关于印发《中央级普通高校捐赠收入财政配比资金管理暂行办法》的通知要求,协助财务处申请教育部、财政部配比资金297.47万元。通过购买银行保本型理财产品,促进资金保值增值,全年投资收益约54.2万元。

【加强基金会信息公开和宣传工作】

学校基金会FTI(中国基金会透明指数)满分排名保持全国第一名,为湖北省唯一上榜"最透明口袋"基金会,提高了社会声誉。编发基金会电子简报3期。完善基金会官网及官方微信平台,及时发布基金会动态信息。在新生入学、毕业季和校友返校日期间,举行"发放爱心水、一元起捐、赠送纪念品"等活动,举行基金会LOGO设计大赛、校园公益金点子大赛等推广活动,培育校园公益文化,扩大基金会影响力。

【推进捐赠项目管理规范化、制度化、信息化】

建立《基金会项目档案管理办法》《基金会印章管理办法》《基金会项目档案管理实施细则》《基金会投资管理办法》等15项规章制度文件。构建了科学、规范、高效的项目管理信息化流程,建立了捐赠项目管理系统、奖助学金申报管理系统,保障全年奖助项目38项、非奖助类项目22项,共计公益支出50.32万元的顺利实施。

【加强队伍建设】

赴南京大学、东南大学、中山大学、华南理工大学等高校基金会开展工作调研。组织队伍积极参加(美)教育促进与支持委员会亚太教育研习院培训、中国高等教育学会教育基金工作研究分会第17届年会学习讨论、中国非公募基金论坛学习讨论等业务学习,加强队伍建设。荣获"中国高等教育学会教育基金工作研究分会先进单位"称号(全国37所高校获奖),1人获"先进工作者"称号(全国77人获奖),成为中国高等教育学会教育基金工作研究分会理事单位。

[附录]

附录1　中国地质大学(武汉)教育发展基金会2015年接受捐赠统计表

捐赠方	捐赠项目	2015年捐赠金额 (元)
湖北恒顺矿业有限责任公司	恒顺矿业奖学金	100 000.00
无锡金帆钻凿设备有限公司	无锡金帆奖学金	100 000.00
无锡市钻通工程机械有限公司	无锡钻通奖学金	150 000.00
周大福珠宝金行(深圳)有限公司	2014年周大福奖学金	225 000.00
奥贝亚自行车(昆山)有限公司	体育部户外运动	300 000.00
武汉地大长江钻头有限公司	李大佛奖学金	50 000.00

捐赠方	捐赠项目	2015年捐赠金额（元）
地质调查研究院教职工	地调院研究生奖学金	115 100.00
昆山捷美服装有限公司	体育部迈橙基金	200 000.00
广州南方测绘仪器有限公司	体育部"7+2"登山	100 000.00
王学海校友	大学生素质拓展和改善学校办学条件	600 000.00
李忠荣校友	北区校门修建	2 000 000.00
李忠荣校友	校友疾病救助	20 000.00
武汉中海达卫星导航技术有限公司	中海达奖学金	118 000.00
上海迪探节能科技有限公司	经济管理学院大学生创业基金	150 000.00
北京雅展展览服务有限公司	2015年同心奖学金	200 000.00
上海天下粮仓投资管理有限公司	校园文化建设	100 000.00
深圳先进微电子科技有限公司	ASM中国奖学金	60 000.00
武汉辉景科技有限公司	辉景奖学金	20 000.00
地球科学学院011853班校友	地球科学学院校友"地学之光"助学基金	30 000.00
2002届数学专业校友杨威等	数理校友奖学金	20 000.00
何生教授	资源学院校友实践创新奖学金	20 000.00
1999级地球科学学院校友	鲲鹏校友奖学金	6000.00
2015届本科生毕业生	南望师恩·桃李基金	6250.00
2015届研究生毕业生	研究生桃源基金	4025.00
中建三局总承包公司	中建三局奖学金	500 000.00
31911、31912班	奖助学金	10 000.00
072011班校友	学校建设与发展	5000.00
72911班校友	学校建设与发展	10 000.00
2201205班校友	学校建设与发展	1010.00
028911班校友	校友发展基金	10 000.00
128861班校友	校友发展基金	10 000.00
22791班校友	校友发展基金	10 000.00
校青年志愿者协会	花蕾筑梦基金	56 988.90
川渝校友分会	校友发展基金	3100.00
支付宝在线小额捐赠	学校建设与发展	2360.70
合计		5 312 834.60

序号	支出用途	2015年公益支出金额(元)
奖助项目		
1	锐鸣奖学金	150 000.00
2	学海学生骨干基金	64 932.10
3	无锡金帆奖学金	50 000.00
4	海印奖学金	65 500.00
5	占志斌奖学金	48 000.00
6	恒顺矿业奖学金	60 000.00
7	中坤奖助学金	190 000.00
8	赵鹏大奖学金	15 000.00
9	天和众邦机电奖学金	3000.00
10	缘与美奖学金	100 000.00
11	周大福奖学金	225 000.00
12	X－doria奖学金	5000.00
13	Friction One 奖学金	62 000.00
14	厦门三烨奖学金	35 000.00
15	雷波兴达奖学金奖教金	100 000.00
16	晓光助学金	20 000.00
17	朱训青年教师奖励基金	35 000.00
18	2014信才研究生奖学金	40 000.00
19	王大纯奖学金	118 000.00
20	水科学之星奖金	44 000.00
21	四方奖学金	200 000.00
22	无锡钻通奖学金	41 000.00
23	江西校友会奖学金	40 000.00
24	研84奖学金	15 000.00
25	地空学院校友奖励基金	88 000.00
26	同心奖学金	200 000.00
27	黄海机械奖学金	23 000.00
28	金徽矿业奖学金	20 000.00
29	中海达奖学金	116 200.00
30	1982级水文系奖助基金	100 000.00
31	辉景创新创业奖学金	38 000.00

续表

序号	支出用途	2015年公益支出金额(元)
奖助项目		
32	鲲鹏奖学金	12 000.00
33	资源校友实践创新奖学金	20 000.00
34	徐亮助学金	10 000.00
35	李大佛奖学金	50 000.00
36	经济管理学院创新创业基金	5500.00
37	数理校友奖学金	3000.00
38	博士生创新人才基金	62 389.00
非奖助项目		
1	校友发展基金	9936.00
2	黄河矿业功能碳纳米材料实验室	49 535.20
3	周大生钻石有情生命无价救助基金	10 000.00
4	李忠荣捐代风平款	20 000.00
5	缘与美、兴得科技、经发投支持攀登南美峰	560 000.00
6	三江中电科技奖励基金	11 961.00
7	襄阳宏伟航空器有限责任公司支持滑翔伞基地建设	235 666.17
8	汇通锦华科技有限公司支持校团委文化建设	201 672.40
9	巨正新型产业创投基金	155 958.55
10	王学海校友支持校团委文化建设	9215.40
11	丰达地质工程公司支持幼儿园建设	299 961.00
12	武汉开发投资有限公司支持攀登乞力马扎罗峰	103 686.55
13	湖北恒顺矿业有限责任公司支持资源学院学科建设	43 222.00
14	本科生桃李基金	1780.00
15	大学生创新创业基金	66 357.00
16	大学生社会实践基金	6566.00
17	大学生社会公益基金	50 000.00
18	校友与社会合作研究基金	38 393.00
19	昆山捷美服饰有限公司设立迈橙基金	184 000.00
20	广州南方测绘仪器有限公司支持体育部登山	100 000.00
21	奥贝亚自行车有限公司支持体育部户外运动	300 000.00
22	天下粮仓支持校园文化建设	99 215.00
合计		5 031 646.37

国内外交流与合作

社会合作

【与成都市双流县人民政府签署合作协议】

6月19日,学校与成都市双流县人民政府就双方联合共建成都地质资源环境工业技术研究院正式签署协议。校长王焰新、副校长王华,成都市和学校相关部门负责人等参加签约活动。

根据协议内容,成都地质资源环境工业技术研究院将由学校和双流县人民政府共同出资成立,同时引入战略投资者。该研究院计划打造包含技术转移、产品中试、产业孵化、技术服务、研发服务等功能于一体的、政产学研用结合的协同创新平台,努力形成完整的新技术开发和产业化服务体系,旨在为高校和科研院所培养创新型人才、推动科技创新、加快成果转化、更好地服务成都地方经济社会发展提供支撑。

【与中国气象局签署战略合作协议】

7月23日,学校与中国气象局在北京签署战略合作协议。校党委书记郝翔,校长王焰新,副校长唐辉明、赖旭龙,以及相关部门负责人出席签署仪式。

王焰新代表学校与中国气象局党组书记、局长郑国光签署合作协议。根据协议内容,双方将围绕极端天气气候事件与地质灾害监测预警重点领域开展合作研究,组建创新团队,开展联合攻关;共同推进学校大气科学学科专业建设,培养气象发展急需人才;共建武汉极端天气气候与地质灾害联合研究中心以及大数据气象信息处理研究中心;建立局校合作联席会议制度,形成长效合作机制;中国气象局支持学校气象实践教学平台、教学基础设施、实习实训基地建设等。学校表示将按照合作协议内容认真落实具体事项,深入推进双方的合作共赢。

【与中国银行湖北省分行签订"数字化校园暨银校合作协议"】

7月28日,中国银行湖北省分行党委书记葛春尧、副行长吴正娴等一行9人来学校签订"数字化校园暨银校合作协议"。校长王焰新、副校长赖旭龙,以及相关部门负责人出席了签约仪式。仪式由财务处处长张玮主持。赖旭龙、吴正娴代表学校和中国银行签订了合作协议书。

【与青海省地质矿产勘查开发局签署合作协议】

9月13日,学校与青海省地质矿产勘查开发局签署"共建'青海地热综合利用发电项目'合作协议"。校长王焰新、副校长万清祥及相关部门与学院负责人参加协议签署仪式。

根据协议内容,双方将充分利用青海地区地热资源,专门组建项目组,就"青海地热综合利用发电项目"的设备安装与管理、关键技术研究、新技术新产品开发等方面开展全面合作。在会上,双方除对推进青海地热综合利用发电项目进行了深入交流外,同时就局校全面开展人才培养、科学研究等方面的合作交换了意见,并对双方深化合作,进一步拓展合作领域达成了共识。

【与中交天津航道局有限公司签署战略合作协议】

10月12日,学校与中交天津航道局有限公司签署战略合作协议。校党委书记郝翔,党委副书记傅安洲,党委副书记、纪委书记成金华及相关部门、学院负责人参加座谈。座谈会上,双方就本科生和研究生需求和培养,职工在职培训和继续教育,勘察设计、海底探测、水土污染处理与环境工程、装备自动化等领域科学研究,工程项目投融资管理等方面合作展开深入讨论,对双方深化合作,进一步拓展合作领域达成了共识。除此之外,中交天津航道局有限公司专门在学校举行了专场招聘会。

【与荆门市人民政府签署市校合作框架协议】

12月25日,学校与荆门市人民政府签署市校合作框架协议。学校党委书记郝翔、荆门市市委书记别必雄出席签约仪式并讲话。

根据协议内容,双方将在产学研用结合、人才培养、科技成果转化、技术咨询与服务等方面开展广泛合作。这不仅为学校培养新型人才、推动科技创新、加快成果转化搭建了良好的平台,也为学校壮大自身优势、服务地方发展、提升办学水平提供了难得的机遇。学校将认真履行合作协议,积极主动与荆门的相关部门和企业搞好对接,增进相互间的了解,促进各个领域的合作,力争取得更加丰硕的成果,助推荆门经济社会发展。

【与中南电力设计院有限公司签署合作协议】

12月29日,学校与中南电力设计院有限公司签订"共建'电力岩土工程研究中心'合作协议"。学校副校长唐辉明、相关学院和职能部门参加签约仪式。校友与社会合作处处长兰廷泽主持签约仪式。唐辉明副校长对中南电力设计院有限公司王辉一行表示热烈欢迎。根据协议,双方将共建成立电力岩土工程研究中心,致力于共同开展岩土工程勘察、设计、施工、检测与监测技术的开发和研究,以服务于电力及相关工程。

(撰稿:丁苗苗、张祎、程亮;审稿:兰廷泽、李门楼、卢杰)

学院基本情况

地球科学学院

【概况】

地球科学学院（简称地学院）设5个系：构造地质系、岩矿系、地球生物系、地球化学系、地理系；1个研究所：行星科学研究所（校级）；1个实验教学中心：地质学实验教学中心（国家级示范中心）。地球科学学院本着"一体两翼"的思想推进地质学国家一级重点学科与地质过程与矿产资源国家重点实验室、生物地质与环境地质国家重点实验室建设，参与建设教育部长江三峡库区地质灾害研究中心。

地学院办学目标：坚持标准，追求卓越，探索地球科学奥秘，谋求人地和谐发展，致力于建设国内一流、国际知名的高水平研究型学院。

地学院是国家地质学理科基础科学研究和教学人才培养基地，是教育部"985"优势学科平台建设及"211"工程重点学科建设所在地、湖北省试点学院。拥有国家一级重点学科1个（地质学），国家二级重点学科5个（古生物学与地层学、矿物学岩石学矿床学、地球化学、构造地质学、第四纪地质学），湖北省一级重点学科1个（地理学），共建省部级重点学科2个（海洋科学、测绘科学与技术）。地质学一级学科在2009年、2012年教育部高校学科评估中排名全国第一，设有地质学一级学科博士后科研流动站，2010年、2015年获全国优秀。2015年新进师资博士后1人，博士后12人。

地学院师资力量雄厚，在职教职工152人，其中，中科院院士5人，长江学者特聘教授3人，国家杰出青年基金获得者6人、优青1人，万人计划1人，青年千人4人，教育部新世纪优秀人才支持计划7人。建成2个国家创新研究群体和与之配套的2个高等学校创新引智基地（"111 计划"）。2000 年来获国家自然科学二等奖 3 项，参与完成国家科学技术进步特等奖 1 项、二等奖 1 项，国家自然科学二等奖 2 项。先后在 *Nature*（4 篇）、*Science*（2 篇）杂志上发表论文。

地学院重视教学质量工程建设，建成国家精品课程 9 门、湖北省精品课程 11 门，精品视频公开课 1 门、国家双语示范课程 2 门，国家特色专业 2 个，国家实验教学示范中心 2 个，国家教学团队 3 个，出版面向 21 世纪课程教材 3 部、"十五"规划教材 3 部、"十一五"规划教材 5 部，先后获国家级教学成果二等奖 4 项，参与 1 项，3 人获"湖北名师"称号。

本科专业按大类招生，地质学类有：地质学基地班、地质学专业、地质学卓越工程师班、地球化学专业；地理科学类有：地理科学专业。

2015 年新招本科生 203 人，2011 级本科毕业 289 人，288 名学生获得毕业证和学士学位，57 名免试推荐攻读硕士研究生。本科生发表论文 5 篇（其中 T2 分区 1 篇），7 篇毕业论文获湖北省优秀学士论文，本科毕业生就业率 90.46%（升学出国率 58.66%）。地学院 X11144 班团支部获评全国"示范团支部"，学院代表队获第一届"中国高校地理科学展示大赛"三等奖。获全国大学生英语竞赛特等奖 1 项、二等奖 1 项、三等奖 2 项。

2015 年新招博士 55 人，硕士 165 人，接收推免研究生 47 人，授予博士学位 35 人（2 名为留学生）、学术型硕士学位 102 人（2 名为留学生）、全日制工程硕士学位 18 人、在职工程硕士学位 63 人。研究生发表国际 SCI 论文 35 篇，获湖北省优秀博士论文 8 篇、优秀硕士论文 1 篇，校优秀博士论文 12 篇、优秀硕士论文 7 篇。研究生就业率为 92.37%。2011 级毕业生周尚哲获"李四光优秀大学生奖"，2010 级博士生熊庆、2013 级硕士生周光颜获"李四光优秀学生奖提名奖"；获湖北省挑战杯二等奖和三等奖各 1 项。

2015 年获国家自然科学基金资助 25 项，合同经费 2048 万元。其中，重点项目 2 项（刘勇胜、童金南）、国际合作与交流项目 1 项（郑建平）、面上项目 13 项、青年项目 9 项，地学院被评为校 2015 年度国家自然科学基金申报优秀组织单位。全年实到科研经费 5756.81 万元，新增合同经费 4741.2 万元。举行学术报告 73 场，其中，国外学者 20 人次，校外学者 42 人次。组织召开"地球科学青年论坛"。

2015 年进一步加强行业交流，接待西北大学地质学系、昆明理工大学国土资源工程学院班子来访，与湖南省遥感中心、浙江省第一地质大队开展学位教育。

【深化试点学院改革】
①创新野外实践教学组织方式，《中国国土资源报》登载了"我们的课堂在高山大海——地学院三大实习基地野外教学改革纪实"，野外实践教学质量大幅度提升。②统一组织对 11 支科研团队、9 支教学团队和三大实习基地教学团队个人进行考核。③推动课程教学国际化，举办"国际碳酸盐岩微相课""全球知名沉积地质学家巡回演讲（IAS Lecture Tour 2015）""地球表面撞击

坑"培训班,由国外知名教授讲课、学院教师助课,提升课程教学国际化,加大学生国际化培养。④举办出国英语培训,16名本科生在海外科研训练,9名本科生海外访学,11名本科毕业生攻读海外高校研究生学位,2名本科生参与2+2项目(悉尼大学、滑铁卢大学)。研究生5人获2015年"国家建设高水平大学公派研究生项目"资助,17人获学校资助短期出国研修,17人获学院博士生出国交流项目资助,15人获推免生海外科研训练。⑤全面落实导师制,2013级本科生地球科学学院、李四光学院共299名学生选择87名教师作为本科阶段导师,占教师比例79.1%。⑥探索学院结构治理改革,办公室管理事务岗全员竞聘与实验岗打通,探索人事管理向岗位管理转变。⑦支持青年教师成长,资助后备高层次人才、国家青年基金获得者,按成果显示度给予2~8万元的支持。⑧深入开展全院教风学风调查,完善学习服务体系,严格课堂纪律规范;利用学校专项经费支持,改善教学实验室和教师办公条件。

【促进高水平学科师资队伍建设】

高山院士和吴元保教授再次入选汤森路透地球科学领域"高被引科学家";高山院士、刘勇胜、谢树成、张宏飞、蒂姆·柯斯基教授入选爱思唯尔2014年中国高被引榜单地球和行星科学学术榜;郑建平教授入选国家百千万人才工程"有突出贡献中青年专家"和"湖北省杰出专业技术人才";章军锋、胡兆初教授入选国家万人计划"青年拔尖人才",胡兆初当选英国皇家化学学会会士;陈中强、Ali Polat教授分别入选"长江学者奖励计划"特聘教授、讲座教授,宋海军入选长江青年学子;曹淑云、王伟、汪在聪、文森特·苏斯特勒教授入选"青年千人计划"(后3人公示中),王伟入选楚天学子;赖忠平教授入选湖北省楚天学者特聘教授,童金南教授团队入选"湖北名师工作室",冯庆来教授享受国务院政府特殊津贴,童金南、徐亚军获湖北省高校省级教学改革研究项目,进一步提升学科师资队伍建设的水平。

【进一步提升学科影响力】

通过政策激励引导教师提升学术影响力,2015年发表SCI检索论文106篇。其中T1论文15篇、T2论文51篇、T3论文13篇、T4论文26篇。肖龙教授团队在 *Science* 上发表成果,是我国嫦娥探月工程实施以来,首次在国际顶级学术期刊上发表科学成果。黄俊博士与合作者在 *Geophysical Research Letters* 发表封面研究论文被选为美国地球物理学会研究亮点;韩凤禄博士和合作者在新疆发现新的基干角龙类化石,对研究角龙类的早期起源具有重要的意义;童金南教授团队荣获教育部自然科学一等奖;谢树成教授团队荣获湖北省自然科学一等奖;杜远生教授作为第二完成人获国土资源科学技术奖励一等奖。

《美国新闻与世界报道》(US News)公布的2016年度最新排名,在地球科学(Geosciences)门类中,中国地质大学(武汉)排名第40名,表明学科影响力进一步提升;地质过程与矿产资源国家重点实验室、生物地质与环境地质国家重点实验室通过科技部评估,分别获优秀、良好。

【认真谋划学院"十三五"规划】

充分征求教授、学科带头人意见,组织多轮讨论、修改,形成学院"十三五"规划主体:①指导思想:坚持标准,追求卓越。努力探索学科前沿,开辟新的领域与方向,建立促进卓越的评价体系,激励高质量、原创性的学术研究,探索适应当代科学发展特点和趋势的新制度,继承、完善与发展学院优秀的创新文化传统。②发展目标:建设"国内一流、国际知名"学院。地质学科瞄准科学前沿,以创新能力提升为突破口,探索跨学科融合协同创新的大地质思维、开辟国际学术合作的新途径、建立与国际接轨的师资队伍建设新机制,力求在大科学问题上有突破,推进若干子学科成为具有国际影响的学术高地;地理学科重点建设一批高水平有特色的研究基地和平台,实现快速崛起入主流、强特色。③具体措施:"十三五"期间总体保持学院国际SCI论文数量、杰出青年基金、重点基金数量,国家科技奖励、教学奖励在国内地球科学学院系的领先地位,争取ESI高被引论文与中科院相关院所缩小差距,逐步增强在国际上的影响力。

【一批校友获得荣誉】

李家彪当选中国工程院院士(1983届地质力学专业本科);裴韬(1998届地球化学专业博士)、田军(1999届地层古生物学专业硕士)、孙有斌(1994届地质学专业本科)获国家杰出青年基金资助;杜时贵(1984届地质学专业本科)获"何梁何利科学与技术进步奖";李永华(2001届岩石矿物矿床专业)入选中国地震局"防震减灾优秀人才百人计划"首批人选名单;周琦(2008届古生物与地层学专业博士)荣获"周光召基金会地质科技奖"。

【探索推进党建工作新机制】

加强学院廉政文化培育,重点推进制度改革与创新,建立结构合理、配置科学、程序严密、制约有效的工作运行机制,通过推进决策科学化、民主化、制度化,使各项制度互相衔接与配套,形成用制度管人、按制度办事的格局。认真落实"三重一大""三严三实"和党风廉政建设,召开专题学习会议,严明党的纪律,要求对照警示,深刻反思,严守纪律,不在公开场合妄议中央。教师不在课堂上讲不合适的话,保持廉洁自律。要求严肃财经纪律,不得以报账形式违规发放津补贴、不得虚套科研经费,要认真落实办公用房有关规定、严格执行"三公"经费支出管理的相关规定。

(撰稿:王德琳;审稿:王甫)

资源学院

【概况】

资源学院现设有5个系:资源科学与工程系、石油地质系、石油工程系、海洋科学与工程系、煤及煤层气工程系;2个研究所:数学地质与遥感地质研究所、沉积盆地与沉积矿产研究所。

资源学院现有教职员工164人,其中专职教师134人,其他工程实验人员及管理人员25人。专职教师中,教授50人,占教师总数的37.3%;副教授56人,占教师总数的41.8%。教师中有高级职称人数占总数的79.1%。专职教师中具有博士学位人数为131人,占教师总数的97.8%。

学院有2个省部级重点实验室:教育部"构造与油气资源"重点实验室(湖北省"油气勘探开发理论与技术"重点实验室)、国土资源部"资源定量评价与信息工程"重点实验室;是"地质过程与矿产资源国家重点实验室"的主体建设单位之一,有1个国家级实验教学实验示范中心、1个国家级虚拟仿真实验中心、1个省级实验教学实验示范中心。

学院拥有1个国家一级重点学科(地质资源与地质工程)、2个湖北省重点学科(石油与天然气工程和海洋科学),有4个博士后流动站、11个博士学科点和11个硕士学科点(涉及4个一级学科领域:地质资源与地质工程、石油与天然气工程、海洋科学、地质学)。

2015年,招收研究生和本科生共646名,其中,硕士研究生190人,博士研究生54人(包括2名与中国地质科学院联合培养博士),工程硕士生115人,本科生287人。学院目前各类在校研究生1684人、本科生1309人、各类留学生156人(研究生113人,本科43人),本科生就业率90.44%,研究生就业率88.05%。

2015年,资源学院项目经费合同额总计5779.99万元,到账经费合计9340.14万元。国家自然基金项目立项经费和地质调查项目立项经费均超过1000万元。总体上,2015年新立项的项目数、合同经费和到账经费较2014年呈下降趋势。

今年全院教师共申报国家自然科学基金60项,获批16项,其中国家自然科学基金重大研究计划集成项目2项(解习农,项目名称"南海深海沉积定量重建及其对洋盆扩张过程的启示",直接经费205万;赵新福,项目名称"华北克拉通破坏成矿响应的集成研究",直接经费260万)、面上项目8项、青年科学基金项目6项,总资助直接经费1180万,经费额度创历史新高;学院教师共出版科研专著6部,发表学术论文202篇(其中外文107篇),SCI和EI收录150篇。获得国家发明专利9项。

【认真践行"三严三实",党建与思想政治教育工作卓有成效】

以"三严三实"专题教育活动为契机,大力加强领导班子建设。坚持问题导向,突出领导带头,征求意见建议共11条,对群众反映的问题认真进行了整改落实。做好"八项规定"回头看工作,对办公用房、公务接待、研究生招生等进行了专项自查与整改。加强领导班子团结协作,院党委领导核心、政治核心和组织核心作用发挥良好。制定并落实关于党风廉政建设责任制的实施细则,同各三级单位签订了目标责任状。认真开展党风廉政宣传教育,组织了"三严三实"、"党的纪律与党的规矩"、《准则》与《条例》的专题学习,召开党风廉政建设专题会议,通报教育部巡视组公布的几起典型案例，教育广大师生廉洁自律，树立自身良好形象。制定、完善并实施了一系列教学、科研、人才培养及党建规章制度，认真落实"资源学院三重一大实施细则""资源学院党政联席会议制度""资源学院院务公开制度"等，充分利用二级教代会讨论并通过重点制度，确保了学院各项工作的科学化与规范化。

加强基层组织建设，为学院改革、发展、稳定奠定基础。完成石油地质系、石油工程系的行政领导班子和党支部换届工作。目前学院共有教职工党支部7个，学生党支部36个。高度重视入党积极分子的培养与党员的教育管理，现有教职工党员118名，教职工党员比例为71.5%。加强对流动党员的管理，今年对长期不参加组织生活的9名党员进行了处理。大力开展师德师风建设，着力推进"结对领航""两访两创"，沈传波同志被评为校"师德师风模范"，李建威、朱红涛老师被评为"研究生的良师益友"，姜涛等4人获评雷波兴达奖教金。

【师资队伍实力加强，多名校友成绩突出】

2015年，郝芳教授当选中国科学院院士，李建威教授入选国家百千万人才工程及中青年科技创新领军人才，蒋少涌教授获"李四光地质科技研究者奖"，沈传波教授入选湖北省优秀青年骨干人才，并入选校腾飞计划。2015年美国University of Texas at Austin曾洪流教授被聘为湖北省楚天讲座教授，从中科院青岛海洋研究所全职引进特任教授孙启良，从中国石油大学、武汉大学等高校引进特任副教授3人（徐尚、朱钢添、

刘恩涛）。资源学院校友李家彪入选中国工程院院士，校友王振峰、燕长海、范立民获"李四光野外地质科技奖"。

【人才培养质量与水平不断提高】

学院坚持教学工作的中心地位。修订完善《资源学院教学类资助和奖励办法》和《资源学院教学过程管理规定》，出台《关于教师最低教学课时数及课时折算的实施办法》《关于咸宁、大冶、江汉野外实践教学团队建设实施办法》和《关于组建同行专家听课的实施办法》3个文件。学院与新聘任的咸宁实习基地、大冶实习基地、江汉油矿实习基地的队长和副队长签订了建设协议，协议规定了队长和副队长的职责、待遇、考核办法等。学院聘请16位教授开展资源学院教师讲课效果评价，以促进学院教师教学水平的提升。修订完成了本科教学培养方案（2015版）。增加了2个野外实践基地的建设："通山—咸宁专业野外实习路线""大冶矿床野外实习基地"，使得资源学院本科实践教学基地累计达到了6个。中国地质大学（武汉）资源学院与中科院南海海洋研究所签订了联合办学协议，共建"海洋科学菁英班"，2015年开始第一批招生。成功申报5项教育部本科教学质量工程项目（资源勘查工程专业综合改革、海洋科学专业综合改革、"石油地质"实践教学平台项目、"石油工程"专业综合改革试点、"资源勘查工程（固体）"专业实践教学资源建设项目），申报获批3项教学研究项目。

【教学实验室、平台建设成果喜人】

国家级/省部级实验示范中心及国家级

虚拟仿真实验中心"矿产资源形成与勘查开发虚拟仿真实验教学中心"建设成果突出。2015年9月在福建全国实验教学中心10年建设成果展上,固体矿产勘查实验教学示范中心展示了中心的建设成果。国家级虚拟仿真实验中心今年完成了虚拟仿真实习平台的部署,初步完成了矿床教学标本的三维虚拟标本制作,完成了3个典型矿床的矿石虚拟实习,完成了矿山虚拟勘查设计、三维矿体建模、矿山储量动态估算及矿山实地场景虚拟展示等多个虚拟仿真实习。学院与澳大利亚 Peter Laznicka 教授合作,达成了国际典型矿床标本的转让协议,接收大量矿床岩石标本及全球矿产数据资料,并启动国内第一个国内外典型矿床资料库建设。2015年中陕核工业集团211大队有限公司捐赠两口完整的无放射性岩芯,学院建立岩芯编录与观察实验室。构造与油气资源教育部重点实验室顺利通过教育部评估验收,取得了满意的结果。国土资源部资源定量评价实验室运行成果突出。2015年10月28日,国土资源部资源定量评价与信息工程重点实验室同黄冈市国土资源局签署了战略合作协议。沉积盆地与能源资源平台依托学校学术创新基地建设和111引智基地"沉积盆地动力学与油气富集机理创新引智基地"稳步推进,学校资助经费为2400万元的实验室建设设备大部分到位,其中"裂变径迹自动统计系统及配套设备""扫描电子显微镜""覆压孔隙度渗透率测量仪""高压重量法吸附仪"和"手持式矿石元素分析仪"已经安装到位,正在调试。

【创新研究生培养机制,营造浓厚科技文化氛围】

学院继续推行硕士学位论文预审制度,严把学院学位论文质量关。2015年,6篇博士学位论文获校优秀、5篇硕士学位论文获校优秀。2015年获得湖北省优秀博士论文2篇,优秀硕士论文5篇。学院博士生国际交流与合作成绩显著,2015年"国家建设高水平大学公派研究生项目"联合培养博士研究生12人获得资助,约占全校资助总额(58人)的21%,"研究生国际交流与合作资助计划"短期交流学院11人通过申请,约占全校资助总额的19%。申请学校资助参加国际学术会议资助687人,占全校资助总额的39%。博士后人数明显增加,总体水平稳步提升。2015年评估中,学院主体建设的"地质资源与地质工程"博士后科研流动站获评"优秀","海洋科学"博士后科研流动站获评"良好"。

学院学术交流比较频繁,学术气氛较为活跃。2015年学院主办11人次校内教授学术交流,先后邀请国内外知名专家来校讲学20人次;学院教师先后有33人次参加国际学术会议,54人次参加国内学术会议。2015年,学院承办会议4次,即第三届全国地质工科院长论坛暨学科建设与人才培养研讨会,沉积学发展战略研究——盆地动力学与层序地层学专题发展战略研讨会,"甘肃省白银厂及外围铜多金属矿整装勘查区专项填图与技术应用示范"专家现场咨询与学术交流研讨会地质理论与技术创新青年国际学术论坛。

【以党建工作为龙头，做好学生教育与管理工作】

以党徽照我行工程和研究生示范支部建设为抓手推进支部建设，以"六个一"工程为载体，加强党员教育管理。全院共有36个学生党支部，其中，本科生支部9个，研究生支部27个。2015年共发展学生党员108名。以分党校为依托，做好两期共20次的入党积极分子、党支部书记和党员骨干的培训。举办党史党章知识竞赛，《准则》和《条例》专题教育活动、毕业生党员廉政教育等主题教育活动，开展"红星义务服务"等主题活动。学院在学校研究生党建工作推进会上做了典型发言。在全体学生深入开展社会主义核心价值观和中国梦主题教育活动，通过评选十大引航人物，选树典型，通过新媒体，扩大辐射面，取得了较好的效果。资源学院"青年引航计划"培育项目进入四进四信全国优秀案例评选。

【以学风建设为中心，学生科技成果斐然】

2015年确定为学风建设年，启动学风建设行动计划，广泛开展学风调研，查摆问题。举办第五届"寻找李四光卓越地质师培育工程"系列活动、推行"面对面"谈心活动、坚持学习型宿舍创建活动和"一帮一、结对子"学风建设主题活动，建立健全创新创业教育工作体系，制定创新创业学分认定办法，以挑战杯、全国地质技能竞赛、中国石油工程设计大赛、数学建模竞赛等重要赛事为龙头促进创新创业工作。沈传波教授指导的王佳宁团队获第十四届"挑战杯"全国大学生课外学术科技作品竞赛全国二等奖，获中国石油工程设计大赛综合组二等奖1项。

（撰稿：龚丽；审稿：郭秀蓉）

材料与化学学院

【概况】

材料与化学学院（简称材化学院）由化学系、材料科学与工程系和教学实验中心组成，建有纳米矿物材料及应用教育部工程研究中心、湖北省化学实验教学示范中心、湖北省材料科学与工程实验教学示范中心、中国地质大学（武汉）可持续能源实验室等校内教学科研基地，依托学校并由学院负责建有中国地质大学（武汉）浙江研究院、广东佛山研究院、江西新余新能源材料研究院等校外产学研平台。

学院现有教职员工130人，其中教授36人、副教授57人，博士生导师17人。拥有学校"千人计划"程寒松教授，国家杰青王东升教授，学校特聘教授5人、湖北省"楚天学者"11人、学校"腾飞计划"入选者2人、学校"摇篮计划"入选者14人。2015年，成功引进"千人计划"王庆教授、优秀青年基金获得者胡先罗教授，2名青年教师入选"楚天学子""摇篮计划"等高层次人才计划。

学院目前拥有材料科学与工程湖北省重点学科、材料学国土资源部重点学科，材料科学与工程一级学科博士点及博士后科研流动站、岩石矿物材料学二级学科博士点、资源与环境化学二级学科博士点，化学一级学科硕士点，化学工程、材料工程2个工程硕士专业领域，已经形成了本科、硕士、博士、博士后的办学格局。

学院拥有材料科学与工程、材料化学、应用化学3个本科专业，应用化学（地质分析）卓越工程师班、材料科学与工程实验班2个特色班。地质分析入选国家教育部卓越工程师教育培养计划，应用化学专业（新能源方向）入选湖北省高校战略性新兴（支柱）产业人才培养计划。学院开设61门本科生课程，拥有建设材料科学与工程、应用化学2个湖北省品牌专业，大学化学、分析化学、物理化学、材料晶体化学4门湖北省精品课程，编写出版10余部教材，建立多个校外实践教育教学基地。

2015年，学院招收全日制本科生295人、硕士研究生114人、博士研究生17人、在职工程硕士5人；授予学士学位240人、硕士学位112人、博士学位9人。2015届本科生就业率达到94.49%，研究生就业率达到100%。

2015年，获国家自然科学基金项目5项，获湖北省自然科学基金资助5项；在研项目负责人72人，占教师总人数的55.4%。全年实到科研经费1363万元（其中横向经费436万元，纵向经费927万元）。全年发表SCI论文108篇、EI论文48篇，授权国家发明专利43项，其中国际专利1项。

2015年，学院从海内外引进优秀博士、博士后2人，引进"国家千人"特任教授（兼职)1人、国家"优青"基金获得者1人、优秀青年人才2人，3人获"特任副教授"，1人获学校朱训青年教育奖励基金。

2015年，学院获学校本科教学工程立项1项、学校A级教学研究立项3项；1人获学校青年教师讲课比赛一等奖、1人获优秀奖。

2015年，1名青年教师获出国进修资助，并获国家全额资助；邀请国内外知名学者作学术交流报告51人次。

【学科建设与科研取得新突破】

2015年学院材料学科、化学学科先后进入国际ESI论文引用排名前1%，使得学校进入国际ESI排名前1%的学科数增加到5个，得到校领导和各职能部门的高度重视，王焰新校长亲率学校相关职能部门的领导来学院调研，对学院的发展予以充分肯定，并要求各部门全力支持学院的发展。学院"千人计划"学者程寒松教授团队研发的"新型常温常压储氢技术"成果得到科技部和湖北省政府的高度重视，校领导陪同科技部党组书记、副部长王志刚和湖北省省长王国生一行专程来校参观调研，该项成果早前在中央电视台新闻联播报道，与此成果相关联的项目已列入国家重大专项指南。周成冈教授团队在锂硫电池领域的研究成果作为封面文章发表在材料学科国际顶级期刊 *Advanced Materials* 上。

【本科教学有新举措】

学院组织修订了2015版本科生教学培养计划，增加了实践环节和创新学分，利于学生在理论学习和动手实践能力两方面协调发展。材料科学与工程专业综合改革试点项目和"分析化学MOOC课程"项目先后启动。"地质分析卓越计划"首次独立招生，第一志愿率大幅度提高；28名学生分别在11个实习基地进行新的教学模式的培养，教学效果反映良好。积极探索大学生新的教学模式和教学方法，建立知识点微视频平台，帮助大学生开展自主学习。微视频学习平台已建成有机化学、无机化学、分析化学、物理化学4门专业课百余个知识点微视频。

【创新创业取得新进展】

学院成立了"创新创业俱乐部"，开展以专业知识和发明创新为主体内容的创新活动，为知识型、专业型创业打下了良好的基础。俱乐部现有使用面积60m²，配备桌椅及各类电子设备，已有9个创业团队入住。俱乐部积极为有意向创业的大学生提供支持和指导，学院吉政甲、刘敏两名同学以"电子级球形硅微粉开发与产业化"和"烧绿石结构高温热障涂层材料产业化"成功申请大学生创新创业基金项目。为了鼓励创新创业，学院出台了辉景创新创业奖学金评选方案，每年奖励在创新创业方面表现突出的本科生。学院获得2015年度大学生创新创业教育先进集体。

【人才培养成果喜人】

2名2014级本科生入选第五批"李四光计划"；3名2013级本科生入选高徒计划；16名本科生入选第八期校级英才工程"科学家计划"。2015年"挑战杯"获湖北省二等奖1项。学院在2015年湖北省大学生化学实验技能大赛上荣获专业组一等奖2项，二等奖1项，优胜奖1项。湖北省第八届大学生化

学(化工)学术创新成果报告会上，获一等奖2项、二等奖3项、三等奖5项。19项"大学生创新性实验计划"获得校级资助，7个项目获批"2015年大学生基础科研训练计划"，"大学生自主创新资助计划"4个项目全部结题。4名本科生以第一作者(发明人)发表学术论文或国家专利，其中桂良齐发表T1和T2文章各一篇。硕士生以第一作者发表SCI论文41篇，博士生以第一作者发表SCI论文21篇。学校研究生科技论文报告会获特等奖1项、一等奖2项、二等奖5项、三等奖14项。

【工会工作成绩突出】

学院分工会履行民主管理职责，党政联席会议、"双代会"等民主决策机制得到完善巩固，形成了良好的民主管理、民主参与、民主监督制度。2015年学院分工会分别就学校门禁、新校区职工宿舍、专业学位研究生培养时间、学生一卡通、网络断网、提高本科生教学质量等问题向学校提出6份提案，学院被评为提案先进单位。学院分工会自行组织开展羽毛球钻石联赛等具有学院特色、参与人数多的职工群体活动。学院工会被学校评为"2015年度工会工作先进分工会"。

【浙江研究院建设进展顺利】

浙江研究院主楼与配套楼已于2015年8月底封顶，建筑面积10 666m²，基建工作将于近期结束，随后进入室内装修阶段和周边环境建设，预期2016年8~9月启用。研究院已有5个项目开始产业孵化。

(撰稿：吴迪；审稿：吴太山、严春杰)

环境学院

【概况】

环境学院设有水资源与水文地质系、环境科学与工程系、环境地质系、生物科学系和"地下水与环境"湖北省重点教学实验示范中心等教学机构,大气科学系正在筹建;设有中国地质大学(武汉)水资源与环境工程研究院,下辖6个研究所:环境评价研究所、大气物理和大气环境研究所、环境地质研究所、生态环境研究所、水资源研究所、清洁生产研究所,具有水资源调查评价甲级、建设项目环境影响评价乙级、水资源论证乙级资质。

学院发挥多学科交叉优势,初步形成了以水文地质、环境地质和生物地质为核心,涵盖水地气生,辐射材料、化学、管理、艺术等的"大环境"学科群生态系统框架,涉及了6个一级学科和5个本科专业。

设有环境科学与工程、水利工程博士后流动站;环境科学与工程、水利工程一级学科博士点和省重点学科;水文地质学(国家重点二级学科)、环境微生物与生态技术二级学科博士点;生物学、生态学一级学科硕士点;大气物理与大气环境二级学科硕士点。拥有生物地质与环境地质国家重点实验室(共享)、盆地水文过程与湿地生态恢复校级学术创新基地(C类)、地下水与环境湖北省国际合作示范基地等平台。

学院现有教职工105人,在站博士后25人,兼职教师6人。其中教师人数84人,院直13人,实验室8人。教授为35人、副教授为34人。45岁以下的教师占总数的40%,35岁以下的教师占总数的30%;博士率占98%,海外经历占73%,主持国家自然科学基金项目的教师占67%,高层次人才占33%。

学院现有全日制在校生1575人,其中本科生1040人,研究生462人,国外留学生73名;在职工程硕士353人,单证博士生38人,形成了"本科—硕士—博士—博士后"完整的人才培养体系。

2015年正式加盟教育部和国家气象局联合组织的"气象人才培养联盟",推动学校与中国气象局签订战略合作协议;获批"地下水与环境"湖北省重点实验教学示范中心;获批2015年度本科教学工程项目3项,总经费180万,位居全校之首;"地下水科学与工程"获批湖北省"专业综合改革试点"立项;国家精品资源共享课"地下水污染与防治"与高等教育出版社签订大幕课建设协议,"水文地质学基础"申报湖北省精品资源共享课程。承办了教育部环境教指委和高等教育出版社主办的全国第十届大学环境类课程报告论坛。

新增国家自然科学基金项目23项,总经费2183万元,其中,面上项目13项,青年基金8项。获批数全校排名第二,获批经费数全校排名第一。以江汉平原为研究区,开展地球关键带调查与研究示范,获得中国地质调查局的持续资助,初步形成了"地质调

学院基本情况

查－国家自然科学基金群－国家专项"的科技项目支撑体系和长江流域的地缘战略优势。2015年学院共新增科研项目148项，其中纵向55项、横向92项、校级立项1项，合同经费5034.5万元，到账经费4122.15万元。合同经费在100万元以上的项目6项，其中200万元以上的有2项，300万元以上的有2项；新增发明专利17项、实用新型专利3项；新增科研奖励5项。

2015年，学院共邀请专家学者39人(其中国外专家17人、台湾学者1名、香港学者1名)来院交流并作学术报告，举办学术报告"名家论坛"2期、"绿色地球论坛"27期。出席国内外学术会议的教师达76人次。

院党委围绕学院中心工作，积极推进试点改革，以廉政建设为重点，加强班子建设，顺利完成了学院党委换届工作。以文化建设为抓手，积极践行"学生发展是根本，教师发展是核心，学校发展是平台"的工作思路，不断加强"师德师风"建设。获校纪念抗日战争胜利七十周年大合唱比赛第一名；获棋类比赛象棋组第一名；乒乓球男子团体第五名；举办了学院"我运动、我健康、我快乐"冬季健走比赛等活动。关心离退休教师生活，发挥离退休教师的作用。

【师资队伍的规模和结构进一步优化，团队优势日趋凸现】

王焰新教授领导的"环境水文地质学"团队获批国家自然科学创新研究群体，这是我国水文地质领域第一个国家级创新群体，学校第三个国家级创新群体，与"地下水与环境"国家教学团队一道成为推动学院教学

与科研发展的"双引擎"。

本年度新增校级教学名师1人(万军伟教授)，新增青年千人1人(张仲石)、国家优青1人(袁松虎，共享)、湖北百人1人(石良)、楚天学者1人(顾继东)、楚天学子2人(王亚芬，孔淑琼)。

【学科结构日趋完善，影响力稳步提升】

学院重点完善"大环境"学科群的两翼，即环境科学与工程、水利工程两个一级学科博士点。在环境科学与工程下自设环境生物与生态技术、资源与环境化学、环境规划与设计二级学科博士点基础上，在水利工程下自设了地下水科学与工程、水文气候学二级学科博士点。

在专业建设方面，深入推进大气科学专业建设，不断提升学院影响力。4月正式加盟教育部、国家气象局组织的"气象人才培养联盟"，5月筹建大气科学系，6月启动大气培育学科计划，7月与国家气象局签订局校合作协议并共建大气科学学科与专业和"极端天气与地质灾害"联合中心，9月向教育部提交大气科学专业建设备案申请。此外，地下水科学与工程专业获批湖北省专业综合改革试点项目。承办了教育部环境教指委和高等教育出版社主办的全国第十届大学环境类课程报告论坛，来自全国155所高校和科研院所的560多人参加了报告会。

在平台建设方面，已初步形成国家、省部级、校级三级重点实验室和工程中心的理工兼容、协同发展的学科平台体系。学院作为主干力量建设的生物地质与环境地质国家重点实验室第一轮评估获"良好"；获批地

下水与环境湖北省国际合作示范基地(省部级);"盆地水文过程及湿地修复"学术创新基地召开第一届学术委员会,建设情况良好。

环境/生态学科连续两年进入全球ESI排名的前1%,环境科学与工程、水利工程博士后科研流动站获评"良好"。

【发挥地缘战略,聚焦地球关键带,科技创新链渐趋完善】

学院科技创新"三步走"思路包括:依托地质调查项目在长江中游建设野外基地,获取长观数据;依托国家自然科学基金,解决科学问题,探索新方法核心技术;依托国家专项,促进成果转化,提升社会服务功能。

在地质调查项目方面,主持中国地质调查局二级项目"江汉平原地球关键带调查示范",经费约3000万元;在国家自然科学基金方面,获批面上项目13项、青年基金8项,基金获批数全校第二,经费数全校第一;在国家专项方面,获批"地下水、土壤污染监测、修复和废水处理关键技术与装备产业化项目"[教财司预函(2014)384号],经费2393万元。

以地球关键带等为主题,成功举办3个国际会议:第一届矿区污染防治国际学术研讨会暨第四届中-匈 WORKSHOP、China-US Workshop on Critical Zone Studies at Jianghan Plain、水文-生物地球化学耦合过程。

【人才辈出,院风建设成效显著】

顺利完成了学院党委换届工作,产生新一届党委委员。040131团支部荣获校"五四

红旗标兵团支部",并获评"团中央湖北省示范团支部"。

靳孟贵教授获批享受国务院政府特殊津贴;王红梅教授被评为"湖北省师德先进个人";周建伟老师获评校"第四届师德师风道德模范"、第五届"研究生的良师益友";学院博士生、"积水团队"创始人、武汉中地水石环保科技公司董事长彭浩获团中央组织的全国首届"最美青年科技工作者"称号;夏新星同学获"十佳未来水利之星科研之星"荣誉称号,成为"科研之星"的唯一获得者;王宗星同学荣获"全国水利优秀毕业生"。

2015年,在学校的正确领导下,在各级职能部门、兄弟院系及社会各界的鼎力支持下,在全院师生的共同努力下,学院各项工作按照"十二五"规划目标和年度工作要点稳步推进,并在人才团队、科学研究、学科专业等方面取得了重要突破。与此同时,学院积极争取试点改革,完成试点学院改革方案(征求意见稿),并将以此为契机,开启学院"十三五"事业发展新征程。

(撰稿:左麦枝;审稿:刘先国)

工程学院

【概况】

工程学院由工程地质与岩土地质系、土木工程系、勘察与基础工程系、安全工程系、

力学与结构工程系和工程学院实验中心室组成，是"长江三峡库区地质灾害研究"、"985"优势学科平台主体建设单位。设有岩土钻掘与防护教育部工程研究中心、教育部长江三峡库区地质灾害研究中心、地质工程国家示范型国际科技合作基地，以及勘察建筑设计研究院、中美联合非开挖工程研究中心、武汉非开挖技术研究中心等。学院建有湖北省地质工程实验教学示范中心1个和面向全校的地质工程教学实验中心1个，包含了53个实验室。

学院现有专职教师130人，其中教授43人，副教授58人，讲师26人，助教2人；博士生导师25名（含兼职3人）。教师队伍中有国家级教学名师1名，兼职中国科学院、工程院院士各1人，俄罗斯外籍院士2名，"千人计划"1名，中组部"青年拔尖人才"1名，楚天学者2名，教育部新世纪（跨世纪）优秀人才4名，国务院政府津贴获得者3人，湖北省突出贡献中青年专家5名，湖北省青年科技奖获得者1名，中国地质学会青年地质科技金锤奖获得者1名、银锤奖获得者6名，入选武汉市"黄鹤英才（专项）计划""国土资源部人才计划（优秀青年）"各1人；有国家级教学团队1个，国土资源部创新团队1个，湖北省创新群体2个，江苏省"双创团队（产业）"1个。教师中有博士学位105人，有硕士学位13人，具有研究生学历教师的比例占92.7%；有出国进修经历的教师占65%。博士后流动站在站研究人员共14人。

学院现有学科体系以工科为主，主要涵盖地质资源与地质工程、土木工程、安全科学与工程3个一级学科，均具有博士学位授予权，其中，地质资源与地质工程为国家重点一级学科，全国排名第一。岩土工程、安全科学与工程为湖北省重点学科。建有地质资源与地质工程、土木工程、安全科学与工程、石油与天然气工程4个学科博士后科研流动站；地质工程是"211"工程和"985"优势学科平台重点建设的学科。

学院设有地质工程、土木工程、勘查技术与工程、安全工程4个本科专业（8个专业方向），以及各类继续教育等。勘查技术与工程、安全工程2个专业为国家特色专业，同时，勘查技术与工程也是湖北省品牌专业和教育部"卓越工程师计划"专业。"岩土钻掘工程学""工程地质学基础"为国家级精品课程并入选国家资源共享课程；"岩土工程施工概论""高层建筑结构设计"为国家级网络精品课程；"非开挖工程学"为国家级双语示范课程；"地质灾害预测与防治""地质类本科专业介绍"为国家视频公开课。"岩体力学""高层建筑工程""钻井液与工程浆液"为湖北省精品课程，"岩体力学""高层建筑工程"入选湖北省精品资源共享课。

2015年，毕业博士研究生24人，硕士研究生218，工程硕士46人，本科生500人。招收博士研究生40人，硕士研究生221人，工程硕士100人，本科生497人。2015届本科毕业一次就业率91.75%，毕业研究生一次就业率97.8%。

2015年6月学院有4名博士研究生、9名硕士研究生学位论文获得校级优秀称号，2名硕士研究生学位论文获得湖北省2014年优秀硕士学位论文称号，1名博士研究生学位论文获得湖北省2015年优秀博士学位论文。

2015年，工程学院到账经费总额为3747.59万元（其中纵向经费1417.69万元、横向经费2329.90万元），合同经费总额为3219.51万元（其中纵向经费1190.79万元、横向经费2028.72万元）。在研科研项目200余项，其中地质调查项目2项，地质调查协作项目11项，国际合作项目1项，国家863高技术项目项目课题2项，国家科技支撑计划项目2项，国家其他部委项目28项，国家重点基础研究项目（973计划）1项及课题6项，国家自然科学基金41项，其他纵向36项。2015年被三大检索收录论文121篇，其中SCI 36篇，EI 85篇，出版著作及教材6部，专利62项（发明专利37项）。

2015年，学院申报国家自然基金项目共有10项获批，其中面上项目5项，青年基金项目4项，应急管理项目1项，合计经费450万元，获批省科技厅自然科学基金重点项目1项。

2015年，全院教师短期出国交流12人次，参加国际学术会议、合作研究、访问交流及进修；邀请海外知名专家、教授来学院访问讲学、合作交流达45人次。

【科技成果显著】

2015年，学校作为第一完成单位，工程学院马保松教授完成的"水平定向钻管道穿越关键技术与装备"成果获湖北省科学技术奖二等奖；第一完成单位，晏鄂川教授等完成的"大型地下水封洞库围岩系统稳定性研究及其示范应用"获中国岩石力学与工程学会科学技术奖一等奖；第四完成单位，陈保国副教授完成的"公路涵洞工程关键技术研究与应用"项目获公路学会科学技术奖一等奖；第三完成单位，吴翔教授完成的"深部地质找矿岩芯钻探关键技术"项目获安徽省科学技术奖一等奖；第三完成单位，吴翔教授完成的"深部矿体勘探钻探技术方法和设备研究及应用"项目获国土资源科学技术奖二等奖。以第二完成单位、第二完成人吴立教授参加完成的"紧邻重要建（构）筑物环境下水下爆破施工工法"获国家级工法。

【学科建设有成效】

唐辉明教授负责的973项目各课题在科技部组织的项目验收过程中，研究成果得到专家组的一致好评，以优秀的成绩通过专家组验收。

【教学工作取得新进展】

启动了土木工程（岩土工程方向）国家专业综合改革项目和安全工程湖北省专业综合改革项目；"岩体力学"和"高层建筑工程"入选湖北省精品资源共享课；11人获"研究生国际交流与合作资助计划"联合培养项目资助，7人获"国家建设高水平大学公派研究生项目"。

【人才队伍建设有成效】

2015年宁伏龙教授入选中组部"青年拔尖人才"计划；1人入选学校"腾飞计划"，3人入选学校"摇篮计划"；引进人才10人（其中特任教授1人，特任副教授6人）；国土资源部创新团队1个。

【科技创新与社会服务取得新进展】

2015年，主编地质灾害防治行业标准4

部：《地质灾害术语规范》《地质灾害防治抗滑桩设计规范》《地质灾害防治排水设计规范》《地质灾害防治抗滑桩施工技术规范》；主编中国工程建设协会标准 CECS 382—2015《水平定向钻法管道穿越技术规程》一部；另外参编行业标准规范5部。因在科技创新与社会服务方面的成绩突出，1人获得湖北省政府"编钟奖"、江苏省政府"友谊奖"。获中央高校基金"精准扶贫"项目2项。

【成功举办第六届ICPTT 2015国际会议】

由学校中美联合非开挖工程研究中心与住房和城乡建设部科技发展促进中心共同主办的"第六届管道工程与非开挖技术研讨会"于2015年10月21日—23日在成都隆重召开。

该系列会议最初与美国土木工程师学会（ASCE）联合发起，自2009年以来已分别于上海、北京、武汉、西安和厦门连续举办了5届，得到美国科学基金会、国家自然科学基金委、国际非开挖技术协会、住房和城乡建设部科技发展促进中心等机构和组织的大力支持，成为管道工程和非开挖工程领域重要的系列学术会议之一，为管道和非开挖工程领域的管理人员、科研人员和工程技术人员提供了一个高水平的学术与工程实践交流平台。

本届会议安排了来自美国、德国、荷兰和国内的共45位管道工程和非开挖技术领域知名专家进行最新研究和工程技术成果交流，参会人员突破350人。

【国际交流与合作取得新进展】

2015年，与法国帕拉代姆公司合作，组建了联合"CUG – Paradigm联合实验室"，接受该公司捐赠软件市值600万美元。加入了国际地球科学应用学会（ASGA），使学校成为中国大陆首个加入该学会的学校。本科生21人、研究生18人出国留学，本科生出国短期访学20人。

（撰稿：陈飞；审稿：蒋国盛）

地球物理与空间信息学院

【概况】

地球物理与空间信息学院（简称地空学院）现设有3个学系：应用地球物理系、固体地球物理系、地球信息科学与技术系；1个中心：实验教学中心；设有1个省重点实验室：地球内部多尺度成像湖北省重点实验室；1个示范中心："地球探测技术"湖北省重点实验教学示范中心；2个院级研究所：能源地球物理研究所、地球空间信息研究所。现任院长胡祥云教授。

学院现有教职工85人，2015年新增教职工6人，退休1人。目前正高级职称23人（2015年破格晋升1人），副高级职称23人（2015年晋升1人），讲师29人；博士研究生导师12人、硕士研究生导师58人。2015年国家公派出国留学一年以上2人。学院现有博士后在站研究人员共45人，其中地球物理学流动站26人，地质资源与地质过程流动站19人。

学院拥有"地质过程与矿产资源"国家重点实验室第五分室,"地球内部多尺度成像"湖北省重点实验室,"工程地球物理"国土资源部重点开放研究实验室,"地球探测技术实验教学示范中心"省级重点实验教学示范中心。现建有14个专业实验室,实验仪器设备先进,总价值超过4500万元。

学院现有学科体系理工兼备,以工为主,涵盖地质资源与地质工程、地球物理学两个一级学科。其中,学院负责建设的地球探测与信息技术二级学科属于地质资源与地质工程国家一级重点学科,"固体地球物理学"是湖北省优势重点学科。拥有地球物理学一级学科博士学位授权点,并建有地球物理学和地质资源与地质工程两个博士后流动站。学院学科均为"211"工程重点建设学科,也是"地球系统过程与矿产资源"和"三峡地质灾害研究"两个"985"优势学科平台的支撑学科。

学院设有地球物理学(地质与地球物理实验班)、勘查技术与工程(勘查地球物理方向)和地球信息科学与技术3个本科专业。地球物理学为国家特色专业,也为湖北省品牌专业。"地球物理勘探概论"为国家精品课程,"地球物理勘探概论"为教育部国家级精品资源共享课。

2015年,学院毕业博士研究生25人,硕士研究生72人,工程硕士7人,本科生218人。招收全日制博士研究生25人,同等学力博士研究生4人,硕士研究生91人,工程硕士16人,本科生203人。2015届本科生一次就业率为88.99%,毕业研究生一次就业率为82.97%。

2015年,地球物理与空间信息学院科研到账经费总额为3083万元(其中纵向经费2067万元、横向经费1016万元);在研科研项目168项,其中地质调查项目7项、国际合作项目1项、国家863项目专题课题9项、国家科技支撑计划项目1项、国家科技重大专项子课题、专题7项、国家其他部委项目29项、国家重点基础研究项目(973计划)项目子课题2项、国家自然科学基金24项、横向项目54项、其他项目34项。

2015年,学院获批国家自然科学基金项目共计18项,其中重点1项、面上项目9项、青年基金项目7项、应急管理1项,合计经费1088万元。获批湖北省科技厅自然科学基金项目共计3项,包括资源开发、青年基金及创新群体滚动各1项,合计经费85万元。获批博士后科学基金面上资助3项,合计经费18万元。获得教育部留学人员回国启动基金2项,合计经费6万元。各级实验室开放基金项目共计20项。全年获各级科研成果奖2项(毛娅丹获得第六届刘光鼎地球物理青年科技奖,蔡建超获中国地质学会优秀论文奖)。全年发表SCI检索论文共计59篇,其中T2以上论文19篇;EI论文19篇。蔡建超副教授2014年5月发表在 *Langmuir* 的论文,2015年5次进入基本科学指标数据库(ESI)近十年高被引论文。

学院先后邀请30多位海内外知名专家、学者来学院进行交流访问并做学术报告31场。邀请了3位院士(杨文采、赵文智、杨元喜）、4位杰青（刘立波、刘青松、冯学尚、陈永顺）、近十位国外知名专家来学院作报告。学院教师出访美国、欧洲等国家和地区参加大型国际学术会议或交流访问约30人次。

【本科教学质量工程建设取得新成效】

应用地球物理系获得2016年本科教学工程"勘查技术与工程（勘查地球物理方向）特色专业建设"预研项目，预研经费10万元，完成了第一期校内地球物理实验场地建设和地震物理模拟实验模型制作，取得了良好的教学效果，为获正式立项打下了良好的基础。

固体地球物理系成功申报"地球物理学实践教学平台"质量工程预研项目，预研经费5万元，开展了两次野外实习选点和试验观测活动。预研期间获得了基础野外试验的相关成果，这些成果为2016年项目开展提供重要的参考依据。

地球信息科学与技术系于2015年获得了地球信息科学与技术专业高等学校"专业综合改革试点"项目，共投入经费30万元，购置了eCognition数据管理教学系统和空间信息反演与提取实验室教学硬件设备，并在后续的实习教学活动中取得了良好效果，为后续专业深入建设和发展打下了良好基础。地球信息科学与技术系开展了校外专业实习活动，在和相关单位合作期间，获得了联合培养的相关经验和成果，这些为本专业人才的培养和产学研相结合的实现奠定了基础。

【师资队伍建设取得新进展】

胡祥云教授入选国土资源高层次创新型科技人才培养工程"科技领军人才开发和培养计划"。

牛瑞卿教授入选中国·光谷第八批"3551光谷人才计划"。

高层次人才引进上的进展：展昕入选国家"千人计划"青年项目，这也是学校首次获批的工科青年千人；通过学校绿色通道引进优秀博士后3人。

【"地球探测技术实验教学示范中心基础设备购置"修购专项获批】

2015年，"地球探测技术实验教学示范中心基础设备购置"项目通过国家修购专项的评估，获批建设经费共计2016万元。该项目的实施，将极大地改善学院地球物理测量实验室（重力、磁法、电法、地震分室）、岩石物性实验室、地球物理测井实验室、地震资料处理和解释实验室、空间信息提取与反演实验室实验教学条件，增强学生实际动手操作能力，进一步提高实验与实习教学效果，完善学生的知识结构和全面提高学生的素质，更好地满足高水平创新创业人才培养需要。

【地球内部多尺度成像湖北省重点实验室首次学术委员会会议召开】

2015年3月11日，学院地球内部多尺度成像湖北省重点实验室召开首次学术委员会会议。学术委员会委员详细讨论并通过了实验室运行管理条例，确定实验室的管理运行实行学术委员会指导下的主任负责制。在学术研究上采取首席科学家制度，按照实验室11个研究方向，招聘11位首席科学家负责制定团队科研计划和目标及成员遴选与评估、考核。本次会议为实验室的正常运行与快速发展奠定了基础。参加本次会议的有：中国科学院院士杨文采、许厚泽，中国工程院院士彭苏萍、李建成，校党委副书记成金华，湖北省科技厅基础研究处处长郭嵩，该实验室学术委员会委员，地球物理与空间信息学院有关负责人等。

【学生获国家级和省级奖励】

本科生陈励获得"第七届全国大学生数学竞赛非数学类湖北赛区二等奖""第四届湖北省大学生数学竞赛非数学类二等奖"。

本科生黄凯获得"湖北省三下乡暑期社会实践优秀奖"。

本科生殷常阳获得美国数学建模二等奖。

本科生肖静怡等8名同学获得国家奖学金，侯文爱等24名同学获得国家励志奖学金。

2015级研究生钱瑞因其割肝救母感人事迹获评"湖北好人""2015年度中国大学生自强之星"荣誉称号。

（撰稿：王静、周群峰、刘燕飞、杨玮莹、李晋；审稿：刘子忠）

机械与电子信息学院

【概况】

机械与电子信息学院（简称机电学院）

现设有4个本科专业：机械制造及其自动化、电子信息工程、工业设计、通信工程；拥有地质装备工程二级学科博士学位点；3个一级学科硕士学位点：机械工程、信息与通信工程、设计学；5个工程硕士领域：电子信息工程、机械工程专业领域方向、控制工程专业领域方向、工业工程专业领域方向、计算机技术。有国家级、省部级教育平台4个：中国地质大学（武汉）-中国地质装备总公司国家级工程实践教育中心、岩土钻掘与防护教育部工程研究中心、湖北省高等学校电子电工实验教学示范中心；有3个校级教研中心（所）：机械工程教学实验中心、CAD中心、装备与仪器研究所。

学院现有教职工113人，其中教师91人，教授10人，副教授45人，拥有博士学位教师52人。目前，在校本科生1614人、研究生226人。

2015年立项15项，总金额426.36万元。其中自然科学基金4项，金额122.16万元；国家重大科学仪器设备开发专项子课题1项，中国博士后科学基金面上二等资助2项，金额16万元；省市项目1项，金额50万元；实验室基金4项，金额30万元；横向项目3项，金额208.2万元。发表SCI论文14篇，EI论文3篇。获专利授权60项，其中发明专利18项，实用新型专利33项，外观设计专利9项。获软件著作权66项。2015年学院举办学术报告7场次，其中4次学术报告邀请国外大学或机构的专家。

【获全国机电类大赛多项奖励】

2015年度，学院学生在科技方面获得国

家奖项22项，省级奖项10项，校级奖项39项，院级奖项17项。其中国家级奖项有全国大学生电子设计大赛一等奖1项、二等奖1项；全国大学生飞思卡尔智能汽车竞赛一等奖2项、优秀奖3项；第八届"高教杯"全国大学生先进成图技术与产品信息建模创新大赛二等奖5项；2015美国数学建模竞赛优秀奖1项；月球车创意设计大赛优秀奖4项；亚洲5G算法创新大赛三等奖2项、优秀奖3项；省级奖有湖北省第十届"挑战杯·青春在沃"大学生课外学术科技作品竞赛一等奖1项；第四届全国大学生工程训练综合能力竞赛湖北省预赛一等奖4项、二等奖1项、三等奖1项；全国大学生电子设计大赛一等奖1项、三等奖2项。

【人才和师资队伍建设】

2015年出国深造人数2人。2015年，学院晋升教授1人，副教授总人数45人，占专职教师人数的51.7%。引进特任教授（楚天学子）1人。入选楚天学者特聘教授1人。2015年获批机械设计及理论楚天学者设岗。

【实验室建设】

加大实验室开放力度，积极推进教学实验资源为学生创新创业服务，学院实验系统为2014—2015年度近50项实验室开放基金项目提供实习研究场所，并组织了结题验收工作，同时组织申报2015—2016年度实验室开放基金项目，机电学院申请近70项获批51项。金工实训中心协助学院学生完成省级工程综合训练大赛，为学校学生获得省级工程综合训练大赛一等奖2项、二等奖4项、三等奖1项贡献力量。

学院共申报5项实验技术研究项目，获批4项，实验教材3本，同时有近10项实验研究项目结题验收。

【新增产学研基地1个】

2015年10月14日，学院与武汉蓝讯科技有限公司签订了产学研合作协议。

【党建工作】

2015年学院持续开展以"访三室转三风"（访教室、寝室、教研室或实验室，干部转作风、教师转师风、学生转学风）为主题的"两访两创"活动。积极开展党员干部党风廉政建设学习教育和警示教育，通过深入开展政治纪律和政治规矩集中教育、"三严三实"专题教育、学习《准则》《条例》等一系列教育活动落实党风廉政建设教育。

学院重视学生党员发展工作，注重学生党员的再培养和再教育工作，保证党员的发展质量，全年发展学生党员106名。

（撰稿：陶安东；审稿：王海花）

自动化学院

【概况】

2015年，学院党委学习和贯彻了《中国共产党廉洁自律准则》和《中国共产党纪律处分条例》，组织了关于"党员干部政治纪律和政治规矩""三严三实"等专题教育活动，对"党员干部大办婚丧喜庆"进行了自纠自查,开展了"两访两创"和结对领航等党建活动,制定了"三重一大"决策制度实施细则,保证了学院党政领导集体的战斗性和廉洁性。全年发展学生党员34人,转正党员22人,发展教职工入党积极分子1人。

学院文化软环境得到了提升,凝练了"团结、奋斗、健康、卓越"的院风和"人人有目标、人人有平台、人人能发展"的工作理念,并以此来指导学院的各项建设;在信息楼一楼大厅修建了主文化墙,设计了院徽,建成了三楼、七楼宣传栏;加强了学院的网站建设,提高了学院宣传力度。

师资队伍进一步加强,新入职教师5人,新聘教授1人,2位青年教师获得国家或学校出国学习资助,引进"千人计划"特聘专家1人。3人入选汤森路透工程领域全球"高被引科学家"榜单。1人入选科技部中青年科技创新领军人才。

学院科研工作进步明显,获批国家自然科学基金项目8项,其中面上项目2项、青年基金项目6项,获批湖北省自然科学基金面上项目1项,被学校评为"2015自然科学基金申报优秀组织单位"。2015年度,学院新增项目38项,其中纵向项目27项、横向项目10项、校级1项,合同经费总计1500万余元,实到经费近1300万元;新增发表国际期刊论文36篇,发表国内期刊论文19篇,会议论文36篇;新增已授权的发明专利5件,新增已受理的发明专利29件;软件著作权10项;著作或教材3项。

积极开展对外学术交流活动,成功承办了第三届科学与技术前沿国际会议和第四届先进计算智能与智能信息处理国际研讨会,邀请了国内外知名学者共举办了20场学术报告会;申请获批日本樱花科技计划项目,资助本科生、研究生和青年教师共计15人赴日本进行学术交流;组织师生参加了第34届中国控制会议和2015年中国自动化大会。

努力探索人才培养新途径。在本科生培养方面,完成了本科生培养方案的修订工作,凸显了实践创新的重要性;继续推行本科生导师制。在研究生培养方面,加强制度建设,强化质量意识和标准意识;完善培养方案和标准,优化研究生导师配置,加强学术交流平台建设,扎实推进研究生的综合素质培养和学位论文质量的提升;举办了自动化学院研究生第一届学术年会。王广君教授获"宝钢优秀教师奖",贺良华副教授获教育部自动化类专业教学指导委员会立项资助,何勇教授被评为地大2015年"师德师风道德模范",安剑奇副教授获中国地质大学第八届青年教师讲课比赛一等奖,吴敏教授当选学校第五届"研究生的良师益友"。

高度重视学生工作,积极组织学生参加各类创新创业比赛,积极搭建创新创业平台,狠抓创新创业教育。学院申报并获批为学校大学生创业分基地,2个学生创业团队入驻学校大学生创新创业孵化基地,获得国家级科技竞赛活动一等奖3项。为了使学生就业保持较高水平,学院加强就业管理与服务,开展就业帮扶和就业引导教育,拓展就业渠道,根据就业形势,完善用人单位和校友反馈机制,建立企业信息库,本科毕业

中国地质大学(武汉)年鉴 2015

生就业率达96.49%，研究生综合就业率达到100%，学生就业在质和量上都有提高。

【科研工作】

2015年国家自然科学基金项目取得较好成绩，获批8项，其中面上项目2项、青年基金项目6项。学院被学校评为"2015自然科学基金申报优秀组织单位"。同时，获批湖北省自然科学基金面上项目1项。科研项目、论文和科研经费总量稳步增长。为了鼓励教师积极投入到科研工作中来，出台了《自动化学院奖励条例（讨论稿）》。2015年度，新增项目38项，其中纵向项目27项，横向项目10项，校级1项，合同经费总计1500万余元，实到经费近1300万元，另有6项国际交流项目获学校资助。2015年，新增发表国际期刊论文36篇（T1刊物1篇、T2刊物10篇、T3刊物10篇、T4刊物15篇），发表国内期刊论文19篇（其中T4刊物14篇），会议论文36篇（国际会议18篇、国内会议18篇）；新增已授权的发明专利5件，新增已受理的发明专利29件；软件著作权10项；著作或教材3项。

【平台建设】

科研平台和团队建设取得新进展，为学院的科研工作打下良好的基础。学院C类学术创新基地"复杂系统先进控制与智能地学仪器研究中心"获得学校4年总计1300万的经费资助。据此，发布了开放基金项目申请指南，收到院内项目申请14项，经过严格校外评审和院内评议，7项开放基金项目获批，另有4个实验室建设项目获资助，学院与项目负责人分别签订了任务书。2015年，学院申报的"复杂系统先进控制与智能自动化"获批为湖北省自然科学基金创新群体，获60万元经费资助。与北京国能日新联合共建"新能源控制技术实验室"稳步推进。"先进控制与智能自动化"湖北省重点实验室的申报筹备工作也在加紧进行。

【学术交流】

2015年，学院对外学术交流尤为活跃，成功地承办了由国家自然科学基金委员会、中国科学院和日本学术振兴会主办的第三届科学与技术前沿国际会议和由国际模糊系统协会、日本学术振兴会、日本智能信息模糊学会、中国地质大学（武汉）及富士技术出版株式会社主办的第四届先进计算智能与智能信息处理国际研讨会，16位中外专家作了专题报告；邀请了中国工程院院士、浙江大学孙优贤教授、中南大学蔡自兴教授、日本电气学会会长大西公平教授、名古屋大学福田敏男教授、东京工科大学一柳健教授、早稻田大学横山隆一教授、德国鲁尔大学Jan Lune教授、澳大利亚Griffith大学韩清龙教授等国内外知名学者，共举办了20场学术报告会；青年学者董凯锋、朱媛、陈略峰、万雄波也分别作了学术报告；接待国内外来访学者、学术交流访问共计13批次。约旦教育大臣一行来学院参观交流，陈鑫教授作了题为"Practice、Innovation、International——Student Training"的专题报告。在请进来的同时，也不断地鼓励和资助师生走出去。申请获批日本樱花科技计划项目，资助本科生、研究生和青年教师共计15人赴日本进行学术交流。资助师生17人参加了7月份在杭州举办的第34届中国控制会议,提交学术论文12篇;24名师生参加了11月份在武汉举办的2015年中国自动化大会,陈鑫教授在专题组作了学术报告。获得了教育部高等学校自动化类专业教学指导委员会第四次全体会议和第十二届全国高校自动化系主任(院长)论坛(2016年)及第37届中国控制会议(2018年)的承办权。

【队伍建设】

制定了《中国地质大学(武汉)自动化学院关于新进教师遴选程序的有关规定(试行)》,在学院网站常年悬挂人才招聘信息,积极争取学校各项政策支持,学院办公室紧密联系,全程服务。2015年,引进"千人计划"特聘专家佘锦华教授,新入职教师5人,新聘教授1人;陈珺、宋恒力获得国家或学校出国学习资助。为了进一步加大青年教师出国学习的力度,学院党政联席会决定利用学校C类学术创新平台建设项目和学校配套,资助青年教师出国深造。吴敏教授、何勇教授、佘锦华教授再次入选汤森路透工程领域全球"高被引科学家";何勇教授入选科技部中青年科技创新领军人才;何勇教授被评为地大2015年师德师风道德模范,吴敏教授当选学校第五届"研究生的良师益友"。

【创新就业】

学院重视学生创新创业工作,积极搭建创新创业平台,狠抓创新创业教育。申报并获批为学校大学生创业分基地,2个学生创业团队入驻学校大学生创新创业孵化基地。2015年,在浙江大学举办的全国大学生电子设计竞赛中获得国家一等奖1项,在山东大学举办的全国大学生"飞思卡尔"杯智能汽车竞赛中获得"摄像头组"全国一等奖1项,在苏州吴江举办的台达杯高校自动化设计大赛中获得大赛一等奖1项。此外,学院9项大学生创新创业项目获得学校资助。为了使学生就业保持较高水平,学院加强就业管理与服务,开展就业帮扶和就业引导教育,拓展就业渠道,根据就业形势,完善用人单位和校友反馈机制,建立企业信息库。2015届本科毕业生就业率达96.49%,研究生综合就业率达到100%,学生就业在质和量上都有提高。

(撰稿:李儒胜;审稿:董浩斌)

经济管理学院

【概况】

经济管理学院现设有工商管理系、经济学系、管理科学与工程系、会计系、旅游管理系、国际经济与贸易系、统计学系7个系和MBA教育中心;建有资源环境经济研究中心、电子商务国际合作中心和旅游发展研究院等多个研究机构。

学院拥有1个博士后流动站(管理科学与工程)、2个一级学科博士点(管理科学与工程、应用经济学)、5个一级学科硕士点(管理科学与工程、应用经济学、工商管理、理论经济学、统计学)、8个专业学位(MBA、工程管理、会计学、旅游管理、资产评估、工业工程、项目管理、物流工程），学院同时还拥有工商管理、经济学二学位的办学自主权。根据教育部学位与研究生教育发展中心对各个学科点评估，学院的管理科学与工程排名为32位；应用经济学排名为34位。

学院现有教职工169人，其中专任教师140人、党政管理和教辅人员26人。专任教师中教授26人，副教授71人，具有博士学位者81人，拥有教育部新世纪优秀人才4人。

2015年学院有本科生2090人、研究生432人。据省就业指导中心审核通过的数据显示，截至2015年12月，学院2015届本科毕业生就业率为89.23%，研究生就业率为97.01%。同时，学院2015届毕业生中有72名优秀学子获得免试推荐研究生资格，其中外推47人，被"985"高校接收35人，进入"985"高校的人数占外推比例的74.5%。

【科研成果奖励】

2015年全院共获得5项国家自然科学基金项目，获得1项国家社会科学基金项目，获得4项教育部人文社会科学基金项目。全年科研经费达到901.731万元；2015年度，全院共发表论文55篇，其中T1、T2、T3论文20余篇。数字化商务管理研究中心、湖北省区域创新能力监测与分析软科学研究基地、中国矿产资源战略与政策研究中心等科研平台建设稳步发展，共获得资助经费190万元。

【教学工作进展】

2015年学院全年组织完成上课任务405门次，本科生教学实习、毕业实习、计算机课程设计和课程实训等各类实践教学任务77个班次，指导老师437人次，实习学生2584人次。学院12篇本科学位论文被评为湖北省优秀学士学位论文。依据2014年秋季、2015年春季两个学期学务指导学生评分及反馈信息显示：学生评分优秀（大于或等于90分）的老师比例为72.97%，评分良好（小于90，大于或等于80分）的老师比例为26.13%。学院申报国家教学质量工程项目取得突破进展，2016教学质量工程预研项目立项4项。2015年校级教学研究项目4项。

【国际学术交流】

2015年，组织召开了第14届武汉电子商务国际学术会议；成功举办了中国区域科学协会生态文明研究专业委员会成立大会暨首届全国生态文明建设与区域创新发展战略学术研讨会；联合举办了2015全国资源枯竭城市转型发展和资源环境经济管理论坛；邀请国内外知名专家学者、知名企业家来院讲学，举办经济管理论坛、MBA高端论坛17场。投入10余万元经费促进本科生国际访学，开拓学生国际视野，加强国际交流。推荐19名同学赴法国滑铁卢大学、加拿大英属哥伦比亚大学、新加坡南洋理工大学、匈牙利罗兰大学、塞浦路斯国际大学、台湾海洋大学等高校参加访学与短期交流。

【创新人才培养效果】

积极组织学生参加各类科研及竞赛活动。有12项大学生创新创业训练项目入选2015年的全国大学生创新创业计划，其中重点项目9项，一般项目3项。另外有9项大学生创新创业训练申报了2016年的全国大学生创新创业预选项目。在2015年全国大学生英语竞赛中13人获奖，一等奖1人，二等奖4人，三等奖8人。朱冬元教授和江毅老师指导的暑期"三下乡"社会实践团队荣获全国"百强实践团队"。

【党建和精神文明】

在党员领导干部中开展"三严三实"教育实践活动，全院领导干部和广大党员通过学习党章、八项规定六项禁令内容、党的政治纪律和政治规矩、湖北高校教师"十倡导十禁止"师德行为规范、《中国共产党廉洁自律准则》《中国共产党纪律处分条例》等有关文件和精神，进一步增强了党性修养，加强了师德师风建设。许小平老师被评为学校第四届"师德师风道德模范"，汪长英、於世为老师被评为校第五届"研究生的良师益友"。

学院党委与教职工党支部签订《党支部目标管理责任书》和《三级单位党风廉政建设责任书》，学院党委与所有大学生党员签订了《学生党员廉洁自律承诺书》。较好地完成了2015年教职工党支部立项总结，同时完成2016年教职工党支部的立项工作。全年共发展新党员124名，转正124名，本科生党员比例8.7%，研究生党员比例51.62%，培训入党积极分子207名。积极响应组织部开展的"精准扶贫"捐款活动，学院共募集捐资17 500元。

（撰稿：赵谦、王海锋；审稿：严良、隋红）

外国语学院

【概况】

外国语学院现设有1个本科专业：英语专业；1个一级学科硕士点：外国语言文学硕士点；3个教学单位：英语系、第二外语教学部、大学英语教学部；4个教研平台：教育部出国留学培训与研究中心、湖北省高等学校英语语言学习示范中心、俄罗斯中亚研究中心、外国语言文化研究所。学院按照语言文学、国际商务、科技翻译3个专业方向建立和完善了英语专业人才培养体系，积极建立富有特色、相对稳定的校内外学生实习基地，每年招收英语专业本科生100人，外国语言文学（英语、俄语）研究生及翻译硕士研究生70人。

学院现有教职工103人，其中，专任教师人数87人（未含外籍教师）。教师中具有博士、硕士学位的84人，占教师总数的96%，教授11名，副教授33名。学院长期聘请外籍教师4人，国（境）内兼职教授2人；国外（英国雷丁大学）讲座教授1人。

2015年外国语学院在校本科生共计354人，在校研究生共计180人。

【教学工作】

持续推进大学英语教学改革，着力培养学生学术英语能力。2015年大学英语部开始逐步构建旨在培养学生学术英语能力的大学英语新课程体系，着手学术英语课程建设。制定了《2015级大学英语教学改革方案》,并在2015级地球科学学院新生中予以实施。稳步推进ESS/EPP大学英语试验班教学改革。2015年,ESS/EPP大学英语试验班教学工作进展顺利,大学英语部已经完成2015级ESS班学生的选拔工作。"非英语专业研究生过英语课程与教学改革研究"已获立项,该项目将进一步推动学校非英语专业硕士学位研究生英语教学改革,构建适应学校研究生教育创新发展的英语教学体系,不断提高研究生英语教学质量,全面提升研究生的英语综合应用能力。

开拓创新,谋划英语系专业人才培养新途径。为顺应社会发展的需求,培养出更多有市场竞争力的外语能力突出的复合型人才,外国语学院英语系拟定了一系列改革设想,"英语+X本科联合培养模式探索与实践"已获学校重点教改项目资助。完善专业研究生教育的管理,2015年学院依托新的研究生管理系统,对研究生培养的相关工作进行了更加规范的管理。对《外国语学院硕士研究生提前毕业的规定》进行了修订;根据目前学校国际化办学的具体情况,制定了《外国语学院研究生出国管理规定》。

【第二课堂活动成果丰富】

学院大学英语部于2015年4月组织了全国大学生英语竞赛初赛,11月组织了"21世纪·可口可乐杯"全国英语演讲比赛校园选拔赛、"外研社杯"全国英语写作大赛湖北赛区决赛和"外研社杯"全国英语阅读大赛湖北赛区决赛。在2015年5月举办的全国大学生英语竞赛中,学校2人获得特等奖,6人获得一等奖,14人获得二等奖,33人获得三等奖;在2015年11月举办的湖北省赛区"外研社杯"全国英语演讲大赛中,1人获得二等奖;在2015年11月举办的湖北省赛区"外研社杯"全国英语阅读大赛中,1人获得二等奖;在2015年12月举办的湖北省赛区第二十届中国日报社"21世纪·可口可乐杯"全国英语演讲比赛中,1人获得特等奖。

为浓厚学院学生的学习氛围,提升其语言实际运用能力和竞赛竞争力,英语系设立了翻译、写作、演讲、辩论4个语言工作坊,组建各自的导师组,为学生参与校内外竞赛活动进行指导和培训,极大地提高了学生学习英语的兴趣和热情。积极建设第二课堂,组织开展丰富多彩的语言能力拓展活动和各类大学英语竞赛活动,着力营造英语学习氛围和实践环境。

【学科建设】

圆满完成MTI学位授权点的迎评工作。2015年3月,学院对MTI学位授权点2010年获批5年来在师资队伍、教学资源、教学管理、人才培养质量等各相关方面的工作进行了全面细致的梳理,总结经验,查找问题,实施整改,按时提交了评估报告,圆满完成了MTI学位授权点的迎评工作,为2018年迎接外国语言文学硕士学位授权点的评估积累了宝贵经验。按照学校的要求和部署,学院今年12月正式启动了外国语言文学硕士学位授权点评估的迎评工作,为2018年该学位授权点的评估进行准备。

【科研工作】

2015年,学院教师公开发表学术论文共30余篇,参加国内国际学术会议共计20次,

学院基本情况

其中，4名教师发表T5及以上期刊论文7篇；在30多位科研骨干的不懈努力下，学院成功获批学校学科建设项目；董元兴和邸明获批研究生院专业学位研究生教学案例库建设项目；11位教师顺利通过中央高校优秀青年及新青年项目结题答辩；由学院部分教师多年编撰的《英汉古生物学专业术语词典》和《英汉岩石学专业术语词典》已经修缮完毕，不久将由武汉大学出版社予以出版。

【师资队伍建设】

学院贯彻落实学校和学院关于加强教师队伍建设的精神，大力支持青年教师通过读博、出国进修、国内外访学、短期培训等多种方式进修提高，帮助青年教师发展成长。2015年，有10多位教师在外攻读博士学位；2位教师在美国孔子学院任教；20多位骨干教师曾先后参加外研社、外教社及学校举办的一系列教学科研培训活动。组建特色教学团队。在2015年9月开始的新一轮教学改革中，学院大学英语部以服务于学校办学目标和国际化人才培养目标为宗旨，致力于满足学生发展的个性化需求，满足院系学科发展需求，满足行业发展需求，通过与各个学院紧密合作，建立了地学团队、李四光团队、环境学院菁英班团队和ESS团队，并逐步完善工作流程和管理章程。师资队伍建设成效日益显著。青年教师冯迪获得2015年全国高等院校英语教学精品课大赛一等奖；姚夏晶获得2015年第六届"外教社杯"全国高校外语教学大赛（英语专业组）湖北赛区决赛一等奖。

2015年度，学院邀请学校马克思主义学院盛宏模教授、华中科技大学黄勤教授、雷丁大学教育学院张晓兰博士等讲学12场次。2015年度参与国际交流项目的本科生共计13人次，研究生共计8人次。

2015年11月，学院聘请英国雷丁大学英语教学研究专家张晓兰教授作为学院讲座教授。

【学生工作】

秉承以人为本、求实创新的学生工作理念，以学生成长成才为核心，创新学生工作新模式、新方法，紧密结合学院专业和学生特点，加强规划指导，稳定专业思想，促进学风建设。有计划、有步骤，多主体全方位地为学生提供学业规划和职业规划，有效做好教育、管理和服务工作。围绕"提高学生专业自信，增强就业竞争力"的阶段目标，进一步修订《外国语学院就业促进实施办法》，制定了《外国语学院学生奖励办法》，对取得学术成绩及专业竞赛、文体竞赛成绩突出的学生进行物质奖励，引导广大学生加强专业学习、并且全面发展，对学生参与科研、参与竞赛起到了有效的激励作用。2015届学院本科生就业率达到91.75%，比2013届增加了2.84%，研究生就业率达到100%，比2013届提升了13.92个百分点。

学生综合素质和专业能力增强。2015年度，学生专业竞赛类获得国家级奖项4项，省级奖项24项。近90名学生参加了科研活动，校级基础科研训练项目立项10项，校级科技论文报告会获奖4项（其中一等奖1项，二等奖3项）；2015年2013级英语专业四级考试通过率为88.46%，超过理工类大学

27.29个百分点，超过全国平均通过率36.67个百分点，创历史新高。2011级专业八级考试一次性通过率为58.24%，超过全国理工院校12.11%，超过全国高校18.39%。

【社会服务】

教育部出国留学培训与研究中心（以下简称"中心"）根据社会需要和发展趋势，围绕语言测试，基本建立了以下教师团队：国家公派出国外语培训、研究团队；雅思考试培训、研究团队；托福考试培训、研究团队；项目开发团队（与中外服合作项目团队、与IDP合作项目团队及其他项目团队）。承办了"2015年湖北省优秀中学英语教师赴澳大利亚行前培训"，中心还为本校出国留学和访问的师生举办了专场行前培训，来自全校各个学院的近四十名学生和即将参加公派出国留学的学校教师参加了本次培训。举办"2015学在香港"说明会，说明会有来自湖北、海南、四川、湖南等省份百余名新被香港高校录取的学生及其家长参加。2015年中心在继续推广雅思、托福大班的同时，努力尝试VIP一对一教学及外教口语一对一活动，取得了良好的效果。继续与四川大学出国留学人员培训部合作，在学校和武汉地区的事业单位招收公派出国语言培训班，2015年，中心继续加强与中国对外友好合作服务中心的合作，针对校内学生开发出"暑期赴美带薪实习项目"和"青年师生赴美社会调研项目"，并在校内举办了近十场宣讲会，有7名学生参加了赴美带薪实习项目，有3名同学通过青年师生赴美社会调研项目对美国社会进行了调研。中心拓展行业服务，为中科院岩溶地质研究所的单证博士们开设成建制的英语培训课程。这是中心为行业企业提供成建制订单式服务的首次尝试，取得了一定的经验，效果良好。

【校园文化建设】

中西文化交流氛围进一步浓厚。2015年，学院举办了第十一届中西文化节，举行了第二十届全英文团组织生活观摩，举办"美美之英"讲座12场，英语协会开展英语角活动16期，深入开展中西文化学习与交流。还有万圣节嘉年华活动，感恩节英语配音大赛。

（撰稿：郭平原；审稿：张基得）

信息工程学院

【概况】

信息工程学院现设有测绘工程、地理信息系统（科学）、软件工程、遥感科学与技术、信息工程5个本科专业。

学院现有教职工101人，其中专职教师77人，博士后2名，其中教授19名、副教授32名，博士生导师7人；具有博士学位教师71人，教师博士化率达到83%，有出国经历的教师比例达到45.5%；长江学者1人、楚天学者1人、中组部国家"青年千人计划"1人、国务院学位委员会学科评议组成员1人、国家级有突出贡献中青年专家2人、教育部新

（跨）世纪优秀人才2人。学院大力推进人才队伍建设,2015年学院选派4名教师出国访问进修,全年共邀请8名海外专家学者到学院讲座（课）、交流,学院教师参加国内外学术会议的数量较往年有明显增加。

学院现有全日制本科生1410人、研究生350人。2015年招收本科生356名、全日制硕士研究生124名、博士生10名;毕业本科生343名、全日制硕士生107名、工程硕士28名,博士生1名（外国留学博士）;2015届本科毕业生就业率达到95.04%,录研（出国）率为33.82%,研究生就业率100%。2016届56名同学获得免试攻读研究生资格。

学院积极进行教学改革探索,创新人才培养模式,先后与北京、上海、深圳、武汉等地的25个单位签了产学研合作协议,建立了完备的人才培养制度。软件工程专业入选教育部"卓越工程师教育培养计划",测绘工程专业通过工程教育专业认证,地理信息系统专业获批湖北省品牌专业,地理信息系统专业、信息工程专业入选湖北省普通高等学校战略性新兴（支柱）产业人才培养计划项目。由学院师生组成的CUG机器人足球队在国际机器人足球比赛中屡获佳绩,成为机器人足球领域的世界知名强队。近年来,学院各专业就业形势良好,部分学生任职于AUTODESK、腾讯、百度、华为、中兴等国内外知名企业。

学院围绕国家对空间信息科学与技术的需求,依托优势学科,构建高水平教学科研平台,造就学术水平高、创新能力强、在国内外有较大影响的教师团队。现有测绘科学与技术一级学科博士后科研流动站和一级学科博士点,资源与环境遥感（自设）二级学科博士学位点,测绘科学与技术、软件工程、计算机科学与技术3个一级学科硕士学位点,有测绘工程、计算机技术、软件工程3个工程硕士领域。

2015年,国家地理信息系统工程技术研究中心的立项建设为学院发展带来新的机遇。工程中心提出悬浮式面向服务的GIS架构理论体系,推出了基于新一代GIS架构理论体系及新一代开发模式的数据中心集成开发平台,实现了"零编程、巧组合、易搭建"的可视化开发;完成了地理空间信息工具集平台开发及基于GIS工具集云平台的需求中心、GIS研发中心、GIS测试中心、云GIS服务中心的部署,并在2015年全国测绘科学与技术博士论坛期间完成上线发布;创建了面向大学生创新创业的网络服务平台建设,提供在线开发、测试和在线交易环境。

学院坚持开放办学的理念,与国内外多所著名大学和公司建立了广泛的交流与合作关系。选派师生到美国俄亥俄大学、加州大学圣芭芭拉分校、俄勒冈州立大学、康奈尔大学、加拿大滑铁卢大学、澳大利亚墨尔本皇家理工大学、佛罗里达州立大学、密歇根大学、美国纽约州立大学布法罗分校等国际知名大学访问交流,邀请这些学校的学者来院讲学。同时,与行业内的高校、企业建立了经常性的交流机制。

【国家地理信息系统工程技术研究中心第一届技术委员会会议召开】

2015年,国家地理信息系统工程技术研

究中心（以下简称"工程中心"）第一届技术委员会会议在武汉召开。中国科学院院士徐冠华、赵鹏大、龚健雅，中国工程院院士郭仁忠、李建成、卢耀如、宁津生，国家遥感中心李加洪总工程师，总参西安测绘研究所刘平芝研究员，北京大学邬伦教授，中国科学院地理所陆洲研究员等专家，工程中心主要负责人员参加会议。

技术委员会副主任郭仁忠主持会议。工程中心副主任周顺平汇报了工程中心总体建设情况，吴亮副教授汇报了工程中心发展规划——全球GIS服务生态环境建设情况。委员们充分肯定了工程中心在基础建设、技术创新、工程化应用、人才培养、社会服务等方面取得的成绩，并就工程中心的发展思路、建设方案等问题提出意见和建议。希望工程中心充分把握国家关于地理信息产业发展的优惠政策，坚持应用驱动创新，创新驱动发展，结合地大地学优势，突出工程中心地学应用特色，以GIS工程化、产业化为导向，促进我国地理信息产业的快速发展。

【成功承办第23届国际地理信息科学与技术大会】

2015年，第23届国际地理信息科学与技术大会在武汉隆重举行。徐冠华院士、周成虎院士、卢耀如院士、李德仁院士，吴信才教授、王少文教授、林珲教授、Douglas Richardson教授、Armin Gruen教授、Mei-Po Kwan教授、Zhihong Sun教授、Richardson Douglas教授等国内外著名专家学者，校党委副书记朱勤文，来自国内外地理信息科学界的代表300余人参加了会议。

国际地理信息科学与技术大会由中国海外地理信息科学协会于1992发起，是全球GIS专业人士交流地理信息科学与技术新思想、新技术、新方法的会议，目前已经发展成为了地理信息领域颇具影响力的国际学术会议。本届会议主题是"GIS地理学、地球科学、环境科学"。这次会议为地理信息专业人士、学生等提供了一个良好的平台，交流创新理念、展示新技术及其探索应用。这是学院第一次承办国际学术会议，通过会议承办增进了国内外地理信息领域的专家学者对学院的了解，增强了学校测绘学科的社会影响力。

【成功承办全国测绘科学与技术博士生论坛】

2015年测绘科学与技术博士生论坛在中国地质大学（武汉）召开。中国科学院院士许厚泽、龚健雅，国家遥感中心总工李加洪，湖北省测绘局局长陈文海，中国地质大学（武汉）副校长唐辉明以及来自北京大学、武汉大学、解放军信息工程大学、中国矿业大学、西南交通大学、中南大学等多所高校的师生共500多人参加了会议。

全国测绘科学与技术博士生论坛由国务院学位委员会测绘科学与技术学科评议组召集，由各博士点高校轮流承办。此次会议共有13位专家作了大会特邀主题报告，89位博士生就各自研究方向取得的成果做了相关学术报告，论坛评选出优秀论文10篇，12人获得优秀报告奖。开幕式上还举行了"十二五"重点项目成果"地理空间信息工具集云平台"上线仪式。

【学科建设成果显著】

测绘科学与技术博士后流动站在2015年全国博士后综合评估中获评"良好"。全国博士后综合评估工作由人力资源社会保障部、全国博士后管理委员会组织,每5年开展一次,评估结果分为优秀、良好、合格、不合格4个等级。这是测绘科学与技术博士后流动站自设立以来第一次参加综合评估。

学院采取有效措施鼓励和支持老师们加强学术研究,提高学术能力。本年度学院教师共发表SCI检索论文20余篇、EI检索论文20余篇;出版教材、专著17本;获批6项国家自然科学基金项目、1项湖北省自然科学基金创新群体项目。截至2015年12月25日,科研经费合同金额达2265万元,到账金额1592万元,其中纵向经费约占80%。获发明专利授权2项,软件著作权11项,新申请发明专利9项。获地理信息科技进步二等奖1项。

学院多种方式加强学术交流。与University of Michigan签订了学术与科研合作备忘录。全年共邀请8名海外专家学者到学院讲座(课)、交流,学院教师参加国内外学术会议的数量较往年有明显增加。

【优秀学子不断涌现】

选树学生榜样和典型,用学生身边的榜样影响、带动学生群体进步。优秀学生群体和个人不断涌现。

本年度推出"信工学霸"7人,选树"信工风云人物"18人。朱蒙等4名同学获评学校"大学生自强之星"。学院学生获得"挑战杯"大学生课外学术作品竞赛湖北赛区特等奖、全国决赛三等奖1项;获2015年首届中国"互联网+"大学生创新创业大赛湖北赛区铜奖1项;获第七届全国高校GIS技能大赛特等奖1项,二等奖2项,三等奖1项;获2015中国机器人大赛FIRA仿真5:5项目季军、FIRA仿真11:11季军;获第六届"蓝桥杯"全国软件专业人才设计与创业大赛决赛优秀奖1项;5人获得全国大学生数学建模竞赛省级二等奖,2人获省级三等奖;1人获得美国数学建模比赛三等奖。

党支部战斗堡垒作用和党员示范作用进一步加强。本科生第九党支部获校级"党徽照我行——支部引领"工程建设推进奖;2014级硕三党支部获学校"研究生十佳党支部",2014级硕三党支部、博士生党支部获学校研究生示范党支部。评选院级优秀学生党员35人,获评校级优秀学生党员12人,其中霍少孟和胡泊获"校级十佳学生党员"称号(全校共10名)。

(撰稿:逢礴;审稿:黄菊)

数学与物理学院

【概况】

数学与物理学院(简称数理学院)由数学系、大学数学教学部、物理系和物理实验教学中心4个系(部)、中心组成;建有应用数学实验室、大学物理实验室、近代物理实验室、物理光学实验室、激光应用技术实验室、信息处理与分析实验室、计算物理实验室、物理自主学习与开放实验室 8 个实验室；设有"中国地质大学（武汉）大学生数学建模创新基地""中国地质大学（武汉）研究生数学建模创新基地"和"中国地质大学（武汉）大学生物理实验创新基地"。

学院现有数学与应用数学、信息与计算科学、物理学 3 个本科专业，数学、物理学和统计学 3 个一级学科硕士学位点。

学院现有在岗教职工 108 人，其中专任教师 88 人、党政管理人员 10 人；专任教师中教授 21 人，副教授 38 人，具有博士学位者 65 人；湖北省有突出贡献的中青年专家 1 人，湖北省"百人计划"1 人，教育部"新世纪优秀人才支持计划"1 人，湖北省"新世纪人才工程"（第二层次）1 人，湖北省"教学名师"1 人，湖北省"楚天学子"3 人。

学院在校本科生 623 人、少数民族预科生 82 人、硕士研究生 75 人。2015 年，毕业本科生 160 人、硕士研究生 25 人，本科生就业率为 93.75%，研究生一次性就业率继续保持 100%。2015 届本科毕业生保研 27 人，上研 24 人，研究生升学率达 31.9%。

【科学研究与学术交流成效明显】

2015 年，学院获批国家自然科学基金项目 7 项（其中面上项目 3 项、青年基金 1 项、理论物理专项 1 项、天元基金 2 项），湖北省自然科学基金项目 3 项，5 名教师获中央高校新青年教师科研启动基金资助。学院教师发表的论文被 SCI、EI 收录的科研论文 40 余篇。论文数量保持增长的同时，文章的质量有较大幅度提高，其中 T2 级别达 6 篇，T3 级别 11 篇，T4 级别 17 篇。出版学术专著 2 部。

授权国家发明专利 2 项。两位老师（郭万里、魏周超）的 2 篇论文入选 ESI 高被引论文。

2015 年，学院邀请多名国内外专家来学院访问交流，举办了 15 期"数理论坛"，主办"名家讲坛"2 次，特别邀请了挪威科学院院士 Laszlo P. Csernai 教授，乌克兰国家科学院院士 Igor Chueshov 教授等知名专家来学院交流合作。学院教师参加国际和国内学术会议达 40 余人次，选派 4 名教师出国进修。

【人才队伍建设取得新成绩】

2015 年，学院引进特任教授 1 人，特任副教授 1 人，海外博士、博士后 3 人，其中海外优秀博士 1 人；选聘"985"高校优秀博士 1 人；何开华老师获校"腾飞计划"资助，王清波和魏周超两位老师获校"摇篮计划"资助。目前，学院 45 岁以下教师博士化率达到 80%，有一年及以上出国经历者占 42%。

【本科基础教学受到好评】

2015 年，郭龙老师获 2015 年度"朱训青年教师教育奖励基金"，黄娟和陈洪云均获校"第八届青年教师讲课比赛"二等奖。2015 年，学院共获得校级教学研究项目 9 项，其中 A 类项目 4 项，B 类项目 1 项，基础课教改基金 4 项。学院注重增强青年教师执教能力，提升基础课教学质量，夯实基础，培育优良教风学风。

【本科生专业培养和第二课堂成绩显著】

2015 年，学院本科生毕业论文入选省级优秀本科生毕业论文 4 篇；学院获国家级大学生创新创业训练重点项目 4 项、一般创业训练项目1项;学院教师作为指导教师在全国大学生数学建模竞赛中获国家一等奖1项,国家二等奖3项,湖北省一等奖2项,湖北省二等奖5项,湖北省三等奖3项,其中学院学生获国家一等奖1项,国家二等奖2项,湖北省一等奖2项,湖北省二等奖3项,湖北省三等奖1项;学院教师作为指导教师在美国大学生数学建模比赛中获一等奖1项,二等奖5项,其中学院学生获一等奖1项,二等奖2项;学院教师作为指导教师在全国大学生数学竞赛决赛(数学专业类)中获国家三等奖1项,(非数学专业类)获国家二等奖1项;学院教师作为指导教师在全国大学生数学竞赛中(数学专业类)获国家一等奖2项,二等奖1项,三等奖6项;(非数学专业类)获国家一等奖1项,二等奖14项,三等奖21项。学院本科生在校"第二十六届研究生科技报告会(本科生类)"中获特等奖1项,三等奖2项,陈刚老师获"优秀指导老师",学院获"优秀组织单位"。2015年,学院开展第二届"数理文化季"系列活动,活动影响力进一步扩大。

【研究生培养工作持续取得好成绩】

2015年,学院教师作为指导教师在"全国研究生数学建模竞赛"中获国家一等奖1项,二等奖1项,三等奖5项,其中学院研究生获国家一等奖1项,二等奖1项,三等奖1项;在校"第二十六届研究生科技报告会"中获一等奖2项,二等奖1项,三等奖6项,陈刚和杨飞老师获"优秀指导老师",张贺同学获"优秀组织者",学院获"优秀组织单位"。祝睿雪同学获第十二届研究生英语演讲比赛

校级一等奖。2015年,杨季琛、曹凯获国家留学基金委资助赴英国和德国攻读博士学位。谢宜龙、樊瑞利的毕业论文获得省级优秀硕士学位论文(全校共21篇),杨季琛、张帆的毕业论文获校级优秀硕士学位论文。

(撰稿:毕洁;审稿:李宇凯)

珠宝学院

【概况】

珠宝学院现有2个系:宝石系和首饰系;2个中心:武汉市地大珠宝生产力促进中心、湖北省人文社科重点研究基地"珠宝首饰传承与创新发展研究中心";3个服务部门:湖北省学苑珠宝职业培训学校、中国地质大学(武汉)珠宝检测中心和武汉学苑珠宝金店。

珠宝学院现有在岗正式教职工42人,其中专业教师33人,党政管理人员6人,实验技术人员3人。专业教师中有博士生导师4人,教授10人,副教授7人,获博士学位16人,硕士学位12人。有11人获得FGA(英国宝石协会宝石鉴定师)证书,占专业教师总人数的33.3%,8人获得DGA(英国宝石协会钻石鉴定分级师)证书,占专业教师总人数的24.2%,13人获得GIC(珠宝学院珠宝鉴定师资格)证书,占专业教师总人数的39.4%,14人获国家注册检验师资格,占专

业教师总人数的42.4%。

学院现有宝石及材料工艺学1个本科专业，是国家首批特色专业建设项目之一，涵盖了宝石材料工艺和珠宝首饰设计2个方向。有宝石学、材料工程、设计学和艺术设计（MFA）4个硕士学科方向，1个宝石学博士点。

2015年，毕业全日制硕士研究生（包含艺术硕士MFA）34人，本科生168人。2015届研究生一次性就业率为100%，位列全校第一名；本科生一次性就业率为95.82%，位列全校第五名。

2015年，珠宝学院新增科研项目12项，其中自然科学基金项目2项，社会科学基金项目1项，博士后基金项目2项，国家质监局纵向项目1项。合同经费总额406.28万元，到账经费总额222.5万元。第一作者公开发表论文49篇，其中T2、T3论文各1篇，核心期刊或重要期刊论文15篇；首饰系教师共参加各类高级别艺术展或艺术设计大赛10人次，创作艺术作品52件。

2015年，"3551"人才郝亮教授顺利入选"湖北省创业型百人计划"并全职来学院工作，成为学校第一个"创业型百人"，成为学院第三个"湖北省百人"。

国际化办学"2+2"、"1.5+1.5"和短期游学等国际合作办学模式继续顺利实施，其中本年度赴英留学"2+2"模式本科在校生8名，"1.5+1.5"模式留学硕士研究生4名，短期赴英、美、法、韩、新加坡及香港著名高校游学和参加活动的学生128名，赴英、美进修、游学教师2名。与英国伯明翰珠宝学院

和谢菲尔德哈雷姆大学正式签订合作协议，进一步拓展首饰设计专业学生"2+2"（本科生）、"2+1"（研究生）联合培养模式的途径。招收港澳台本科生22人。珠宝首饰职业技术教育全年培训各类学员4858人次，办班收入比上年增长21%。

【学院试点改革工作顺利推进】

2015年，学校确定珠宝学院为试点改革学院。围绕体制改革与机制创新、人才队伍建设、学科建设、平台建设、教学改革、学术发展等未来一个时期的重大任务反复调研论证、广泛征求各方面意见，不断修改完善试点改革总体方案，将在学校批准后于2016年全面实施。

【按时完成中央高校改善基本办学条件专项一期建设】

按时完成2015年中央高校改善基本办学条件专项"宝石及材料工艺学综合实验教学平台（一期）"全部960万元财政预算经费和100万元学院配套经费的设备招标采购工作。这是珠宝学院建院以来的首个千万级的业务建设专项。

【成功引进HRD课程证书体系】

珠宝学院与比利时安特卫普钻石高阶层会议联盟签订联合举办HRD－GIC证书班的合作协议，成功将其HRD证书课程体系引进学校，联合试办的第一个HRD－GIC证书班获得圆满成功。这为学院朝着建成全球办学规模最大、权威证书品种最齐全的珠宝教育培训中心的目标又迈出了坚实的一步。

【珠宝学子走进中央电视台】

珠宝学院学生原创手绘作品《丝路新语

之海上丝路》主题服装首饰秀参加团中央"五月的鲜花"主题晚会,珠宝学子走进中央电视一台一号演播大厅,献礼"五四"青年节,珠宝学院学生卓越的专业水平和良好的精神风貌受到各界好评。

(撰稿:高波;审稿:杨明星)

公共管理学院

【概况】

公共管理学院(简称公管学院)现设有4个学系:区域规划与信息技术系、公共行政系、土地资源管理系和法学系;2个教育中心:MPA教育中心和J.M教育中心;1个省部级重点实验室:国土资源部国土资源法律评价工程重点实验室;另有光谷发展研究院、土地工程实验室、地理环境与国家公园实验室、法律诊所等研究平台,土地利用监测与空间优化研究基地在建中。

学院兼备理、工、管、法四大学科,资源管理特色突出,现有公共事业管理、行政管理、法学、自然地理与资源环境、土地资源管理5个本科专业;1个共建博士后科研流动站;土地资源管理、地图制图学与地理信息工程(与信息工程学院共建)2个二级学科博士点,公共管理、地理学、法学3个一级学科硕士点;具有公共管理(MPA)、法律硕士(J.M)、测绘工程硕士专业学位授予权。其

中,公共管理学一级学科为湖北省重点学科;地图制图学与地理信息工程(与信息工程学院共建)为湖北省特色学科。学院现已形成本科、硕士、博士和继续教育的完整教学体系。

学院现有教职员工79人,其中教授15人,副教授34人,博士研究生导师4人、硕士研究生导师60人(专职50人,兼职10人)。2015年学院具有博士学位的教师55人(占教师比例为82%),100%的35岁以下青年教师拥有博士学位,50%以上的教师有出国学习经历。

2015年,学院招收本科生226人,硕士研究生152人(其中学术型100人,专业型24人,双证MPA 28人),博士研究生9人;在校本科生934人,硕士研究生479人(其中博士研究生37人,双证MPA98人);2015届本科毕业生一次就业率为95.95%(其中考研录取率35.14%),毕业研究生一次就业率为99.26%。

2015年,公共管理学院科研到账经费总额为2450.17万元;在研科研项目119项,其中国家自然科学基金项目1项、国家四部委试点规划1项、地质调查项目2项,国土资源部公益性行业专项1项,其他一般项目114项;共发表论文111篇,其中学校认证的T4及以上期刊33篇,SCI、SSCI及EI(含会议的EI论文)论文12篇;出版专著1部;学院科研获奖3项;取得软件著作权1项。

2015年,学院获批省级教学研究项目2项,校级重点教研项目1项,一般项目4项;获校级本科教学质量工程项目1项;公开发表教

学论文6篇；梁美艳老师荣获校2015年青年教师讲课比赛优胜奖。

学院坚持开展全方位、多层次、宽领域的国内外交流与合作。与国土资源部不动产登记中心联合共建国土资源法律评价工程重点实验室；与武汉东湖高新区合作共建光谷发展研究院，在国家土地督察武汉局、广东省惠州市国土资源局等地建立产学研基地。2015年，学院与巴基斯坦GC大学举行"中巴经济走廊国际会议"，并与该校签订了双边合作协议；与中南财经政法大学联合主办《中国行政管理》创刊30周年纪念暨"公共管理规范研究"研讨会；共招收21名海外留学生；年内参加国际国内学术研讨会议38人次，邀请校内外专家共作21次学术报告。

【新增科研成果奖】

张志教授"矿山开发遥感调查与监测成果集成与综合研究"获中国地质调查成果奖二等奖；蓝楠副教授《废弃矿区环境问题防治关键制度研究》论文获中国法学会评比二等奖；张绪冰副教授独立开发"基于MR影像的柔性组织变形场测量软件V1.0"软件1项；刘超副教授出版教材《矿山环境影响价值损益评价的方法与案例》1部。

【党建与学生工作成果丰硕】

学院深入开展党风廉政建设，持续推进"两访两创"活动，同时将"三严三实"专题教育与学院各项工作紧密结合，教职工党支部向竹山县精准扶贫捐款5770元。学院围绕育人这一中心工作，重点加强学生党建和学风工作，切实推进学生就业、思想政治教育、日常管理与服务及学生工作队伍建设等各项工作，积极进取，开拓创新，2015年取得多项优异成绩：获湖北省大学生优秀科研成果三等奖1项；获第四届"法理争鸣"湖北高校法学专业辩论赛季军；本科生在核心期刊上发表文章共计4篇；研究生公开发表学术论文67篇，其中第一作者发表T4及以上期刊学术论文13篇；学院团委调研报告获省共青团调查研究工作优秀调研成果三等奖；2013级本科生党支部获得校级十佳党支部，土地资源管理专业博士党支部获校级研究生十佳党支部，2个研究生党支部获评校级研究生"示范党支部"；学院获2015年度大学生奖励资助工作先进集体、研究生就业工作先进单位、大学生思想政治教育工作先进集体3项集体奖项。

【与麻城市政府签署战略合作框架协议】

12月11日，学校副校长王华、公共管理学院院长李江风等一行9人受邀奔赴湖北省麻城市代表学校与该市签署战略合作框架协议。麻城市市长蔡绪安、副市长胡建铭、市人大副主任杨金叶和市国土资源局、文化局、旅游局、龟峰山风景区管理处、阎家河镇人民政府等有关政府部门负责同志出席签约仪式。签约仪式上，王华副校长代表学校与麻城市人民政府签订了战略合作框架协议，李江风院长与麻城市国土资源局、龟峰山风景区管理处、阎家河镇人民政府负责同志分别签订合作协议。根据协议，麻城市政府将与中国地质大学共建信息咨询与决策咨询研究平台、人才培训交流平台、科研合作与成果转化平台、大学生实习实训平台。中国地质大学还将为龟峰山风景区地质资源研究与利用、麻城地质科考旅游路线调查与设计、国家级地质公园——红石公园(九龙山)的总体规划等方面提供服务和指导。

【学院专家团队承担的全国"多规合一"试点项目顺利验收并获好评】

2015年9月7日,由学院龚健副教授、李江风教授团队承担的"鄂州市国土空间综合规划"全国"多规合一"试点项目顺利通过验收。"多规合一"是党中央全面深化改革工作的一项重要内容,具有重要的创新和战略意义。党中央、国务院委托国家发展和改革委员会等四部委选定28个城市作为试点单位,编制"多规合一"规划。其中,国土资源部负责7个试点城市的规划编制,"鄂州市国土空间综合规划"是湖北省唯一被选中的试点项目。学校作为项目技术承担单位,组织了武汉大学、华中科技大学等单位组成的综合性研究团队,经过广泛调研、深入研究,按时保质完成试点项目。该规划在探索数字化、虚拟化国土空间综合规划编制方法上,具有突破性进展。为有效推动全国"多规合一"试点工作开展,探索具有全国推广意义的"多规合一"的工作路径、理论方法、技术规范、协作机制和实施制度,做出了贡献。研究成果得到了国土资源部、湖北省国土资源厅、鄂州市人民政府高度评价。

【黄冈大别山国家地质公园通过国家第九批世界地质公园评审——申报材料由学院主持完成】

2015年12月27日,国土资源部主持的第九批世界地质公园推选评审会在北京召开,到会的评审委员会专家认真评审并评出最终结果。由中国地质大学(武汉)公共管理学院李江风教授团队主持编制的"湖北黄冈大别山世界地质公园申报材料"以第一名的成绩胜出,黄冈大别山国家地质公园荣登国家第九批世界地质公园推选榜首。

(撰稿:陈昭颖;审稿:张吉军)

计算机学院

【概况】

计算机学院现有4个系:计算机科学系、信息安全系、网络工程系、空间信息与数字技术系;设有"智能地学信息处理"湖北省重点实验室1个,托管1个校级研究所:国土资源信息系统研究所;学院建有3个专业实验室。学院还参与建设资源定量评价与信息工程国土资源部重点实验室、教育部长江三峡库区地质灾害研究中心和地理信息系统国家工程技术研究中心。

学院现有地学信息工程二级学科博士授予点,计算机科学与技术一级学科硕士点和信息安全硕士点,拥有计算机科学与技术、信息安全、网络工程、空间信息与数字技术本科专业4个。计算机科学与技术专业为湖北省重点学科,计算机科学与技术和网络工程专业为湖北省普通高等学校战略性新兴(支柱)产业人才培养计划项目。2015年9月,学院新招收本科生274人、硕博研究生92人。截至2015年底，学院共有本科生1058人，研究生266人。

学院重视人才队伍建设。与荷兰顿特大学、德国佛莱堡大学、加拿大约克大学等国际知名高校开展人才引进接洽工作，为进一步引进高层次人才准备。学院现有教授18人、副教授38人、讲师28人。专任教师博士率为77.4%，35%的教师拥有出国留学一年及以上经历，85%的教师均有出国访学、学术交流经历。有江俊军1人入选2015年度学校"摇篮计划"，龚文引1人入选学校"腾飞计划"，2人荣获校教师教学优秀奖，16名教师出国访学或开展学术交流，1人到海外从事博士后研究。

【学科建设】

学院进一步加强学科方向凝练，在重点加强演化计算、网络工程、地质信息工程、国土资源与空间信息安全等研究方向建设的同时，着力发展遥感数据处理、空间数据挖掘、高性能地学计算等方向；重点组织遥感数据处理学科方向的团队建设，下一步结合学校高分数据中心建设开展有关工作。结合近期国家需求，加强了军事地质信息学科建设，取得实质进展。加强智能地学信息处理湖北省重点实验室建设，上半年完成了建设计划书的编写和提交，下半年完成了年度报告的编写和网络填报工作。成功举行了省重点实验室2015年学术委员会会议，3位院士和7位国家级专家参加。通过省重点实验室开放基金和学院配套资助的方式，评审通过了15项开放基金课题（均以团队方式）。今年学术创新基地建设继续获得培育期资助，组织完成学院校学术创新基地（D类）建设计划书的编写和汇报工作。开展了"网络空间安全"一级博士点的申报工作，向国内有关部门和专家进行了广泛咨询。积极推进产学研基地的建设工作，实地质调查研广州飞瑞敖电子科技有限公司、中交宇科（北京）空间信息技术有限公司等，与IBM、用友、武汉易维科技股份有限公司等著名IT企业和行业公司达成产学研合作协议，为进一步优化本科教学体系、培养掌握计算机前沿技术的创新人才打下基础。

【科学研究】

2015年，学院科研项目数量稳步提升。全年新增科研项目37项，其中，国家自然科学基金项目9项、湖北省自然科学基金项目2项，省、市晨光计划2项，国防科技项目立项数占全校国防项目总数的70%以上，学院全年实到科研经费1185万元。

2015年，学院科研成果数量增长迅速。全年在SCI/EI等高水平国内外期刊发表学术论文35篇，其中SCI论文32篇，T1论文5篇，A类会议1篇、CCFA类论文1篇，5篇文章入选ESI高被引论文。全年申请软件著作权8项、国家发明专利9项、出版专著4部。全年，学院教师分别荣获2015年中国地理信息科技进步奖二等奖1项；省科技进步奖1项；ICA3PP最佳论文奖1项、FCST突出贡献奖1项、ACM-武汉&HBCS新星奖1项。

【人才培养】

贯彻学术卓越计划，着力提高人才培养质量和效益。2015年，学院学生在挑战杯竞赛、全国信息安全大赛、ACM竞赛、全国移动互联网应用创新大赛等学科竞赛中取得优异成绩。获得国家级学科竞赛或科研成果奖励一等奖2项、二等奖2项、三等奖6项;省级一等奖2项、二等奖5项、三等奖2项;校级特等奖1项、一等奖3项、二等奖3项。

学院继续完善以"项目依托、团队实施、竞赛检验、学术互融"为主要内容的科技创新平台体系。一年来,学院紧扣国家互联网发展战略,围绕自身专业特点,举办了一系列以计算机信息科学技术、互联网等为主题的学科竞赛活动。承办了中国地质大学(武汉)首届"互联网+"创新创业大赛、举办了2015年中国地质大学(武汉)ACM新生杯程序设计大赛、华中地区ACM程序设计竞赛邀请赛等学科赛事。以"挑战杯"为龙头,做好大学生科技项目培育,学院举办了2015年挑战杯模拟答辩会、大学生自主创新领航项目答辩评审会、大学生自主创新项目评审会、大学生科技论文报告会、大学生暑期三下乡社会实践报告会、"HelloWorld"身边的创业故事分享会等活动。开展大学生创新创业项目培育工程,全年科研立项18项,大学生自主创新项目启航项目5项、大学生自主创新领航项目1项。

2015年,本科生就业率97.39%,位居全校第二;研究生就业率为100%,平均年薪14.3万元。

【学术交流】

举办高级别学术会议。2015年,成功举行了省重点实验室2015年学术委员会会议,3位院士和7位国家级专家参加。成功承办了由教育部科技发展中心主管的第二届全国高校移动互联网应用开发创新大赛,该赛是国内IT届最高级别的大赛,大赛共吸引包括港澳台在内的全国200多所高校的900多支学生团队报名参赛。

选派优秀教师赴境外访学交流。学院选派曾三友老师前往日本参加演化计算国际会议,墙威老师前往德国参加第17届国际数学地质大会,曾德泽前往日本和美国进行学术交流等。

学院教师作为国际知名期刊编委参与审稿。蒋孝良教授担任 *IJMT*、*IJCSAI*、*PRIS*、*CEJCS*、*AISS* 等5个国际期刊编委审稿20余次,李长河老师组织国际会议专题1项。

邀请境外专家来学院讲学。2015年,学院先后邀请西安电子科技大学公茂果教授、苗启广教授、Boming Huang教授,New Jersey Institute of Technology 的 Nirwan Ansari教授,East Carolina University的丁俊华教授,厦门大学的张德富教授,广州超算中心主任袁学锋教授,北京大学袁晓如教授,西南交通大学朱庆教授,香港理工大学曹建农教授,国立台湾大学郑振牟教授,悉尼科技大学 Xiangjian(Sean) He教授,美国 Pace大学 Meikang Qiu教授,美国 Nirwan Ansari、香港 Jiannong Cao、日本 Song Guo、澳大利亚 Jianxiang He 和 Priyadarsi Nanda教授等30名国内外专家来学院作学术报告和交流。

【党的建设】

2015年,学院党委坚持"围绕中心抓党建、抓好党建促发展"的工作思路,坚持"四个结合"的工作方法,积极发挥党组织的政治核心和战斗堡垒作用、参与决策作用、教育管理作用、领导协调作用，着力营造积极向上的政治氛围、充满活力的组织氛围、团结协作的工作氛围、公开公平的民主氛围、勇于争先的竞争氛围、温馨和谐的人际氛围，为学院的改革发展提供思想和组织保障。

加强党委理论中心组学习，提高班子政治理论水平。学院党委成员参加学校及学院党委理论学习中心组和学校处级干部培训班、国家教育行政学院专题网络培训等学习活动。进一步强化班子成员的政治意识、大局意识、责任意识，提高政治理论水平和业务工作能力。

坚持民主集中制原则，加强班子队伍自身建设。坚持党政联席会议制度，严格执行党政联席会议议事规则，严格执行"三重一大"决策制度；坚持领导班子民主生活会制度，努力打造敬业、和谐、务实、创新的领导集体。

加强基层党组织建设，加强党员教育和管理。全年共发展新党员68名，转正65名，培训入党积极分子116名。学生党建取得新成绩，计科研究生14级党支部获评校"学术科研型"示范党支部并获校"十佳党支部"，空信党支部荣获"十佳党支部"、胡君同学荣获"十佳党员"荣誉称号。

开展"三严三实"专题教育和"两访两创"活动。通过集中学习、专题党课、专题调研，共查找问题36个，通过边学、边查、边改已经对存在的问题全部整改到位。组织院领导访谈学科带头人及青年骨干教师、党员

干部访三室转三风；全年共访谈学科带头人及青年骨干教师37人，15级新生274人，"四难"学生163人，访谈教室、寝室、实验室共438个。

落实主体责任，加强党风廉政建设。一是强化政治意识、红线意识。二是加强党风廉政建设制度体系建设，制定计算机学院"三重一大"责任追究制度、师德师风及学术道德建设实施办法、"三公"经费支出审批管理规定等规章制度14项。三是加强廉政风险防控，把财务管理、工程硕士办学、院领导的工作作风和教师、学生的学术道德以及科研经费的管理问题作为主要风险点，制定相应的防范监督措施。

（撰稿：胡双海；审稿：吕军）

体育课部

【概况】

体育课部现设有1个部办公室；2个系部：公共体育教学部、体育系；4个中心：体育实验教学中心、群众体育竞赛训练中心、大学生体质测试中心、高水平运动管理中心；建有中国地质大学昆山产学研基地、中国地质大学昆山实习基地；同时，课部与西藏自治区体育局签署合作备忘录，将在人才培养、产业发展等方面展开合作。

课部现有教职工52人，其中专任教师

41人,其中,教授8人,副教授14人,讲师12人、助教7人。具有博士学位教师5人,硕士学位教师18人,在职攻读博士学位教师2人。

2015年(截至2015年12月31日)在校全日制本科生123人,研究生37人;2015年招收本科生28人,硕士研究生11人;2015年毕业本科生27人,硕士研究生12人。2015年本科毕业生一次就业率100%,其中考(保)研率9.68%;研究生毕业就业率100%。

2015年获得立项8项省部级以上课题立项(表1)。

表1　课题立项一览表

序号	项目来源	项目负责人	项目类型	经费
1	国家体育总局哲学社会科学研究项目	胡凯	纵向	2万
2	湖北省教育科学规划课题项目	方银	纵向	无
3	学校教学研究项目(A类)	程良斌	纵向	1万
4	学校教学研究项目(B类)	邱玉华	纵向	无
5	学校高等教育管理研究青年课题	孙劼	纵向	0.5万
6	学校高等教育管理研究青年课题	刘锐	纵向	0.2万
7	昆山市体育彩票管理中心	董范	横向	35万
8	国家体育总局登山管理中心科研项目	李元	横向	2万

1位教师参加学校青年教师教学竞赛获一等奖;1位教师荣获"最受欢迎的教师"称号;1位教师荣获学校"朱训青年教师基金"奖励。

【引进高层次人才】

围绕学科建设的需要,以人才引进和自主培养相结合,逐步实现教师队伍年龄、知识、层次结构的优化。2015年引进了1名博士、1名硕士、1名世界游泳冠军,3名教师顺利通过出国学习访问外语考试。

【国际交流与合作】

2015年选派16名师生参加中日韩大学生登山户外交流活动、3人次参加亚太地区体育科学大会,完成了与日本神户大学联合攀登未登峰活动。

【建设体育文化】

继续完善体育馆体育文化长廊建设内容,增加了"7+2"登山科考活动2015年南美洲最高峰阿空加瓜峰(海拔6964米)、北美洲最高峰麦金利(海拔6194米)的宣传内容。

我部师生参与央视四套(CCTV4)户外活动纪录片拍摄,引起了较大的反响。

【募集社会资金】

为户外运动教学实践募集装备价值30

万元；为户外自行车队募集装备价值 30 万元；为滑翔伞运动教学训练募集 40 万元；为户外专业学生培养募集 10 万元资金、10 万元装备；为"7+2"登山科考活动募集资金 10 万元；为羽毛球高水平运动队募集 8 万元装备；为游泳高水平队募集 92 184 元装备。

【特色学生工作】

制定出台了《体育课部学生日常奖励办法》，加大对学生学术科研、英语考试、户外职业资格考试、创新创业、国际交流等方面的支持力度，共奖励 44 人次，奖励金额达近 3 万元；制定了《体育课部学生校外兼职、校外毕业实习的相关要求》，规范了学生校外兼职实习行为，保障了学生合理权益，全年无重大安全事件；聘请专业教师指导户外本科生早训，配置训练服装，邀请专家校友主讲"激扬户外论坛"10 期，组织学生集体观看户外电影、参观新校区建设、参加国家步道联赛等，浓厚户外专业氛围，有效增强学生的专业兴趣，增进了学生对专业和课部的认同；重视学生实习实践培养环节，2015 年建立校级的产学研合作基地 1 家，新拓展户外就业实习基地 25 家，进校招聘户外类单位达 10 家；在校学生注册成立公司 3 家，公开发表学术论文 11 篇，本科生获得国家级创新项目、实验室开放基金、大学生创新创业基金等校级以上项目支持 4 项，获得经费支持 2.4 万元。

【承办中登协全国初级户外指导员培训班、攀岩指导员培训班】

分别完成了一期全国初级户外指导员培训、攀岩处级指导员培训工作，50 余名受训人员走向社会开展专业服务。

（撰稿：李铭；审稿：刘锐、董范）

艺术与传媒学院

【概况】

艺术与传媒学院（简称艺媒学院）由景观学系、视觉传达系、当代艺术系、交互设计系、新闻传播系、音乐表演系、电子音乐系和数字艺术实验教学中心、院直办公室等组成。

学院设有广播电视学、环境设计、视觉传达设计、数字媒体艺术、音乐学（音乐表演声乐方向）、音乐学（作曲及作曲技术理论音乐制作方向）、音乐学（舞蹈编导方向）7 个专业方向。具有 1 个环境科学与工程学下的环境规划与设计二级学科博士点，新闻传播学、设计学共 2 个一级学科硕士点，艺术设计、音乐、舞蹈 3 个领域艺术硕士学位授予点（MFA），环境规划与设计硕士点，其中设计学为湖北省重点学科。学院设有全国应用电子音乐研究中心和湖北省高校文艺创作中心。

2015 年，艺媒学院共有本科生 1023 人，其中 2015 级学生为 246 人；共有研究生 269 人，其中 2015 级学生为 91 人。2015 届本科毕业生一次就业率为 97.6%，毕业研究生一次就业率为 95%。

学院现有职工92人,其中专职教师75人,教授6人(含博士生导师2人),副教授30人(其中2015年新增1人),具有博士学位的教职工22人,新聘讲座及客座教授共5人。

【学科建设持续推进】

2015年,学院开启首批博士招录工作。面对新的发展形势和学科格局,按照统筹人才队伍建设、科学研究、平台建设、高层次人才培养和国际合作与交流的"五位一体"学科建设模式,制定了学院十三五发展规划草案;按照强特色、入主流、谋跨越,建设学科生态系统的学科建设理念,探讨设计学、新闻传播学、音乐学如何依托学校优势学科融入特色文科,办出学科特色,在学科方向凝练、科研团队打造、国际交流与合作、人才培养等方面不断创新培养目标,初步形成了以构建生态文明话语体系为核心的生态设计与生态传播研究方向;按照立标杆、选好人、定焦点、聚资源的学科发展路径,开展设计学培育学科的申请和论证、新闻传播学观察学科的申请和论证,设计学获批学校学科培育计划支持、新闻学获批学校观察学科计划支持,MFA艺术设计硕士点顺利通过学校评审,获得好评,并上报国家MFA学位点评估,MFA学位点招生领域拓展到音乐和舞蹈专业方向。申报数字媒体艺术本科专业,获教育部通过,2016年开始招生。

【科研方向逐步凝练,科研成果显著提升】

2015年,进一步完善科研管理制度,做好国家自然科学基金、国家社会科学基金、教育部人文社科基金等科研项目的申报、结题等日常管理工作。采取有效措施增强教师的科研意识和能力,构建以学术成果为导向的教师评价体系。科研成果显示度不断提升,科研项目合同经费共计135.15万元,其中获教育部人文社科青年基金项目2项;共发表学术论文50篇(其中T1期刊1篇、T3期刊1篇、T4期刊4篇、T5期刊多篇)。特别指出的是,学院教师刘义昆撰写的《新媒体时代的新闻生产:理念变革、产品创新与流程再造》由《新华文摘》全文转载,实现学校人文社会学科T1期刊零的突破;获各类科研成果奖和艺术作品奖50余项,其中1项成果获湖北省第九届哲学社会科学优秀成果三等奖,1人获"湖北省优秀科普工作者"称号;举办创新设计国际学术会议1次,学术讲座23次,33人次参加国内外学术会议。

【加强人才培养工作】

注重教学研究,本年度,学院结题出版教学探索系列丛书三部;1名教师通过2015年度湖北省高校省级教学改革研究项目拟立项申请;4位教师成功申报2015年度学校教学A类项目资助计划,2名教师获得学校B类项目资助;2名教师获得学校青年教师讲课比赛二等奖。

指导学生结合专业特点,立足体验,开展喜闻乐见的主题教育艺术活动,"艺之心"团队连续五年获得湖北省优秀调研团队,品牌影响力进一步增强。2015届本科毕业生中8位本科生毕业论文(设计)获得"湖北省优秀学士论文奖"。

大力指导学生创新创业实践,成效显著。2015年12月学院基地被学校评为大学生创新创业实践(孵化)示范基地。学院学子高辉团队参加全国首届大学生"互联网+"大赛,斩获金奖,高辉及其指导老师刘庆庆获得中央政治局委员、国务院副总理刘延东同志的接见。2015年12月武汉市市委书记阮成发亲临高辉创办的武汉迅牛科技公司视察并给予鼓励。2015年学院学子成功申报"湖北省大学生创业扶持项目"，1名同学获批8万元扶持，1名同学获得2万元扶持。为更好服务学生创业，学院不断加强创新创业研究，学院副书记徐胜主持的"艺术类院校大学生创新创业教育体系研究"获批学校辅导员工作精品建设项目。

一年来，学院学子在各级创新创业大赛、"挑战杯"比赛、广告设计大赛、湖北省大学生优秀科研成果比赛、纪念反法西斯战争70周年合唱比赛、湖北省大学生艺术节、长江钢琴杯等比赛中，获得多项荣誉，人才培养质量明显提高。

【加强对外学术交流，拓宽师生国际视野】

2015年学院继续加大国际化办学力度，坚持"引进来""送出去"两手抓政策，积极聘任业内国际知名专家为学院客座教授，并主动邀请其为学院师生开展专题讲座；同时学院积极搭建出国平台，创造对外交流机会，努力将学院师生送出国门深造。

一来年，学院先后聘任意大利米兰理工大学第二建筑学院 Cristina Pallini 教授，意大利艺术家马林等为学院客座教授；积极邀请美国密苏里大学终身教授梁蓝波，米兰理工大学第二建筑学院 Cristina Pallini 教授，法国造型艺术家、博士生导师弗雷德里克，巴塞罗那高校国际交流处中国事务负责人王珏女士和 Berenice Martin，意大利都灵理工大学 Cina 教授，中法维度设计公司副总建筑师 MatthieuAugereau，台湾艺术大学教授钟耀光、台湾建筑现象学第一人季铁男，中国文化大学著名教授、"台湾新闻学教父"郑贞铭等国际知名学者前来学院作专题讲座。同时，为加强学科建设，学院积极举办"2015年创新设计国际学术研讨会"，大会邀请了意大利那不勒斯帕斯诺普大学马方济教授、韩国首尔大学环境设计实验室千炫真博士、美国威斯康星大学密尔沃基分校派克艺术学院 C. Matthew Luther 副教授等数位国际学者来院交流。

2015年学院实现师生出国访学多重突破。首次促成学院学子赴意大利、老挝实习写生；赴美国罗德岛州布莱恩特大学进行暑期实践；大力举荐交互设计系、视觉传达设计系教师前往意大利参展米兰世界博览会展览活动——2015中意艺术与设计邀请展，支持当代艺术系教师前往意大利、瑞士和法国参观世界著名的艺术博览会；全力支持学院音乐表演系师生赴欧洲参访巡演；积极委派学院电子音乐系主任赵飞副教授一行赴美国俄勒冈大学参加俄勒冈大学计算机音乐夏令营活动。

【严格人事制度管理，强化师资队伍建设】

严格把关，公平选拔新聘职工。在新进员工招聘工作中，学院坚持按照学校相关人事制度要求，坚持专业要求，主动邀请纪委、人事处、有关专家参与集体面试，完成公开招聘音乐表演系钢琴表演专业教师2名、视觉传达系专业教师1名、学工组辅导员1名。

严肃标准，公正完成职称评定。在职称评审工作中，成立学院评审工作小组，按照专业标准做好组织、审核、内部评定等工作，坚持评定结果公示制度，自觉接受群众监督。同时围绕学校最新修订的"红宝书"，学院领导班子主动与人事处、科发院、教务处密切沟通，积极呼吁、争取符合学院专业发展特点和要求的人事政策，并在学院范围内反复宣讲学校政策，做到教师早知晓早准备，疏缓教师对新政策的不适应不理解。在学校2015年评审标准大幅度提高的情况，音乐表演系周黎申报副教授成功通过学校评审十分不易。

主动谋划，公开高层次人才引进工作。学院积极寻求高层次人才引进工作突破，多次与3位校外音乐专业教授交流引进事宜，目前此项工作仍在进行中。

同时，学院按期认真完成了学院教职工的聘期考核工作，及时与考核合格续聘和新聘岗位教职工签订《岗位任务书》。2015年学院1名教师高聘副教授职务，2名教师分级聘用讲师九级岗，1名教师初聘讲师，2名教师高聘管理七级岗。3名教师获得博士学位。

一年来，学院教师队伍不断优化，教职工勤勉扎实，在各自岗位做出了突出成绩，尤其是青年教师刘义昆苦心钻研，实现学校人文社会学科T1期刊零的突破。

【强化落实主体责任，夯实学院党建基础】

加强党的建设、严格落实主体责任。重视党风廉政教育，坚持组织干部参加廉政教育学习，学院先后组织院直党支部全体成员、学生党支部书记，专题学习《中国共产党廉洁自律准则》和《中国共产党纪律处分条例》；强化党员理论修养，学院认真组织党委理论中心组（扩大）学习4次，开展师德师风、党的好干部焦裕禄事迹等学习活动；加强学院支部建设，学院党委积极指导党支部申报学校活动立项，指导教职工党支部做好"结对领航"工作；严肃学生党员发展工作，严格党员发展程序、严肃党员发展标准，顺利完成分党校第十期入党积极分子培训工作，发展入党积极分子50余人，发展预备党员74人，转正42人。学院党委成立了学生党建办公室，并依托于此完善队伍架构，建立相关规章制度。学生党建各项工作规范、有序进行。2014级MFA党支部获评学校"示范党支部"，"党徽照我行"工程已在全体本科生中覆盖。

（撰稿：冯焱；审稿：郆海峰）

马克思主义学院

【概况】

马克思主义学院现设有4个三级教研机构：政治理论教研部、德育教研部、思想政治教育系、应用心理学研究所；4个研究所：马克思主义理论与思想政治教育研究所、比较德育研究所、中国化马克思主义理论研究所、科学技术与社会发展研究所。学院拥有马克思主义理论一级学科博士后流动站，思想政治教育二级学科博士点，马克思主义理论、应用心理学和科技哲学硕士点、思想政治教育本科专业。其中，思想政治教育学科为湖北省重点学科。

学院现有教职工59人，其中教授11人，副教授23人，兼职教师近100人。2015年学院在校本科生85人，研究生146人，留学生1人。

学院一贯重视教学工作，大力推进教学改革，认真落实教学研讨、集体备课、听课制度，顺利完成教学工作任务。2015年，学院成功申报校级思想政治理论课四门大课的MOOC课程、中国近现代史教学实验室和思想政治教育本科专业红安实习基地立项建设；继续在全校开设全校通识课程"文史哲艺——名家讲坛"4门课程。目前正在积极推动学校出台"高校思想政治理论课建设体系创新计划"实施方案，进一步加强对思想政治理论课的建设。

学科建设与科学研究持续向前推进。学院继续贯彻"以马克思主义理论一级学科为核心，组织马克思主义培育学科、应用心理学和科技哲学观察学科的建设目标、思路、举措以及实施方案的论证，马克思主义理论一级学科博士后流动站工作启动，第一批博士后2人即将进站。2015年，学院师生累计发表各类核心期刊论文19篇；出版教材、专著各4部，译著1部；获批各类项目20余项；获"武汉市第十四次社会科学优秀成果奖""第九届湖北省社会科学优秀成果奖"等5项奖励。阮一帆、汪宗田、黄少成、张存国4位老师的学术论文在《光明日报》理论版刊发，全年学院发表论文和出版专著的级别有较大提升。

2015年，学院圆满完成硕士及博士研究生培养工作，重视和提高研究生培养质量，落实导师负责制，继续推行学科点负责制和研究生课程负责制。鼓励进行科学研究，修订科研奖励制度，提高奖励标准，进行了湖北省委宣传部"理论热点面对面"示范点的建设。

2015年，学院学生工作始终围绕"政治素质硬、奉献精神强、专业基础牢、综合素质高"的人才培养目标，结合自身实际，组织开展了"纪念抗战胜利70周年"主题教育、学生党建、招生就业、奖励资助、心理健康等系列工作，并通过精品团会、学生宣讲、诗歌大赛、趣味运动等形式，加强院风学风建设，引导学生不断增强对中国特色社会主义的自信，学生工作取得了较好的成绩。2015年，马克思主义学院荣获大学生思想政治教育先进集体和研究生就业工作先进单位。

【抓好党建工作，推动学院发展】

学院党委坚持深入学习习近平总书记系列重要讲话精神，落实立德树人根本任务，进一步巩固马克思主义指导地位，认真学习"四个全面"，牢牢把握好意识形态工作发展方向，筑牢思想基础、增强教育实效、传播红色之声，加强和改进思想政治理论课教学；强化服务宗旨、严格党员发展、增强组织活力；坚持一岗双责、落实"三严三实"、强化廉政纪律、优化舆论氛围，着力加强学院党委的思想建设、组织和作风建设、制度建设和反腐倡廉建设，充分发挥了学院党委的政治核心作用、党支部的战斗堡垒作用和党员的先锋模范作用。2015年8月10日教育部简报以《中国地质大学(武汉)多举措提升思想政治理论课教育教学效果》为题刊发了专题简报,提升了学院和学校的影响力。

【本科教学工作成绩突出】

成功申报"中国近现代史教学实验室",获批 20 万元资助。该项工作在全国范围属首创,是学校推进思政课教学改革、提高教学实效性的重大举措。申报学校"本科建设质量工程"预研项目获批。包括四门大课的慕课建设和红安实习基地建设,共计获得 76 万元资助。学院教学研究项目取得突破性进展,形成全员参与教学改革与创新的新局面。

【学生工作成效明显,精品活动特色鲜明】

2015 年,学院本科毕业生和毕业研究生就业率分别为 100% 和 98.25%,其中,本科生上研率为 65%,位居学校第一名。本年度,学生"红色之声"宣讲活动累计宣讲达到 96 场次,受众人数达 6600 余人,在校内外广受好评,并入选团省委思想政治教育工作分层案例和湖北省"百生讲坛"项目。

(撰稿:胡雪黎、黄少成;审稿:侯志军)

高等教育研究所

【概况】

高等教育研究所(简称高教所)现设有教育学研究室、教育经济与管理研究室、教育硕士研究室等机构。建有教育学一级学科硕士点,下设教育学原理、比较教育学、高等教育学、职业技术教育学 4 个专业方向;建有教育经济与管理二级学科硕士点,下设教育管理、教育经济与财政、教育发展战略 3 个专业方向,建有教育硕士专业学位点,建有湖北高校人文社科重点研究基地——大学生发展与创新教育研究中心。

现有专兼职教师 35 人,其中专职教师 8 人,兼职教师 27 人;有教授 14 人,副教授 21 人。专职教师中,具有博士学位者达 100%,其中海外博士 1 人,具有一年以上海外学习经历者达 70%。

2015 年招收研究生 31 人,其中教育学专业 14 人,教育经济与管理专业 12 人,教育硕士专业 5 人。2015 年年底全日制在读研究生 91 人,其中留学生 1 人,当年毕业人数 23 人,其中留学生 2 人,就业率 100%。

2015 年新增科研项目 1 项,其中国家社会科学基金项目 2 项,湖北省教育厅"楚天学者计划"资助项目 1 项,新增科研经费近 170 万元。出版专著 3 部;在 T2 期刊上发表论文 2 篇,T3 期刊上发表论文 1 篇,T4 期刊上发表论文 2 篇,T5 期刊上发表 3 篇。

【学科建设进展】

2015 年,教育学学科培育以高等教育研究所为依托,以教育理论创新与现代学校治理为主线,以教育理论发展与创新人才培养、现代大学治理与特色大学建设为重点研究方向,通过一年的培养和发展,在队伍建设、科学研究、人才培养、学术交流以及条件建设等方面取得了一定的成效。项目经费执行情况良好。

2015年，大学生发展与创新教育研究中心在学校组织的考核中，取得较好的成绩，被评为良好。

【高级别项目申报成功】

储祖旺申报的"我国高校学生事务专业标准体系研究"获批全国教育科学规划（国家社科教育学）项目，刘旭申报的"新一轮本科教学合格评估效能分析"获批全国教育科学规划（国家社科教育学）项目，刘牧申请的"日本国立大学财政制度研究"获批湖北省教育厅"楚天学者计划"科研项目资助，李祖超申报的"青年领军人才培养机制研究"获批中国科协调研项目，李祖超申报的"'中国梦'与大学生思想政治教育研究"获批湖北省教育厅项目。

【专著出版】

储祖旺教授主编的《高校学生事务管理模式创新》论文集 2015年10月在中国地质大学出版社出版；王林清主编的《大德育体系的实践与创新》2015年3月在中国书籍出版社出版；李素矿主编的《我国地质学基础研究人才创新能力提升路径研究》2015年6月在中国地质大学出版社出版。

【学术交流活动】

先后邀请美国Florida International University大学博士、美国East Carolina University大学终身教授丁俊华，教育部国家教育发展研究中心高教室主任、博士生导师马陆亭教授，湖北省历史特级教师、武汉市市管专家刘飞，湖北省教育厅教师管理处处长、高教所兼职导师童静菊，中国高等教育学会副会长陈浩，到学校做学术报告。

5月17日—19日，由教育部思想政治工作司主办的2015年高校学生工作专题研讨培训班在西南大学举行。我所储祖旺教授应邀做了题为《高校学生工作战略领导力提升》的专题报告。我所李祖超教授应邀到湖北省、武汉市有关部门及武汉理工大学等多所高校做学术报告。

7月19日，高教所举办了教育管理专业硕士培养工作专家咨询暨兼职导师聘任会。会议邀请20位全国各地中学校长及地方教育部门领导出席。会上为受聘专家颁发了证书。

8月3日—6日，"2015年亚太地区学生领袖会议——21世纪青年的角色：解决当代全球性问题"国际学术研讨会在马来西亚泰来大学举行，高教所姜宁丽、蒋青轩、陈水仙3名研究生参与了研讨会。

【研究生招生与培养】

2015年对现有的各项规章制度进行了梳理，根据新政策、新情况，对原有的文件进行了补充、重新修订。制定了《高等教育研究所硕士研究生指导教师工作细则》。进一步明确了实行导师招生资格审核制度。修订了《高等教育研究所关于硕士研究生学制的有关规定》，对原有文件的学业要求进行了补充规定。

进一步狠抓招生宣传工作，制定详细的研究生招生宣传实施方案，采取多种形式进行广泛宣传。一是到生源所在地进行宣传。高教所派出专职教师先后到西安各高校、长江大学、三峡大学进行宣传，安排老师、研究生在武汉市内以及本校进行宣传。二是联系了校友、地大各学院副书记、辅导员,通过张贴海报、发放宣传手册、转发高教所为招生宣传专门制作的微信APP等方式,进行多渠道、立体式宣传。招生信息得以迅速传播。

严把学位论文质量关,切实提高研究生培养质量。由分散开题转为集中开题。从2013级研究生开始,开题采用集中方式。增加学位论文审查环节,并采用匿名评审的方式。实行了学位论文初稿审查、预审、匿名评审以及校外盲审。2015年高教所共有23人获得硕士学位,其中首次有留学生2人申请教育学硕士学位。

【获奖情况】

2015年2月,在第四届全国优秀高等教育研究机构评选会中,学校获评"全国优秀高等教育研究机构"称号。本届评选共有来自22个省市推荐的129个研究机构参评,114个机构通过资格审查,最终评选出56个全国优秀研究机构,为历届最少。截至目前,学校高等教育研究所已连续四届获评此项荣誉称号。

2015年3月,高等教育研究所被评为学校"2014年度研究生工作先进单位"。

我所李祖超教授等指导研究生田昆、张丽、陈欣、蒋青轩等完成的作品《基于十省(市)调查的研究生科研活动现状及突出问题研究》荣获湖北省"挑战杯"一等奖、第十四届"挑战杯"全国大学生课外学术科技作品竞赛全国三等奖。

我所研究生祝非凡在中共湖北省委高校工委、湖北省教育厅主办的"诵经典·铸国魂"主题读书演讲比赛活动中荣获三等奖。

【大学生发展与创新教育研究中心建设发展】

组织申报、评审2015度科研开放基金项目计划。本年度中心共收到31份开放基金项目申请书,申请人分别来自中国地质大学、武汉纺织大学、武汉工程科技学院等高校。经过专家审议,最终评审出本年度开放基金立项项目22项,其中重点项目8项、一般项目14项。

切实加强中心的自身建设。基地适时召开中心正副主任及有关的专家会议,研究中心的建设问题,如课题结题等问题。

（撰稿:姜伟、徐绍红;审稿:储祖旺）

中国地质大学(武汉)年鉴 2015

Nianjian

财务与资产管理

↘

财务工作

【概况】

2015年末，学校总资产 610 042.53 万元，比上年增加 60 342.21 万元，增长 11%；负债总额 148 283.07 万元，比上年增加 24 782.79 万元，增长 20%；资产负债率 24%，比上年上升两个百分点。年末净资产 461 759.46 万元，比上年增加 35 559.42 万元，增长率 8%，其中：事业基金占净资产 11%，比上年下降 3%；非流动资产基金占 73%，比上年增加 5%；专用基金占 0.28%，比上年增加 0.12%，结转结余占 16%，比上年下降 1%。

资产变动情况。本年资产的变动主要表现为增加。一是货币资金增幅较大，比上年增加了 17 186.26 万元，增幅 8%，主要增长

点为武汉市土地储备中心转入汉口校区置换补偿款项。二是长期投资有所增加，比上年增加了 12 191.84 万元，翻了两番，增长的主要原因是学校对资产经营公司增加投资 12 156.84 万元，对深圳研究院增加投资 35 万元。三是固定资产增幅明显，总量比上年增加了 29 863.57 万元，其中房屋及构筑物增加 15 092.91 万元，专用设备增加 7190.14 万元，通用设备增加 5201.42 万元，家具增加 1321.3 万元，图书档案等增加 1058.2 万元。

负债变动情况。本年总负债比上年增加 24 782.79 万元，增长 20%。主要原因是预收账款比上年末增加 28 403.52 万元，剔除预收账款中 25 000 万元汉口校区置换补偿款项影响，2015 年度预收账款比上年度增加 3403.53 万元。

净资产变动情况。本年净资产总额 461 759.46 万元，比上年末增加 35 559.42 万元。其中，非流动基金比上年增加了 44 928.38 万元，增长 15%。事业基金与结转结余有所下降，主要是新校区建设和学科建设投入力度加大，调用了部分事业基金用于发展。学校

加大专项资金的执行力度，取得了明显成效，财政补助结转相比上年下降了50%。

收入预算执行情况。2015年教育部批复学校收入总预算304 130.32万元，其中财政拨款预算85 663.32万元，事业收入83 412万元，事业单位经营收入560万元，其他收入134 495万元。2015年学校实际取得收入178 566.44万元，为收入预算合计数的59%，比预算减少125 563.88万元。主要原因为2015年年初教育部批复学校预算中包括的汉口校区土地置换收入125 000万元未能实现，科研事业收入比年初预算批复数少18 506万元，同时财政补助收入较年初预算增加14 891.46万元。

支出预算执行情况。2015年教育部批复学校支出总预算333 960.08万元。学校实际完成总支出186 349.68万元，为预算的55.80%，比预算减少147 610.4万元。支出减少的原因主要是由于受全年收入完成的影响，相应的公用支出的减少。

财政拨款结转资金情况。截至2015年底，学校财政拨款结转和结余资金共计4401.65万元，相比年初8323.09万元减少了3921.44万元，其中结转资金4151.75万元，结余资金249.90万元。

【制度建设】

印发了《财务管理办法》《公务接待管理办法》《个人酬金发放管理办法》等规章制度，完善财务制度体系，在新常态下保障资金管理和使用的规范性与有效性。

【加强资金绩效管理】

设置专人专职承担资金绩效管理和督办任务。逐步建立预算执行绩效与下一年度预算资金安排相挂钩的工作机制。对职能部门和直属单位的行政事业经费和管理运行经费实施零基预算，清理休眠项目，收回结余资金近千万元，切实提高了资金的使用效率。国拨专项经费结转总额已降至4152万元以内，执行率为近年来最好。

【迎接各类财务检查】

先后承担了上级主管部门对学校国有资产、公务接待、MBA办学管理、基本建设规范化、中央财政票据使用情况、自然科学基金项目、内部食堂管理、学校配比资金使用、收费工作等二十多项专项检查的受检任务。迎接检查过程中，既全力配合以检查促建设，以整改促规范；又依法依规，最大限度地保护学校和教职工的正当权益。

【募集信息化建设资金】

在充分调研兄弟高校做法的基础上，结合学校实际情况，牵头完成了校园一卡通及数字化校园建设引资的招标工作。2015年7月，中国银行湖北省分行与学校签署银校合作协议，中国银行湖北省分行承诺向学校投入信息化建设经费5000万元。

【财务信息化平台建设】

2015年9月正式开通"网上报账"系统。教职工在办公室完成拟报账票据的录入、粘贴和审签后，直接交给报账大厅审单员即可，缩短了报账等候时间。

完成网上支付平台建设，将大学英语四、六级考试报名费，全国计算机等级考试报名费，七校联合办学学费的收缴工作纳入学校统一支付平台，提高了学生缴费的便捷性；开通了网银支付平台，改变了传统的资金支付方式，减少了账目处理过程中的现金流动，提高了资金的安全性；实现了研究生毕业离校网上审核，简化了离校手续办理流程，极大地提高了工作效率。

【财务信息】

收入情况。2015年学校总收入合计为178 566.44万元，具体构成如下（表1，图1）。

表1　2015年收入构成表　　　　　　　（单位：万元）

项目	2015年
收入总计	178 566.44
一、财政补助收入	100 554.78
其中：教育补助收入	83 717.16
二、事业收入	67 410.60
其中：财政专户管理资金	28 996.29
三、附属单位上缴收入	335.38
四、经营收入	333.92
五、其他收入	9931.76

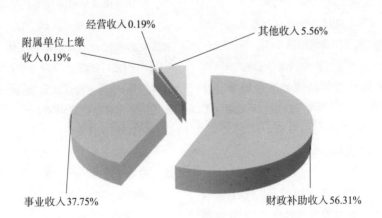

图1　2015年收入构成

支出情况。2015年学校总支出186 349.68万元,具体构成如下(表2,图2)。

表2 2015年支出构成表

（单位:万元）

项目	2015年
总支出	186 349.68
一、工资福利支出	54 948.23
二、商品和服务支出	65 012.67
三、对个人和家庭的补助	43 127.91
四、基本建设支出	4491.36
五、其他资本性支出	18 435.59
六、经营支出	333.92

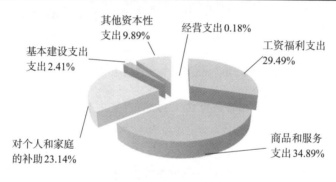

图2 2015年支出构成

资产情况。2015年末,学校的总资产为610 042.53万元,各类资产的构成如下(图3)。

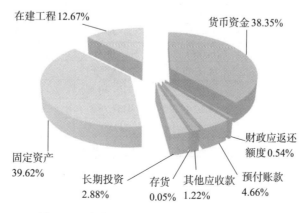

图3 2015年中国地质大学(武汉)各类资产构成

财务与资产管理

负债情况。2015年末，各项负债总额为148 283.07万元，各类负债的构成如下（图4）。

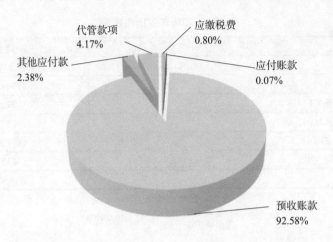

图4　2015年中国地质大学(武汉)各类负债构成

净资产情况。2015年末，净资产为461 759.46万元，比上年（426 200.04万元）增加了35 559.42万元，增长率为8%（表3）。

表3　净资产变动情况表

（单位：万元）

项目	年初数	年末数	增长数	增长率
合计	426 200.04	461 759.46	35 559.42	8%
一、事业基金	61 743.83	52 305.98	−9437.85	−15%
二、非流动资产基金	291 644.67	336 573.04	44 928.38	15%
其中：长期投资	5386.06	17 577.90	12 191.84	226%
固定资产	211 844.49	241 708.05	29 863.57	14%
在建工程	74 414.12	77 287.09	2872.97	4%
三、专用基金	712.74	2157.30	1444.55	203%
四、财政补助结转	8292.49	4151.76	−4124.23	−50%
五、财政补助结余	30.60	249.90	202.79	717%
六、非财政补助结转	63 775.71	67 170.36	3 394.66	5%

（撰稿：汤吉；审稿：张玮）

审计工作

【概况】

2015年，审计处积极履行内部审计监督、服务和咨询职能，取得了较好的工作实效。全年共开展经济责任审计4项、财务收支审计2项、审计调查1项、科研项目审计11项、科研项目经费抽查审计25项、工程结算项目审计116项，审计总金额32 363.20万元；审核工程合同83项，总金额66 800万元；完成了66项科研项目、4个季度的银行对账单审签。提交审计报告或意见书242份，提出审计意见和建议239条；工程结算项目审减金额656万元；制定或完善工作制度3项。

【制度建设】

修订《中国地质大学（武汉）领导干部经济责任审计实施办法》，制定了《审计处"三重一大"决策制度实施细则》，草拟了《委托社会中介机构跟踪审计工作管理办法》，完善了审计处职责范围内的规章制度和内部管理制度。

【经济责任审计】

经济责任审计以领导干部任期经济决策的程序和效果、预算管理与财务收支、内控制度建设与执行、单位科学发展等综合管理为基础展开。继续开展审计回访工作，督促被审计单位认真落实整改审计意见和建

议。全年对学校办公室、党委组织部、工程学院、机械与电子信息学院4个单位负责人进行了经济责任审计，对期刊社、计算机学院进行了财务收支审计，对两位原学校职工经济问题进行了审计调查。探索将预算执行审计、专项经费管理、"三公"经费使用与管理等融入经济责任审计工作，坚持审计促进和服务管理的导向，定期召开经济责任审计小组会议，完善了部门沟通机制，争取领导和部门支持，形成审计工作合力。在经济责任审计中增加了审计问卷调查环节；顺应学校廉政建设和规范管理的要求，审计重点增加了对"三公"经费和内控制度建设的审查。

【科研项目经费抽查审计】

根据《科研经费审计管理办法》的精神，按二级单位、项目类别全覆盖的原则，对25个在研科研项目进行了抽查审计。审计中注重与科研人员的沟通与交流，主动到部分学院进行科研项目经费管理政策的宣讲。对抽取的25个科研项目经费及部分项目的协作经费委托中介机构进行了审计。通过抽查审计与问题整改、宣传与交流，科研工作者规范管理与使用科研经费的意识进一步加强。

【工程项目竣工结算审计】

认真落实学校专项资金督办专题会议精神，提前做好结算审计准备工作，确保结算项目按时完成结算审计。不断完善重大工程跟踪审计工作，通过对跟踪人员考勤、不定期巡查工程现场及跟踪审计工作汇报会等手段，确保跟踪工作的落实。逐步开展

对小型和存在结算争议项目的抽查复审工作。加强对审计结果的运用，通过与管理部门及时的沟通与交流、管理建议书等方式提出合理化建议，提高了跟踪工作的实效。

全年共完成各类工程结算审计项目116项。继续开展对教学综合楼、游泳馆、教职工住宅旧房改造、新校区学生公寓和科教核心区工程6个重大工程的跟踪审计工作。强化审计咨询机构遴选机制。根据《学校关于委托社会中介机构开展审计服务业务的管理办法》文件的要求，通过成立考评组、细化考核指标、规范考核程序，对委托开展工程审计咨询服务业务的社会中介机构进行了综合评价，提高了审计咨询服务质量。

【科研项目审计】

完成了"显生宙碳循环异常环境的地球生物学过程"等11项科研项目结题财务验收审计；完成了"基于生物增生微结构化学组成的湿地环境标记""晚二叠世—早三叠世放射虫演化的地球生物学过程"等66项科研项目的决算审签工作。同时，将科研经费审计与政策学习宣传、制度建设结合起来，注重推动科研经费管理的长效机制建设。

【工程项目合同审核】

坚持内部审计与外部审计相结合的办法，不断提高工程项目合同审核的专业水准，全年共完成了幼儿园临建综合教学楼（稚趣楼）、留学生公寓精装修等工程合同审核83项。

（撰稿：刘晓华；审稿：杨从印）

国有资产管理

【概况】

学校年初资产103 778件，资产总值211 844.49万元；年度增加资产31 824.26万元；年度减少资产1960.69万元；年末资产123 993件，资产总值241 708.05万元。房屋类资产，年初290栋，原值72 816.71万元，面积808 772.95平方米；年度增加7 324.20万元，面积34 053.28平方米；年末296栋，原值80 140.91万元，面积842 826.23平方米。设备类资产年初80 229台，原值89 827.49万元；年末88 723台，原值102 463.74万元。其中面向教学科研方向的设备，年初62 610台，原值81 903.17万元；年末69 634台，原值93 034.50万元。单价在20万元及以上的设备，年初580台，原值35 497.44万元；年末663台，原值41 518.53万元。单价在200万元即以上的设备，年初26台，原值8473.93万元；年末31台，原值10 936.69万元（上述数据截至2015年12月31日）。

【制度建设】

制定《设备类固定资产管理（入库、变动、处置）操作规程》明确了设备类固定资产在管理过程中的入库、变动、处置等实施细则。

（撰稿：杨世清、韩涛；审稿：徐四平）

附录1　国有资产构成情况

序号	项目	金额(万元)	备注
	资产总计	610 042.53	
1	流动资产	273 469.48	其中银行存款233 965.80万元;存货311.88万元
2	固定资产	241 708.05	
3	在建工程	77 287.09	
4	无形资产	0.00	
5	对外投资	17 577.90	

附录2　学校净资产构成情况

序号	项目	金额(万元)	备注
1	学校总资产	610 042.53	
2	负债	148 283.07	含预收账款137 279.19万元
3	净资产	461 759.46	

附录3　固定资产构成情况

序号	项目	数量	资产原值(元)	备注
1	房屋及构筑物	664	1 018 420 859.27	面积842 826.23平方米
2	土地	20	157 862 989.00	面积1 568 172.82平方米
3	植物	212	923 585.79	
4	仪器仪表	24 253	499 001 042.97	
5	机电设备	17 211	127 318 337.55	
6	电子设备	41 226	373 148 907.81	
7	印刷机械	268	3 015 232.83	
8	卫生医疗器械	262	12 127 540.62	
9	文体设备	1969	12 106 248.33	
10	标本模型	987	6 747 107.73	
11	文物及陈列品	46	142 327.10	
12	图书	2832	111 967 000.26	
13	工具、量具和器皿	366	1 423 260.46	
14	家具	29 733	74 095 725.62	
15	行政办公设备	3247	17 023 734.44	
16	被服装具	697	1 756 632.66	
	合计	123 993	2 417 080 532.44	

采购与招标管理

【概况】

采购与招标管理中心是学校政府采购与招标工作职能管理部门，主要负责管理学校统一采购限额，包括货物类单件10万元，批量20万元；新建、改建工程类30万元，维修工程类20万元；服务类20万元及以上项目的采购工作。

截至2015年12月25日，全年共组织采购活动186次（其中废标7次，完成采购项目179项，预算金额合计8.185 732 17亿元，中标金额合计6.6 09 415 627 8亿元，节约资金1.5 763亿元，资金综合节约率19.26%）。在完成的采购项目中，委托公开招标项目30项（包括6项工程项目和24项货物或服务项目，预算金额合计6.9 078 321 6亿元，中标金额合计5.497 121 447 8亿元，节约资金1.410 7亿元，资金综合节约率20.42%）；校内统一采购项目149项（预算金额合计1.277 900 01亿元，中标金额合计1.1122 941 8亿元，节约资金0.165 6亿元，资金综合节约率12.96%）。

【制度建设】

出台《采购与招标管理办法》（地大发[2015]24号）和《学校统一采购限额以下采购管理办法》（地大校办发[2015]24号），参与修订《招标投标监督管理暂行办法》（地大校办发[2015]8号），健全完善了采购与招标管理基本制度框架。制定了中心《经费使用与管理规定》《处务会议事规则》《教职工劳动纪律管理规定》《公章管理规定》《档案管理规定》《保密及廉政管理规定》《三重一大制度实施细则》7个内部规章制度。

【采购项目报批】

采用财政部政府采购计划管理系统，推进学校财务预算编制明细化、科学化，并按要求完成政府采购项目的计划、报批、审批、执行、统计等工作。

【采购需求管理】

加强对用户单位采购技术要求合理性、合法性的审核，确保采购需求技术条款完整、准确、合理、合法。加强采购与招标文件的编制和审核，推行采购与招标文件一编（中心主办科室讨论编制）二审（中心分管领导审核和归口部门审核）一确认（用户单位确认）制度，努力提高采购工作的专业化、精细化水平。

【变更采购方式管理】

认真落实教育部、财政部相关要求及学校相关规定，公开招标限额以上的采购项目变更采购方式，通过财政部政府采购计划管理系统申报，并按要求提供相关材料，获批后方才开展后续采购。公开招标限额以下、学校采购限额以上的严格执行校内审批程序。

【进口产品采购管理】

组织开展2015年度进口产品目录编制工作，采购金额50万元以上的进口产品全部进采购计划管理系统进行申报。

【信息公开】

升级学校采购与招标信息网站。对预算金额达到50万元以上的货物和服务项目、60万元以上的工程项目在中国政府采购网发布采购或招标公告,对各种变更事项及时发布变更公告,对委托公开招标项目的招标公告及时在中心网站上转发。

（撰稿:明厚利、谢丹；审稿:李鹏翔）

Nianjian

办学支撑体系建设

教学实验室建设

【概况】

2015年，学校持续优化教学实验室管理，着力打造具有地大特色的实验教学平台，不断完善教学实验室建设体系，加强实验教学示范中心（含虚拟仿真实验教学中心）体系建设，重点实施了实验室管理体制中心化、实验教学中心主任教授化、实验室建设规模化、实验师资队伍合理化、实验教学体系科学化、实验教材建设系列化、实验教学方法特色化、实验教学资源信息化、实验技术研究创新化、教学实验室开放常态化。

学校现共有本科教学实验中心18个，教学实验室350余个，总实验面积50 881平方米；仪器设备台件数为43 709件，金额为65 637.61万元，其中10万元（含）以上的台件数为744件，金额为31 769.03万元；本年度增加的科学仪器设备台件数为4338件，金额为5815.93万元，而减少的科学仪器设备台件数为3749件，金额为1615.2万元。

【实验教学示范中心建设】

2015年12月，学校申报的地下水与环境实验教学示范中心被批准为2015年省级重点实验教学示范中心（鄂教高办函[2015]7号），持续形成标志性成果。

【教学实验室建设】

实行教学实验室建设项目制管理，严格按照立项、审批、执行、验收、绩效评估的程序进行。2015年，完成公共实验室建设项目8项，共计250万元；学院实验室建设项目30项，共计700万元；"中央高校改善基本办学条件"设备购置项目2项，共计3470万元的建设任务。

【实验技术研究】

学校实验技术研究实行项目制管理，严

格按照立项、审批、执行、验收、入库的流程进行。2015年实验技术研究立项45项,共计经费157.5万元。其中,小型仪器研制项目立项32项,金额为144.5万元;实验教材出版项目立项13项,金额为13万元。

【实验室开放管理】

2015年学校资产与实验室设备处大力推进教学实验室的开放,组织评审确定教学实验室开放基金资助项目226个,共计经费50万元。

【实验室设备维修】

2016年设立设备维修专项,维修设备192台(套),维修经费共计40万元,使总价值522万元的设备重新恢复使用。

(撰稿:罗勋鹤、常虹;审稿:徐四平)

[附录]

附录1　2015年中国地质大学(武汉)教学实验室基本情况表

学校代码	实验教学中心(个)	实验室房屋使用面积(平方米)	仪器设备		其中精密贵重仪器		教学任务						
							教学实验		人时数				
			合件	金额(万元)	合件	金额(万元)	项目数	时数	合计	博士研究生	硕士研究生	本科生	专科生
10 491	20	50 881	43 709	65 637.61	154	18 888.83	2637	42 616	8 348 597	0	98 030	8 250 567	0

附录2　2015年中国地质大学(武汉)教学实验室建设项目一览表

年份	合计(万元)	全校公共实验室建设项目		"中央高校改善基本办学条件设备"专项		学院实验室建设项目	
		项目数(个)	批复金额(万元)	项目数(个)	批复金额(万元)	项目数(个)	批复金额(万元)
2015	4190	8	250	2	3470	30	700

实习基地建设

【概况】

2015年，学校加大三大实习基地的建设和管理，加大对基地的基础设施改造，进一步完善内部管理制度，加强与兄弟院校、往来单位的交流合作，不断提高实习接待能力和服务质量，较好地完成各类实习接待工作。

【秭归产学研基地】

继续推行量化管理，巩固制度建设。2015年，秭归产学研基地进一步完善了内部岗位量化细则，核定岗位工作内容，严格执行目标考核制度，奖优罚劣，极大调动了各部门及员工争优创先的工作积极性。

加强基地设施建设，改善基地实习条件。在其他部门的大力支持和帮助下，完成了综合楼六楼的闲置房间改造；缓解教师住宿紧张，将澡堂改造为教师备课房。此外，基地还对食堂闲置库房加以改造，解决了实习高峰期时师生就餐拥堵问题；建立了无线网络，实现了校园网络全覆盖；购置体育健身器材，方便实习师生及客人业余休闲锻炼。

2015年，基地圆满完成了4711人的接待任务，除接待本校计划内实习师生1868人外，还接待了计划外会议、培训及外校师生2843人。秭归产学研基地以高质高效的服务管理、因地制宜的服务管理模式，得到了社会的广泛认可。

【周口店实习站】

2015年是周口店实习站维修改造后运行的第二年，整体运行情况良好。实习站严格执行《周口店实习站站纪站规》《周口店实习站日常管理规定》《周口店实习站安全生产管理办法（试行）》等系列规章制度，强化安全生产管理，并在实施的过程中，不断进行修订和完善。2015年，周口店实习站共接待师生1600人，其中接待本校师生近1100人，接待南京大学、河北农业大学、山东理工大学、华北理工大学、中国科技大学、内蒙古科技大学以及赤峰学院7所高校的实习师生近500人，同时还圆满完成了校工会组织的"优秀青年教师周口店地质行"接待活动。

【秦皇岛实习基地】

2015年，基地完成了教师公寓建设及家具购置工作，并投入使用。改造了水泵房、洗衣房、学生食堂等基础设施，并对西区员工宿舍进行了维修，有效改善了基地办学条件。

强化食堂内部管理，做好饮食卫生防疫工作，稳定食堂饭菜质量，不断提高食堂服务质量；严格做好野外实习学生的安全管理工作，全年实习未出现严重违纪和安全事故。

2015年，秦皇岛实习基地共接待实习师生2600人，其中接待学校实习学生1360人，接待中国地质大学（北京）实习学生1206人，接待了武汉大学实习人员34人。

（撰稿：江琼；审稿：蔡楚元）

设备管理

【概况】

2015年，学校设备采购总额为10 357.9万元。其中，招标采购项目109个，合同金额5733.5万元，涉及国外进口设备的项目40个，金额1739.3万元，国内设备3994.2万元；非招标设备采购合同1267个（含材料采购），金额4624.4万元。在协议供货中，全年采购空调设备387台，金额114.5万元；信息类设备1388台（套），金额853.4万元，网上竞价金额123.3万元。

学校在2015年度，对学术创新基地建设、各类人才计划、学科专项等拟购置的大型仪器设备组织论证会14次，论证各类仪器设备32台（套），经费预算为5873.7万元，组织大型仪器设备验收会10次，验收各类大型仪器设备20台（套），金额4269.3万元。

（撰稿：王春阳、杜琳；审稿：徐四平）

校园信息化建设

【概况】

2015年，学校印发《中国地质大学（武汉）校长办公室关于印发网络安全与信息化建设管理办法（试行）的通知》（地大校办发[2015]17号），指导学校网络安全与信息化建设。通过中央级普通高校改善基本办学条件专项资金和自筹资金完成信息化建设投入2545万元。2015年学校信息化建设工作主要分布在以下8个方面：一是保障校园网稳定、安全运行环境，持续提升服务能力和服务水平；二是协助进行新校区"智慧校园总体规划"的论证设计；三是推进网络安全与信息化工作；四是重建全校光纤通讯系统，形成冗余的"环+星+环"结构化光纤基础；五是重构数据中心和接入网结构，引入双平面融合交换矩阵和分布式BRAS解决方案；六是开启"无线地大"建设工程；七是启动"云地大"平台建设，面向用户体验的业务服务化建设；八是改善学校计算研究环境，提升高性能计算机群的服务能力。

【校园网络】

2015年完成"校园信息化建设二期"项目中光缆布线、网络主干、无线网等改造建设项目。实施多路径光缆容错冗余结构、稳定备份的接入管理和无线网络全面覆盖三大建设，采取有线无线并存接入独立运行，继续探索与电信、联通、移动三大运营商的资源合作，逐步形成以校园为主、运营商补充、满足不同上网需求的网络接入形式。

基础网络配置不断优化，光缆布线系统升级重建。维护和调整数据中心设备，域名解析（DNS）安全部署，机房环境系统维护，食堂超市等相关校园卡数据线路定期整改。实用先进的校园光缆布线系统。采用环+星+环校园网光缆结构，容错冗余南北向接驳方式，形成东、西、北三区大环、三区小环和中心与三区主节点的星状结构方案。改造140余栋楼宇,12个新室外交接箱,130多个楼栋机柜,主干纤达1008芯,完成室外光交跳纤1860根,室内跳纤3100余根,铺设光缆达263余千米。

网络主干和无线接入进一步优化,有冗余保稳定的校园网络初步形成。楼栋链路冗余,汇聚交换冗余,分区BRAS控制冗余,形成万兆以上校园互联,千兆无线桌面接入,容错有备,史无前例。采用6305颗Wi－Fi802.11ac微AP覆盖学生宿舍,2272颗Wi－Fi802.11ac wave2覆盖办公室、教室、实验室及公共活动区域,无线覆盖率提高到90%,信号质量大大改善,极大缓解北区、西区本科生宿舍长期校园网失位、不足的问题。

积极完成学校重大活动、重大项目、重大事件的信息技术支持保障工作。开展国家级虚拟仿真实验教学中心建设申报;支持实验室技术安全在线学习和考试系统上线考试,大型仪器上网管理,研究生与本科生选课,在校园数字化平台、一卡通等关键应用服务平稳发挥了通信保障作用。挂牌"GIS云中心"。

【数据中心】

中心机房秉承实用、创新、智能、绿色、开放、共享的理念,以人为本,并将数据中心与大学生实践教育相结合,被中国教育科研计算机网华中地区网络中心授予"下一代数据中心示范基地"。

【HPC建设】

改善学校高性能计算研究环境:
计算能力、存储能力、通讯网络、管理网、集群管理系统、文件系统、作业调度系统、并行开发环境都得到了提升。

【网络安全】

根据学校办学规模、社会影响力、业务类型3个维度分析受到破坏造成的危害程度的定级思路为原则,按照学校信息系统组织相关人员学习文件和管理规范,进行应用系统自我定级,聘请专业企业协助完成信息系统等级保护达标工作。发布《2015暑期网络安全报告》。

【智慧校园】

"智慧地大"作为学校信息化新的航标,结合学校发展战略在新校区建设上积极探索"智慧地大"建设模式。借鉴国内外高校校园建设经验,从基础设施规划开始,酝酿论证确立新校区智慧校园的建设目标,完成了《中国地质大学(武汉)新校区智慧校园总体规划》(简称《规划》)招标工作,出台了《规划》第一稿。

围绕智慧校园建设目标,充分理解"互联网+",逐步建立开放认证、移动门户、流程服务、数据服务的崭新模式。重新梳理学校门户、大数据平台、统一身份认证三大基础系统平台。网上报账大厅已上线使用,资产管理和设备一站式跨部门服务系统、本硕一体化毕业就业快速响应计划、课程中心与学分制管理平台计划、科技发展研究院的科研管理支撑平台等都已启动,社区医院将纳入智慧校园建设的统一框架下。

【合作交流】

提升学校信息化建设影响力,积极推动湖北地区和华中区域教育信息化。主办3次大型信息化活动，150余人次；学校作为嘉宾参与3次湖北教育信息化论坛；积极参与中国高等教育学会《智慧校园服务框架和服务标准研究》项目的研究工作。

（撰稿、审稿：张峰）

图书文献工作

【概况】

图书馆改扩建完成后，新馆于2015年元旦正式投入使用。本年度典藏中文新书78 353册，外文新书749册，验收、编目、典藏仿古善本4227册，装订中文过刊1832册，外文过刊33册。接收机构及教师赠书4500余册，赠刊1300余册。订购中文期刊1002种，报纸60种，外文原版期刊89种，外文影印期刊22种。本年度订购中文数据库33个，外文数据库39个，其中根据资源建设情况和学科发展需要，增订中国舆情库、Wiley数据库化学、材料学科电子期刊。编写《2014年数据库使用统计报告》，针对使用中的83个中外文数据库和服务平台的利用绩效进行统计分析，并提出意见和建议。

全年进馆总人次1 428 859，图书借出量240 879册，整理乱架图书120 000余册，新书上架75 739册。本年度共计完成查新报告384份，其中博士论文开题191份，国内项目67份，国内外项目20份，代查代检685人次。

全年总计组织专题讲座和活动93次，协助数字资源宣传推广7次，总计4000余人次参加。开设文献信息检索课，教学课程总计课时364，人数1300余人。完成2408篇硕博论文的电子档审核工作，并全面实现研究生离校的电子审批功能。

完成大地发现系统与馆内外文资源对接配置工作，并选择超星发现作为学校中文类学术搜索引擎。完成新版门户网站的研发工作，引入新生入馆教育数据库，实现针对图书馆使用及数据库常识的一站式培训、考核及宣传功能。2015年底完成网络防火墙及远程备份系统的测试与搭建工作，搭建微信服务平台，整合查询、续借、公告及移动阅读等功能，发布各项培训、活动及通告135条，与读者形成良好的交流互动平台。在湖北省高校图书情报工作委员会2015年先进集体评选中，学校图书馆获得特色与创新单项奖。

【更新图书馆管理系统】

2015年，对各高校使用的图书馆管理系统进行调研，对馆内原系统所有数据进行数据迁移及平台转换，实现170余万条书目数据、1000余万条流通记录、3万读者数据及14个相关系统模块的对接工作。暑期，完成各部门馆员培训及客户端更新工作，下半年各个子系统顺利投入使用。系统地更换解决采访、编目及统计方面存在的问题，加强与现有自助服务及数字校园系统的对接，提升服务质量。

【开通学科服务直通车】

深入院系，与师生面对面仔细交流，充

分了解师生在学科服务、资源建设等方面的需求，通过本馆概况、各学院相关资源的利用情况及全馆各项信息服务介绍，认真听取各方面的意见和建议，服务成果获得院系的高度评价。

【主办湖北省高校图书馆信息化建设研讨会】

2015年5月27日—29日，湖北省高校图书馆信息化建设研讨会在学校召开。大会共分为6大主题和35个主题报告，来自全省各高校的200余位图书馆界信息化建设专家，共同研讨云计算与大数据环境下图书馆信息化建设面临的机遇与挑战。

【构建书香校园】

积极倡导和开展书香校园的建设，与工程学院合作成立"书香社"，共同建设和管理图书馆；与洪山区签署面向社区开放服务的协议，积极推广全民阅读理念，践行建设书香社会思想。2015年4月，在世界读书日期间，图书馆开展一系列活动，宣扬"爱读书，会读书，读好书"的精神，在校园内形成良好的阅读与学习氛围。

（撰稿：李琪；审稿：徐世球）

[附录]

2015年图书馆馆藏情况

经费情况（万元）				图书流通情况	阅览室情况	纸质馆藏总量（万册）*						年入藏总量（册）	工作人员数量
年度经费总计	书刊费	其中		流通量（册数）	阅览人次（万人次）	168.92						80 967	75
		设备费	其他			图书（万册）		期刊（万册）					
							外文（万册）		外文（万册）		外文（万册）		
1254.8	1051.5	87.2	116.1	496 374	142.88	123.61	5.64	32.39	7.28				

注：*指由于图书馆管理系统更换，图书及期刊统计方式改变。此次统计未将原系统中的卡片库及删除库数据纳入馆藏总量。

期刊工作

【概况】

2015年,期刊社认真贯彻落实党和国家路线方针政策,遵守期刊出版发行相关管理规定,继续把期刊质量放在首位,注重刊物社会效益,积极跟踪学科前沿,始终把握舆论导向和办刊宗旨,在高质量完成出刊任务的同时,加强期刊网络化发展力度,期刊影响力得到提升。全年出版正刊48期,共刊出论文994篇。与往年相比,来稿数量和稿件质量均有提升。各期刊编辑正确把握舆论导向和办刊宗旨,所有刊出文章中均未出现版权纠纷、内容剽窃等存在学术道德问题的文章。

期刊社编辑队伍建设成绩斐然,王淑华同志获得湖北省新闻出版局颁发的"湖北省新闻出版行业双百人才"称号,宋衍茹同志获得湖北省科学技术协会颁发的"科技创新源泉工程"科技期刊优秀编辑奖项,贾晓青和姚戈同志分别获得中国高校科技期刊研究会颁发的中国高校技术类期刊优秀论文二等奖和高校科技期刊研究会的"银笔奖"。除业务能力得到业界肯定外,期刊社的专业水平也有显著提升,2015年,期刊社编辑共承担11项研究课题,发表学术论文13篇(其中一篇论文被《新华文摘》全文转载,6篇T3,2篇T4),数量和质量均较去年有了提升。

【抓好选题策划】

在编辑部的密切配合下,《地球科学》编委专家的组稿积极性进一步提升。*Journal of Earth Science* 出版国际编委 David A. Yuen 教授组织的地热专辑,童金南和谢树成教授组织的地层古生物专辑,周华伟教授组织的储层地球物理成像专辑,夏江海教授组织的浅表层地球物理勘探专辑,其中包含10篇欧美国家的稿件,这些高质量专辑的刊出扩大了《地球科学》中、英文版的影响力。《中国地质大学学报(社科版)》绿色文科、绿色学报的特色进一步彰显,其对环境公益诉讼、碳排放、碳交易、环境侵权等问题持续关注,多篇论文被《新华文摘》等四大权威文摘全文转载。《地质科技情报》组织刊出一期杜远生教授团队的《贵州锰矿成矿带研究成果》专栏。《安全与环境工程》紧扣国内外安全与环境方面的热点问题(如围绕航空安全、大气雾霾污染、土壤污染等)。《宝石和宝石学杂志》的专栏"2014年天工奖获奖作品"图文并茂,全彩印刷,进一步丰富杂志内容,突显刊物特色。《工程地球物理学报》积极筹划地球电磁国际会议优秀论文专辑,并取得进展。

【期刊指标稳步提升】

据美国JCR报告 *Journal of Earth Science* 的国际影响因子由去年的0.546提高至0.757,在地球科学类学科中的国际排名也有明显提升;《地球科学——中国地质大学学报》(中文版)成功申报改刊名为《地球科学》，据中国科技信息所扩展版资料，影响因子从1.480提高到1.594；《中国地质大学学报(社科版)》复合影响因子由去年的1.142提高到1.175；《地质科技情报》5年影响因子(复合JIF)由去年的1.445提高到1.511；《工程地球物理学报》获得中国科学文献计量评价研究中心颁发的"统计刊源证书"，复合影响因子为0.75，且5年影响因子连续3年在0.90以上；《安全与环境工程》复合影响因子为0.804，为近5年的最高水平；《宝石和宝石学杂志》变更期刊分类，由P类(天文学、地球科学)变更为TS类(轻工业、手工业)，并与北京博观广告公司合作，每期增加天工奖专栏——"2014年天工奖获奖作品"。

【社会影响力提升及期刊获奖】

《宝石和宝石学杂志》和学校珠宝学院在第三届中国(武汉)国际期刊博览会上举办珠宝论坛，多家媒体如中国新闻出版报、新华网、湖北日报、长江日报等进行跟踪报道，取得了广泛的社会影响。《中国地质大学学报(社科版)》积极筹备教育部"名栏工程"入选期刊联络中心，并承办教育部"名栏工程"10年(2004—2014)发展研讨会；此外还作为协办单位与浙江财经大学合作，在杭州举办首届企业绿色行为研究学术研讨会。

《地球科学》中文版入选由中国学术期刊(光盘版)电子杂志社、清华大学图书馆、中国科学文献评价中心根据影响因子等综合评价指标颁布的"2015中国最具国际影响力学术期刊"，Journal of Earth Science 入选"2015中国国际影响力优秀学术期刊"；同时在2015年中国高校科技期刊研究会举办

的评选活动中《地球科学》官方网站获评"中国高校科技期刊研究会优秀网站"，Journal of Earth Science 获评"首届中国高校优秀英文期刊"。

【网络出版与新媒体融合】

《地球科学》网站中、英文版增加优先出版栏目，申请微博和微信公众号，扩大期刊受众面和提升品牌影响力。《中国地质大学学报(社科版)》创办并任主编的"资源环境研究"网刊已运行两年，基本囊括全国学报(含部分专业期刊)最新发表的优秀论文；此外，还按照栏目设置了环境法作者群等多个微信圈和微信公众号。《安全与环境工程》与中国知网合作开展"优先数字出版"和期刊数字化资源的DOI注册与编码工作。《宝石和宝石学杂志》与中国知网合作，签署了优先数字出版协议，并申请微信公众号以扩大期刊影响。《工程地球物理学报》利用中国知网平台，零投入建起在线采编系统，期刊数字化建设向前迈进了一步。

（撰稿：李根；审核：王淑华）

[附录]

2015年期刊社各编辑部出刊工作一览表

刊　名	2015年刊出文章数(篇)	刊　期(期)
《地球科学》	190	12
Journal of Earth Science	105	6
《中国地质大学学报》(社科版)	98	6
《地质科技情报》	200	6
《安全与环境工程》	181	6
《工程地球物理学报》	150	6
《宝石和宝石学杂志》	70	6

出版工作

【概况】

2015年,出版社坚持以为社会主义服务、为人民服务为根本方向;坚持以为教学科研、文化建设、地矿行业服务为经营方向。始终把社会效益放在首位,积极参与市场竞争,努力提高经济效益。出书品种和生产码洋稳步增长,保证职工收入与学校收益同步增长,确保国有资产的保值增值。

全年共出版图书341种(含分社116种),生产码洋4500万元,社本部全年出书225种,其中新版141种,重印84种,生产码洋3517万元;实现收入1192万元,获利291万元。完成生产经营目标,确保国有资产的保值增值和职工收入合理增长。获得国家出版基金、湖北省专著基金等奖励和资助9项。4本图书入选教育部基础教育课程教材发展中心《2015年全国中小学图书馆(室)推荐书目》。获得中国大学版协、第四届中国大学出版社图书优秀学术著作一等奖2名,优秀教材奖一等奖1名,优秀学术著作二等奖1名。

【加强学习培训】

持续加强职工学习培训,不断提高队伍整体素质。认真组织学习贯彻党的十八大、十八届三中、四中、五中全会精神及习近平总书记系列重要讲话精神，围绕出版社中心工作，按月组织编辑业务学习，积极参加总局、省局组织的各类业务培训，使干部职工及时了解国家深化改革的方针政策，增强改革发展的自信心。不断加强干部队伍和职工队伍的思想建设，切实提高干部职工法制意识、阵地意识、责任意识和创新意识。

【完成"出版社十三五规划"编制工作】

确定"十三五"的发展战略及主要措施：以地球科学专业出版为核心，强化珠宝文化建设品牌，大力发展职业教育板块，整合资源，数字出版，打造一个具有鲜明地学特色的产学研交流平台。专注在地学专著、地学教材、珠宝文化、职业教育、地学科普五大业务板块中出精品、显特色、求创新（专精特新）。

【策划和开发重要选题】

继续加强地矿行业的选题调研、策划、追踪工作，积极参与投标竞争，取得良好业绩。出版社分别赴中国地质调查局、沈阳地质调查中心、成都地质调查中心、西安地质调查中心、南京地质调查中心、武汉地质调查中心、廊坊物化探研究所、青岛海洋地质研究所、福建省地质矿产勘查开发局、内蒙古地质调查院等单位调研宣传，获得大型出版项目4项，其他单品种选题多种，合同金额达900万元以上。

加强与校内院系、部门沟通联系，落实出版项目。继续加强与学校各教学学院、教务处、研究生院、科技处、地质调查院、网络学院等校内单位的联系和沟通，结合"十二五"规划教材落实，"十三五"重点图书申报，

在实验系列、矿山环境治理、纳米技术等教材或专著选题组织方面都收到了良好的效果。

继续落实、开发珠宝教材出版项目，珠宝编辑核心团队基本形成。组织编辑人员前往上海、浙江、云南、北京等参加相关会议或专题调研，积极参加沉积学大会、珠宝年会，搜集信息，真诚沟通，热情服务，在多个平台上展示自己，策划落实相关选题30多种，进一步强化珠宝出版物"品种最多、水平最高、覆盖面最广"的品牌形象。

【加强对外合作管理】

积极支持控股企业——地大传媒公司规范管理，做好职业教育项目。按公司法和公司章程管理子公司，积极推进董事会领导下的社长负责制。本年度在地大传媒公司领导班子主动策划和积极落实下完成预期目标。不仅继续开展建筑工程施工、非专业能力培养项目经营，而且开发了施工造价、幼教、汽车维修等专业职业教育教材出版项目。全年出书116种，其中新版68种，重印48种，实现发行码洋1008万，营业收入660万，利润307万元，资产增值35.7万，此项目今年投资收益率高达85%。

【优化整体品牌形象】

优化出版社整体品牌形象，组织完成出版合同、出版社网页、出版社宣传册修订、改版工作；建立出版社官方微信服务公众号，服务更加规范，整体品牌形象得到优化。

【加强党建和反腐倡廉教育】

2015年，出版社党总支部加强党组织建设和学习，组织全体党员学习活动11次；成

立编辑第二党支部、地大传媒党支部，完成所有支部换届选举。全社职工以观看警示教育片，邀请专家作报告，组织党员学习等形式多样的活动深入落实党风廉政建设责任制，加强反腐倡廉教育和廉政文化建设。配合学校完成资产检查、公务接待检查、办公用房检查等工作，补充和完善有关规定，促进接待管理、资产管理的规范化。

（撰稿：高源；审稿：毕克成、蓝翔）

档案工作

【概况】

2015年，召开学校档案工作大会，落实《中国地质大学（武汉）数字档案馆建设方案》，推进馆藏档案数字化进程，加快档案资源体系建设，编印《档案工作手册》，启动电子文件收集归档工作，探索部门立卷实施方案，加快档案服务利用体系建设，提升档案利用的网络化、远程化水平，这一系列举措在助推学校档案工作信息化、规范化和现代化的同时，增强档案资源对学校教学、科研和社会服务的支撑度和贡献力。

综合档案方面，共接收学校各单位移交综合类档案11 073卷，计22 667件；整理入库7851卷，计20 217件。其中收集整理入库党群档案47卷，计312件；行政档案190卷，计676件；教学档案2249卷，计10 865件；科研档案366卷，计2220件；财会档案3225卷，计3263件；外事档案28卷，计201件；实物档案37卷，计37件；教师业绩档案12卷，计27件；产品档案5卷，计35件；仪器设备档案198卷，计864件；出版档案99卷，计320件；基建档案306卷，计608件。此外，全年审批外购地质资料12项、测绘资料6项。

人事档案方面，共接收教职工人事档案122卷，教职工人事档案材料12 000件；接收新生档案6887卷，学生人事档案材料9259件；转递学生人事档案5580份，其中本科生档案4523份，研究生档案2137份。此外，配合学校人事处等部门完成对全校275名处级干部人事档案的审核工作。

服务利用方面，全年接待电话咨询4100人次，受理教育部学位中心等远程委托查证208人次；现场接待档案利用2905人次，其中利用综合档案2053人次，总计调卷12 536卷次，利用地质资料839人次，共计调卷2253卷次，利用测绘资料13人次，共计调阅图件1133图幅。人事档案室现场接待档案借阅和咨询1811人次，受理电话查阅4270人次。

【召开档案工作大会】

2015年1月14日，召开档案工作暨先进表彰大会，评出审计处等6个档案工作先进集体及苗秀花等13位档案工作先进个人。校党委书记郝翔做会议总结，他高度评价学校档案工作，并就未来工作提出三点要求：一是各部门要高度重视档案工作，二是各单位要支持和配合档案工作，三是档案馆要提高档案工作的科学管理水平。本次大会既表彰在档案工作中做出突出贡献的二级单位和兼职档案员，又全面总结档案工作先进经验、分析发展中存在的问题，对于促进学校档案工作更好地服务于学校建设和师生发展具有推动作用。

【推进馆藏档案数字化进程】

2015年，共投入经费12.6万元进行馆藏档案数字化。外包扫描方面，全年共完成213 389幅面，计1134卷8441件档案的扫描工作，其中学位论文答辩材料152 157幅面，计660卷6916件；教职工人事档案40 170幅面，计320卷；科研奖励档案11 354幅面，计50卷365件；专利档案9173幅面，计56卷978件；科技进步奖励证书535幅面，计50卷182件。自助扫描方面，全年共完成6044幅面档案的扫描工作，其中教职工年度考核表3302幅面，学生成绩单2720幅面，大型地质测绘图件22幅面。此外，完成82万余幅面所有馆藏教职工人事档案的数字化挂接工作。

【编印出版《档案工作手册》】

2015年1月将《中国地质大学（武汉）档案管理办法》等67个规章制度和工作规范进行汇编，出版为60万字左右的《中国地质大学（武汉）档案工作手册》，该手册收录国家档案工作法规、制度和标准27个，学校档案工作制度和实施细则20个，档案馆档案工作规程等47个。

【启动电子文件收集工作】

2015年下半年，启动电子文件收集归档工作，起草《中国地质大学（武汉）电子文件收集归档方案》，着手更换兼具电子文件收集管理功能的档案管理信息系统，并于2015年12月先后赴华中科技大学、武汉大学、华中师范大学及武汉理工大学进行专程调研，理清武汉高校电子文件收集归档的现状及管理流程，对选定新的档案管理信息系统形成初步意见，为学校电子文件收集归档工作的推进奠定了基础。

【探索部门立卷实施方案】

2015年下半年，档案馆着手筹备部门立卷工作。2015年12月，相关人员先后赴华中科技大学等武汉地区4所部属高校进行专程调研，学习部门立卷实践经验，探索部门立卷实施方案，修订《中国地质大学（武汉）档案实体分类方案》，起草《中国地质大学（武汉）部门立卷实施方案》，并着手更换适应部门立卷具体要求的档案管理信息系统，至此，学校部门立卷工作正式启动。

（撰稿：苏玉微；审稿：王根发）

档案馆2015年馆藏情况

类别		数量	总计
综合档案	党群	3007卷15 567件	90 435卷 258 389件
	行政	4825卷24 252件	
	教学	33 629卷118 770件	
	科研	5442卷32 395件	
	基建	984卷2985件	
	设备	1579卷5639件	
	出版	719卷3338件	
	外事	600卷3311件	
	人物	402卷2116件	
	声像	1617卷12 381件	
	实物	1007卷1042件	
	财会	36 593卷36 593件	
人事档案	教工	5396卷	37 939卷
	学生	32 543卷	
地质资料、测绘资料	地质资料	14 958份	14 958份
	测绘资料	18 538件	18 538件

博物馆工作

【概况】

中国地质大学逸夫博物馆于2006年10月23日被国家旅游局评定为国家AAAA级旅游景区,成为我国大学中第一家国家AAAA级旅游景区。逸夫博物馆的规模和现代化建设水平居全国高校博物馆界前列,具全国地质博物馆界一流水平,是中南五省目前最大的自然科学博物馆之一,是广大青少年认识地球、了解自然和进行爱国主义教育的重要基地,也是武汉市文教事业的标志性建筑之一。

本馆馆藏各类地质标本30 000余件,其中自然界极为罕见的珍品近3000件,标本的丰富性、典型性和观赏性在国内处于一流水平,在世界上也位居前列。如世界排名第一、面积达100平方米的足迹化石幕墙和距今两亿多年、面积达15平方米完整性极佳

中国地质大学(武汉)年鉴 2015

的海百合化石，距今达两亿多年的鱼龙化石和海龙化石以及造型优美的辉锑矿晶簇等为不可再得的馆藏珍品。

本馆开辟了地球奥秘、生命起源与进化、珠宝化石、矿物岩石、矿产资源和张和捐赠化石专题展览等展厅，通俗而全面地阐述了地球科学的情况。各展厅除了丰富而典型的标本展示外，还广泛采用了各种现代化技术进行展示。如地球奥秘展厅的世界首创、直径达1.5米、绕与赤道面呈23.5度夹角倾斜旋转的磁悬浮地球仪和人造地震小屋，生命起源与进化展厅中用虚拟现实技术制作的古代动物生活场景，矿产资源展厅采用声、光、电技术制作的海洋石油钻采平台模型、天然气采气平台模型、湖北大冶铁矿模型等，用直观形象的手段解释深奥的地学知识。

长期以来，博物馆一直坚持面向社会广泛开展地学科普教育，传播科普知识；与相关部门和科普场馆合作，积极组织科普活动；充分发挥计算机网络、多媒体等技术在博物馆展示功能中的应用，建立数字博物馆，创建矿物、岩石、宝玉石、矿产资源等7个展示模块，简单点击鼠标就能了解地球的来龙去脉、生命的兴衰荣枯以及奇妙的矿物、岩石、矿石和宝玉石世界，将文字、图像、动画、声音等有机地结合，开拓了更为广博的地学科普教育领域。

【做好校内外教学服务工作】

2015年，博物馆服务于学校的校园开放日、新生入学教育、地质学专业教育、新入职教职工培训等工作，做好教学辅助工作，发挥地学类博物馆的教育科研功能。同时，充分发挥窗口作用，为武汉大学、武汉理工大学、华中科技大学等数十所高校的专业实践课教学提供实习指导，参与讲座和专业课实践的学生达3万余人次。与湖北省科技馆联合培训科普硕士研究生，就公民素质培养等问题举办多场培训，与科技馆的同仁、科普硕士研究生进行多次座谈。

【提高公共文化服务水平】

为更好地满足不同社会层面的文化需求，让社会公众享受文化建设成果，博物馆在做好基本展陈开放的基础上，通过自办、联办、引进等多种形式推出了丰富多彩的科普活动。为加强展示内容的趣味性和互动性，博物馆在地球奥秘展厅新增科普地震体验小屋。地震体验小屋中设计了地震逃生学习视频和地震知识宣传板等科普内容，不仅突破传统的展示方式，更加提升博物馆的公共服务水平。

2015年，接待游客逾10万人，组织了地球日科普活动、国际博物馆日开放活动等科普活动，扩大博物馆在地学科普、环保教育等领域的知名度和影响力。由湖北省国土厅主办，博物馆承办的第46个世界地球日宣传周启动仪式活动中，中国科学院院士殷鸿福教授为与会青少年做了环保主题报告。5月18日，在国际博物馆日活动期间免费对公众开放1天，单日接待游客量破万。11月18日，博物馆组织讲解员参加武汉市文博系统讲解员大赛，两名参赛选手均获得三等奖。

【加强信息化建设】

近年来，武汉市建设"博物馆之城"的计

划正在紧急推进。为响应省、市文博系统的博物馆建设号召，积极加强博物馆的信息化建设。2015年，博物馆向湖北省文物局可移动文物普查小组提供了12 332块馆藏标本的数字信息，对馆内新增的两千余块矿物、岩石、古生物标本进行了数字化表达，并向公众公开。此外，博物馆还积极在各种网络平台上宣传和报道馆藏动态，提高公众服务效率。

【承担科普工作】

2015年，博物馆继续受到科技部矿物、岩石、古生物化石标本的科技基础条件平台资助，还承担了"湖北省地质系统博物馆古生物化石登记建档及馆藏古生物化石数据库建设项目""湖北省科技馆标本采集项目""石首·中国麋鹿博物馆的内容设计"等工作，被评为国家甲级古生物化石收藏单位，国土资源部科普基地联盟成员单位，并获得全国博物馆育人联盟特等奖。组织专业技术人员科研项目小组，对湖北省郧县、蕲春、大冶、红安等地进行地质调查工作约40余人次，采集具有典型性、代表性的岩石矿物标本千余块，并对标本进行科学研究，不仅充实馆藏标本库，也梳理了湖北省岩石地层的划分情况。在一系列科研活动的基础上，工作人员在专业杂志上发表文章两篇。

（撰稿：王革、张凡；审稿：潘铁虹）

Nianjian

后勤保障与服务

基本建设

【概况】

2015年，实施新建、修购、维修项目共计409项，零星维修项目2000余项。年度项目资金总执行金额为16 648万元，圆满完成了年度基本建设工作任务。全年实施及完成基建项目共4项，其中竣工验收2项，其余正在顺利实施中。留学生公寓项目（丹桂苑）竣工验收并交付使用，解决了1050名留学生住宿问题，为学校国际化战略发展提供了保障；教学综合楼项目已完成主体结构封顶，进入室内砌体施工及水电安装阶段；游泳馆项目主体土建及钢结构部分已完成，设备已全部安装到位，正进入泳池砖铺设及设备运行调试阶段，预计2016年8月竣工；巴

东三峡库区地质灾害研究中心综合实验楼项目取得实质性进展，预计2016年暑期竣工。全年利用修购资金完成修购项目18项，目前所有项目已基本执行完毕。其中东苑和怡宾楼维修改造、锦鲤塘改造、红军桥维修、校园水电基础设施改造（一期）、校园室外消防水网改造等项目已竣工验收并交付使用。通过东苑博士生公寓的改造，提供了318个研究生床位，极大地缓解了学校博士生住宿紧张情况，顺利迎接2015级博士生入住；怡宾楼、惠宾楼维修改造项目完成后，较大幅度提高了学校后勤接待能力。全年完成学校自筹资金专项维修项目7项。其中幼儿园稚趣楼竣工验收并交付使用，新增建筑面积约2000平方米，有效地解决了幼儿园用房不足的问题；大学生创新创业中心的建设，在工期极其有限的情况下，按时保质完成项目，通过了省教育厅的评审考察；原北区图书馆维修改造项目维修改造面积5022平方米，其中办公用房面积约3000平方米，书库面积924平方米，在一定程度上缓解了学校办公

面积及出版社书库面积不足的压力;完成学校8栋、9栋、13栋旧房改造项目,启动6栋、33栋改造项目,改善了学校教职工居住环境;家属楼天然气项目已开工建设,建成后将解决学校教职工用气难的问题。

【生态校园建设】

积极开展绿色校园建设,对重点区域进行了环境整治和绿化。校园内三个重要景观带已基本成型:一是以北大门为中心的北区景观带,二是以图书馆广场为核心的西区景观带,三是以东区锦鲤塘为中心的东区景观带。三条景观带交相辉映,已成为学校师生学习生活的重要场所。锦鲤塘雨水再利用项目通过对水塘进行改造,用干净雨水对水体进行补充,同时设置泵水系统,将储水用于绿化浇灌与道路浇洒,全年可节约用水6万立方米。此项目经水务部门评审通过,获得50万元专项资金奖励支持。

【专项资金申报与国拨资金执行】

初步拟定修购项目"十三五"项目库,基本确定35个项目,总资金3.35亿元,项目库的建设为快速、高质量响应教育部评审工作奠定了坚实的基础。高度重视专项资金执行工作,基建、财务、审计部门共同召开资金执行推进会,总结专项资金执行中遇到的问题,探讨相应解决办法,有计划有步骤地推进资金执行工作。全年圆满完成资金执行任务,所有国拨资金项目均已执行完毕。

【提升基建管理水平】

以教育部直属高校基本建设规范化管理专项检查为契机,认真学习落实《教育部直属高校基本建设廉政风险防控手册(征求意见稿)》,全面查找、深刻剖析在基本建设管理规范化方面存在的问题,积极整改、严堵漏洞,进一步提高基本建设的规范化管理水平,保证学校基本建设高效、安全、廉洁运行。大力开展基本建设信息化建设。基本实现了项目合同管理、资金管理、变更签证、公文流转工作环节信息化,有效推动了学校基建管理工作的规范化和精细化水平。学校教学综合楼项目积极响应住建部号召,率先开展"智慧工地"建设,通过"人防"与"技防"的有机结合,实现了工地的"可视化管理"。高度重视建设项目安全生产工作。学校要求基建部门切实增强责任感和紧迫感,一刻不能疏忽,坚决遏制安全事故的发生。基建处每月组织开展一次在建项目安全生产大检查,分施工单位自查、整改落实、建设单位现场检查三个部分进行。切实将安全生产工作落到实处,为工程项目安全、有序推进奠定坚实基础。

【新校区建设工作概况】

2015年是新校区正式奠基、全面开工的建设之年。学校围绕一期工程施工启动和后续项目设计报建两大工作任务,以业务工作规范化和管理团队职业化为抓手,努力提升新校区基本建设项目管理的科学化水平,在规划设计与报批报建、招标采购与合同管理以及施工现场过程管控等各方面都取得了扎实的工作进展。新校区基础设施及配套工程等部分竣工和在建项目获得教育部直属高校基本建设规范化管理专项检查组的好评。

教育部和武汉市的有关领导多次到新

中国地质大学(武汉)年鉴 2015

校区现场视察、调研，极大地推动了学校的新校区建设工作。10月24日，时任教育部副部长的鲁昕等一行到新校区视察，详细听取了项目规划、设计和建设工作汇报，实地查看了学生宿舍施工进展，对新校区建设工作取得的成果给予了充分的肯定，对教育部相关部门进一步加大支持力度提出了明确要求。11月26日，中共武汉市委常委、武汉东湖新技术开发区党工委书记胡立山带队到新校区调研，召开现场办公会就加快周边市政道路及配套设施建设等作专项工作部署。

【新校区重要工作成果及进展】

2015年，由新校区建设指挥部（简称指挥部）牵头，先后编制完成了《中国地质大学（武汉）"十三五"基本建设规划》《中国地质大学（武汉）新校区建设"十三五"规划》和《新校区基本建设项目实施计划一览表（2015—2018）》，对新校区各个单体建筑项目和基础设施专项工程实施的工期要求、先后顺序进行合理计划，进一步明确新校区建设的工作重点、难点和总体进度安排，相关规划、计划文本已经成为引领新校区建设工作的重要指导性文件。

项目设计与报批报建工作。2015年，新校区二期工程单体建筑施工图设计基本完成，相关报建工作取得积极进展，三期工程单体建筑已完成初步设计，景观、智慧校园等专项设计稳步推进。二期工程14个单体建筑（规划总建筑面积28.99万平方米、计划总投资15.39亿元）的项目可行性研究报告通过教育部专家组现场评估，其中图书馆、学生活动中心等8个单体建筑（规划总建筑面积19.16万平方米、计划总投资9.8亿元）项目获得教育部立项批复（2016年发文）。部分专项工程通过了教育部2016年中央高校改善基本办学条件专项评估，共获批新校区道路桥梁及运动场工程（一期）、强电工程（一期）、给排水工程（一期）和智慧校园工程（一期）4个项目，总金额1578万元。

招标采购与工程建设。2015年，学校共实施与新校区建设工作相关的各类采购项目32项（服务类22项、工程类8项、货物类2项），完成采购、签订合同共24项。其中，新校区一期工程7个单体建筑项目（规划总建筑面积18.58万平方米、计划总投资8.63亿元）的监理、施工招标先后完成，4月12日，学生宿舍一组团项目率先开工；8月8日，学校在新校区施工现场召开"中国地质大学武汉未来科技城校区建设工作动员大会"，未来城校区正式奠基，新校区一期工程全面开工；至年底，学生宿舍一组团主体结构施工基本完成；二标段（公共教学楼等6个单体建筑项目）完成土方及桩基础施工。

（撰稿：屈璐、晋曦；审稿：刘杰、张宽裕）

附录1　中国地质大学2015年基建项目建设情况

项目名称	面积(平方米)	进展状态
留学生公寓项目	23 690	已交付使用
教学综合楼	70 493.75	主体结构封顶
游泳馆	4506.6	主体已完成
巴东三峡库区地质灾害研究中心综合实验楼	2418	主体已完成,正在装修阶段

附录2　中国地质大学2015年修购专项资金项目建设情况

项目名称	计划投资(万元)	进展状态
东苑博士生公寓周边环境整治	258	已竣工结算
东苑博士生公寓智能电表更换	13	已竣工结算
怡宾楼周边环境整治	295	已竣工结算
翠池(锦鲤塘)维修改造	479	已竣工结算
校园水电基础设施改造(一期)电缆入地(26~32栋)	142	已竣工结算
校园水电基础设施改造(一期)——北区污水泵房改造	4	已竣工结算
校园水电基础设施改造(一期)附中无负压供水设备改造	20	已竣工结算
校园水电基础设施改造(一期)——材化楼配电室设施改造	84	已竣工结算
地勘楼消防维修改造(附属用房监控工程)	14	已竣工结算
东苑博士生公寓(门禁系统)工程	5	已竣工结算
幼儿园电动伸缩门	5	已竣工结算
幼儿园门禁	6.5	已竣工结算
北区道路维修	20	已竣工结算
红军桥灯光改造	7	正在办理外审
红军桥病害处理、桥面维修工程	82	已竣工结算
室外消火栓系统	29.9	已竣工结算
小计	1464.4	

附录3　新校区二期工程单体建筑项目立项情况一览表

序号	项目名称	建筑面积(m²)			总投资(万元)
		总面积	地上面积	地下面积	
1	学生宿舍三组团	36 283	30 218	6065	13 600
2	学二食堂	6762	6762	0	3545
3	学一食堂	10 539	8809	1730	5871
4	图书馆	36 835	30 000	6835	24 452
5	学生宿舍二组团	40 078	33 373	6705	14 715
6	学生活动中心	9100	9100	0	8906
7	科教楼四	28 170	22 930	5240	14 658
8	科教楼五	23 790	19 970	3820	12 247
	小计	191 557	161 162	30 395	97 994

附录4　新校区改善基本办学条件专项立项情况一览表

序号	项目名称	申报金额(万元)	评审金额(万元)
1	新校区校园道路桥梁及运动场工程(一期)项目	814.50	742.00
2	新校区校园强电工程(一期)项目	200.00	200.00
3	新校区校园给排水工程(一期)项目	238.00	236.00
4	新校区智慧校园系统工程(一期)项目	600.00	400.00
	小计	1852.50	1578.00

房产管理

【概况】

2015年，学校完成两次周转房选房、职工住房货币化补贴和公积金提取工作，同时积极推进房产管理信息平台建设，开展房产出租出借情况统计和上报，圆满完成全校行政办公用房清理整改和对外出租经营性用房的租金收缴工作。继续推进公用房改革，推动建立全校公用房管理制度。通过对二级单位各类用房面积统计核查，对房产资源分配进行量化管理。起草完成《中国地质大学(武汉)公用房管理办法(征求意见稿)》，以分类定额、总量控制、超额收费、缺额补贴为原则，不断增强公房使用单位成本意识和自我约束机制，不断提升公用房的使用效率。

【规范周转房管理】

东区现有38栋职工家属楼，共1512套

住房,其中610套为职工房改房,877套为学校周转房,20套单位集资房,5套北京"老有所归"房。另有7栋青年公寓楼,共计388间周转房。截至2015年12月,学校周转房租金共计收缴927.4万元,较2014年增加约300余万元。

2015年,圆满完成此次周转房租赁工作。1月份共有550名教职工挑选了周转房;7月份共有107人挑选了周转房。目前还有81套空房,三室一厅4套、两室一厅43套、单间房34间,形成了周转房有进有出、良性循环的局面,保证了所有提出住房申请的教职工都可以选到周转房,同时为2016年新入职职工预留了房源。自2015年2月以来,学校对周转房进行基础性维修,保证了职工顺利入住。对非校内人员租赁周转房进行了清理腾退。4月1日起对租期满六年的租户按市场租金标准收取房租,之后陆续有职工主动退出了周转房,有效化解了周转房租金低廉、租而不转、租户固化的问题,周转房真正周转起来了。

【房改房两证办理】

3月4日,学校根据《湖北省住房保障局关于进一步加快解决省房改直管高校房改房两证办理历史遗留问题工作实施方案的通知》(鄂住保文[2014]28号)的要求,成立了"历史遗留房改房两证办理工作小组",负责房改房两证办理工作的推进落实工作。2015年5月中旬,完成了楼栋分层分户图的测绘工作;7月中旬,顺利通过安全鉴定验收;12月底,完成向省住房保障局资料报送工作。

【旧房改造】

3月4日,学校成立了"部分教职工旧房改造专项工作组",对未进行过扩建改造的两室一厅楼栋(6栋、7栋、8栋、9栋、12栋、13栋、33栋、44栋)进行改造。工程项目由基建处负责,房产管理中心主要负责改造项目相关资料数据的整理提交和住户的沟通协调工作。截至12月,8栋、9栋、13栋已接近完工,6栋和33栋即将动工,已完成12栋房改房住户扩建费收缴工作。

【住房货币化补贴及公积金管理】

全年共为3052人缴存公积金,共计94 125 496元。全年共为教职工办理公积金提取共计195 197 25元。全年共为2867人发放住房补贴共计101 205 980元,其中在职人员2762人,退休人员105人。

【对外经营性用房管理】

2015年,学校房产管理中心管理的对外出租的经营性门面有117个、集贸市场摊位17个、通讯基站4个,全年租金应收345万元,实收345万元。全年按照《对外出租经营性用房管理办法》《集贸市场管理办法》和《房屋租赁合同》等规定对管辖下的市场门面、摊点、集贸市场、便民服务点进行全面检查和督促整改。市场管理人员加大管理力度,每日对各经营点进行巡查和抽查,对出台占道、出店经营、门前三包不合格、超范围经营、证照不全、转租转借、商品质量不合格、消防设备不合格等违规情况认真检查,并下发整改通知书。

【公用房清查回头看】

按照教育部相关要求,学校对正处级以

上干部办公用房使用情况进行清查、回头看工作，完成了"校行政机关所在校区正处级及以上干部办公用房使用明细表"的填报工作。按照教育部《关于开展直属高校办公用房清理整改情况书面督查工作的通知》要求，结合2015年直属高校基本建设规范化管理专项检查工作中提出的整改意见，认真开展办公用房清理整改工作，填报学校"办公用房清理腾退情况统计表""领导干部办公用房清理整改情况表"，并提交《2015年上半年办公用房清理整改督察的报告》。

【房产管理信息平台建设】

积极推进房产管理信息平台建设。2015年上半年，后勤保障处和资产与实验室设备处合作申请建设学校国有资产管理信息平台，其中房产管理部分涵盖学校房产管理的各个类别。房产管理中心先后提交了可行性报告和系统需求报告，并对招标文件中房产系统技术参数进行了修订。

（撰稿：李悦；审稿：蔡楚元）

[附录]

附录1　2015年校舍情况　　（单位：建筑面积m²）

序号	项目名称	武昌校区	实习站点	其他	小计
1	教室	43 710	5986		49 696
2	图书馆	31 192			31 192
3	实验室及实习场所	106 133	6483		112 616
4	科研用房	22 196			22 196
5	体育馆	13 509			13 509
6	会堂	2001			2001
7	行政办公用房	34 399			34 399
8	本科生学生宿舍	152 518	10 195		162 713
9	研究生学生宿舍	51 407			51 407
10	留学生宿舍	21 106			21 106
11	食堂	20 465	461		20 926
12	生活福利及附属用房	39 584	1975		41 559
13	教职工单身宿舍	31 372	6465		37 837
14	教职工住宅	101 483			101 483
15	聘用工宿舍	5660			5660
16	幼儿园用房	4544			4544
17	附属中学用房	7164			7164
18	商业服务门面	13 131			13 131
19	其他用房	21 376			21 376
	合计	722 950	31 565	0	754 515

后勤保障

【概况】

2015年，学校继续深化和巩固后勤运行机制优化调整成果，进一步推进各项后勤保障服务工作继续走向深入，切实做好各项服务保障工作，较为顺利地完成了全年各项工作。通过认真梳理"十二五"期间后勤各项工作目标，全面总结后勤保障工作的成绩经验，科学谋划"十三五"后勤保障事业发展规划，结合学校实际情况，初步形成了后勤发展与改革"十三五"规划。

【体制机制改革】

加大推进学校公共房产管理改革力度，对全校各二级单位办公用房和商业出租出借情况进行现场清理核查；按照"总量控制、定额管理、超额付费"的管理原则，制定了《中国地质大学（武汉）公用房管理办法》（征求意见稿）；严格执行新的周转房管理办法，通过系列举措，促使周转房形成了有进有出的良性循环；加强了商业用房的日常管理，严格规范校内经营行为。进一步推进水电管理体制改革，合理利用水电公共资源，争取了教育部发展规划司经费支持，实现建筑能耗监测的全覆盖，推动节约型校园建设。

完善内控机制，转变工作作风，提高工作效率。以狠抓员工工作纪律为突破口，全面整治工作作风；完善服务监管和测评体系，严格执行行政问责制、首问负责制和三查制度，形成严格的责任制度和追究制度。进一步规范后勤保障处各类行政公务活动，规范公务接待、公务用车的日常管理，有效控制运行成本，严格控制各项经费支出。

深化后勤内涵发展，加强"学习型、研究型"后勤文化建设。坚持推行"双月"活动，创新服务内容，营造比拼争先的良好团队氛围；加强建设学习型组织，加大职工教育培训力度，不断改进学风；开展后勤改革与发展的理论研究，启动了6个具有现实指导意义的后勤课题研究项目，不断提升后勤职工理论研究水平。

深化内部人事制度改革，探索员工绩效管理和聘用工管理新模式。启动全员聘用工作，制定《后勤保障处新进管理与技术人员聘用制管理办法（试行）》。调整聘用员工酬薪标准，出台《后勤保障处调整下属各中心聘用员工酬薪标准与管理实施办法》，有效改善了聘用员工待遇。严格执行按需设岗，按岗定编，合理配置人员，对下属中心继续推行"精简二线、充实一线"，实现扁平化管理。所有中心对岗位内容及人员进行科学核定，截至2015年底，后勤保障处共有正式员工224名，聘用人员726名（2014年正式职工240人，聘用员工742人），职工队伍更简化，人员设置更科学。

重点落实"三严三实"专题教育实践，认真执行党风廉政建设责任制。进一步完善预防体系，排查廉政风险点，不断健全物资采购、工程建设、经费管理、资产管理等制度,加强对重点部位和关键环节的监管。继续落实"八项规定精神",纠正"四风"方面存在的问题,坚决杜绝反弹,加大对公务用车、公款接待、公费出国的审批与监管。充分利用校内各处宣传栏、LED屏幕创办了富有特色的专题宣传板报,组织党员干部观看教育警示影片,将党风廉政建设专题学习与"三严三实"的内容紧密结合,让每一位党员干部接受全方位教育。

以服务职工为本,做好党群工团建设,推动和谐后勤建设。除了做好聘用员工子女上学、就医和住宿问题外,后勤保障处党委、行政、工会每逢寒暑假、节假日都会对在岗员工进行慰问。推动民主制度建设,暑假召开了二届三次职代会,完善工会组织机构,规范工会民主化程序,突出工会作用。同时后勤党委指导分工会积极组织职工参加各项活动,丰富业余生活,在学校组织的运动会、篮球赛、纪念抗日战争胜利70周年大合唱、校运动会等文体活动中,都取得了优异的成绩,展现了后勤职工良好的精神风貌。

【公共后勤资源管理】

对全校各二级单位办公用房和商业出租出借情况进行现场清理核查,并按照《中国地质大学(武汉)房屋出租出借专项清查工作会议纪要》精神,对全校需要清理整改房屋统一收回并归口管理,对部分二级单位的办公场所进行了重新分配,有效地缓解了公共用房矛盾。同时结合学校实际,制定了《中国地质大学(武汉)公用房管理办法》(征求意见稿)。加强对全校经营性用房和周转

房的管理,有效提升校园房产管理效率。顺利完成汉口社区红房区102名住户腾退迁移,同时积极做好汉口社区水电维护、安全防卫等留守工作,确保了汉口社区教职工的正常生活。加大对实习基地的后勤服务保障工作,确保三大实习基地圆满完成实习任务。

【节约型校园建设】

利用节能监管平台加大对全校公共场所水电用量的数据信息采集工作。为实现建筑能耗监测的全覆盖,争取了教育部发展规划司300万元经费支持,用于节能监管平台项目二期建设。10月14日,学校顺利通过全国节约型公共机构示范单位评价验收,被评为"教育部第二批18所节约型公共机构示范单位",节能减排工作得到了国家机关事务管理局和教育部的高度肯定。全年学校水电气专项经费总收入约3856万元,其中学校预算拨付2450万元,水电气费回收1404万元,水电维修费回收2万元;水电气费总支出3352万元,其中水费支出754万元,电费支出2438万元,天然气费支出160万元,结余500万元。

【后勤服务实体管理】

切实做好校园食品安全管理,确保食堂安全稳定。进一步加强食堂安全卫生监管,通过加强物资采购环节,严把货品质量关;通过多种途径降低物资采购价格,节约成本,维护食堂饭菜价格稳定;与新疆石河子大学共建清真食堂,增添设施设备,增加清真饮食品种,努力做好少数民族学生保障服务工作。

做好校园物业服务，圆满完成各类基础保障工作。进一步美化校园建设，加大对校园环境的综合整治工作力度，在全校范围内开展绿化补栽补种项目，面积超过8000平方米，并于学校图书馆及北区校门等重点位置引进种植南方树种，形成校园一道道亮丽的风景线。加紧推进接待服务中心怡宾楼、惠宾楼装修改造工程，进一步做好接待服务，提升服务形象。圆满完成了各项接待工作。

完善东区研究生公寓的服务管理、所属门面的经营管理和集体所有制职工队伍的服务管理，确保基础工作稳步推进；深入细致地做好大集体及代管退休职工的人事与社会保障工作，做好代管人员的工资发放和考勤整理等。

加强驾驶员培训学校的安全管理，强化教练员责任意识，新增合作单位，理顺考试流程，全年招收学员408人，考试平均通过率90%以上，实现利润约19.4万元。

努力改善师生办公、学习和生活条件。完成学校各行政办公单位和部门零星购置办公家具累计4189台件，总金额158.7万元；累计维修固定课桌椅1452套，完成教三楼109教室500套固定课桌椅更换；完成留学生、博士生公寓家具购置1389套；完成本科新生宿舍高低床、组合床456套的安装工作；将全校学生宿舍内的固定式喷淋改为活动式花洒；在各家属楼楼道门前加装路灯共计132套等。

【校外实习基地建设】

秭归产学研基地进一步完善了内部岗位量化细则，核定岗位工作内容，严格执行目标考核制度，奖优罚劣，极大调动了各部门及员工争优创先的工作积极性；完成了综合楼六楼的闲置房间、教师备课房、食堂、健身设施的升级改造，实现了基地无线网络全覆盖。全年，基地共接待4711人次，其中，本校计划内实习师生1868人，计划外会议、培训及外校师生2843人。

周口店实习站严格执行《周口店实习站站纪站规》《周口店实习站日常管理规定》《周口店实习站安全生产管理办法(试行)》等系列规章制度，强化安全生产管理，整体运行情况良好。全年共接待师生1600人，其中接待本校师生近1100人，接待南京大学、河北农业大学、山东理工大学、华北理工大学、中国科技大学、内蒙古科技大学以及赤峰学院7所高校的实习师生近500人，同时还圆满完成了校工会组织的"优秀青年教师周口店地质行"接待活动。

秦皇岛实习基地完成了教师公寓建设及家具购置工作，并投入使用。改造建设了水泵房、洗衣房、学生食堂等基础设施，并对西区员工宿舍进行了维修，有效改善了基地办学条件。不断强化食堂内部管理，做好饮食卫生防疫工作，稳定食堂饭菜质量，不断提高食堂服务质量；严格做好野外实习学生的安全管理工作，全年实习未出现严重违纪和安全事故。全年共接待实习师生2600人，其中接待学校实习学生1360人，接待中国地质大学(北京)实习学生1206人，武汉大学实习人员34人。

(撰稿：江琼；审稿：蔡楚元)

医疗保障

【概况】

校医院设有内、外、妇、儿、耳鼻喉、眼、口腔中医康复、检验、药剂、公共卫生、护理等10余个业务科室，有病床60张，各种检测仪器60余台套。共有职工60人，其中专业技术人员52人，主任医师5人，副主任医师8人，中级技术人员15人，研究生学历（学位）6人。主要承担了3万余名师生员工和社区居民的常见多发病防治、社区居民儿童计划免疫、突发公共卫生事件、灾害事故紧急医疗救援等工作。校医院每年组织新生、毕业生、高知高干、妇科体检工作，同时负责野外实习站医疗保健及学校各种大型活动、会议保健服务工作。

全年共接待门诊病人90 759人次，收住病人85人次，完成输液10 522人次、肌肉注射3652人次、透视拍片6246人次、B超3989人次、各种各类化验检查17 807人次、院外各种医疗服务180天、购进药品465种，总价值536万。开展各类医疗宣传服务9次，发放各种宣传品30 000余份，完成公费医疗报账任务1800万元。

【作风建设】

完成《中国地质大学（武汉）医院2015—2017年反腐倡廉惩防体系建设工作规划》。

完善修订了《中国地质大学（武汉）医院党政联席会议议事规则》《"一案双查""一岗双责"制度》等制度。加强党风廉政建设和行风建设，开展重点岗位、重点流程的督查。全年未发生违反党风廉政建设的事件。设立意见箱、投诉电话和行风监督员，定期举行院长接待日，及时听取患者的意见和呼声，及时改进工作和服务。同时，坚持便民利民原则，强化服务工作，增加服务项目，改善服务条件，为患者提供方便快捷的服务，实行医疗卫生服务收费阳光工程，将各类服务项目和价格在医院一楼大厅进行公示。严格医德医风教育效果明显，全年未发生或未发现有关贿赂或违规违纪方面的信访举报案件。全年共收到表扬信3封，锦旗1面。

【业务管理】

不断加强医疗管理，提高病历书写质量，加大查房质量管理与考核力度；规范了院内会诊制度，转科制度，转院制度，强化了慢性病、疑难病症、临床科室及医师管理，经常检查合理使用抗菌药物情况，相继制定了3个单病种《健康教育》册页，并将其纳入病历考核指标。进一步建立健全了居民健康档案，完善了家庭医生团队建设，启动和推进了居民居家养老制度的实施，不断强化对医院感染病的管理及传染病报告，放射防护的管理。全年未出现任何医疗事故。进一步开展"平安医院"创建活动，年初与各科室签订了《2015年治安、消防、安全责任书》，制定了"突发事件"处置预案，建立和完善了全天的巡视制度，对重点部位实施了24小时监控、巡视，增强了医务人员及患者的安全感。

2015年,公开招聘医生2人,护士2人,新补充配备年轻科主任5人。同时,为提高医护质量,在人手十分紧缺的情况下,先后派出5名医护人员到三甲医院进行了中、短期培训。校医院坚持每月开展一次业务学习与培训,聘请院外专家和院内业务骨干开展讲座,集中答疑、现场操作,形成了讲学习、重效果、提质量的良好学习氛围,医疗水平和质量有了明显的提升。

(撰稿:吴继强、徐祝心;审稿:何晓玲)

社区建设

【概况】

学校社区隶属于武汉市洪山区关山街道,是以地大为依托的单位型社区。社区面积约1平方千米,现住居民3199户,居民人口9597人,在校学生近30 000人。共有住宅楼54栋,住宅面积30余万平方米。社区具有高层次人员多、高文化人员多、高素养人员多、离退休人员多等特点。2015年,地大社区被评为"全国文明城市创建洪山区优秀社区""洪山区区级文明社区""省级先进卫生社区"。

【社区管理机构建设】

完成社区党组织和居委会的换届选举工作。2015年,在居民选举委员会的组织和实施下,先后历时四个月,组织召开八次居民代表会,如期圆满完成社区党组织和居委会的换届选举工作。此次换届选举共登记选民6352人,登记户代表1115户。2015年12月19日,通过社区居民选举大会,顺利选出新一届党组织和社区两委班子:社区主任兼书记一名(韩小红)、专职副书记一名(方芳)、副主任一名(彭雅玲)、委员五名(王慧琴、罗印焱、翁瑛、阮程、彭丹)、专干五名(杜艳、李雯雯、何冰洁、李幼兰、吴云)。

成立喻家山庄业委会。为维护喻家山庄业主的共同利益和合法权益,实施业主委员会、物业公司、居委会"三驾马车"联动机制,共同服务小区,按照武汉市政府武社建[2015]2号文件要求,于6月10日选出喻家山庄的业委会,为完善业主自治管理奠定了坚实的基础。

完成南望山庄第三届业委会换届工作。2015年10月15日正式启动南望山庄小区业委会的换届选举,经过近两个月的筹备实施,于2015年12月5日完成南望山庄第三届业主委员会换届。

【社区党建】

2015年,社区共发展党员4名,2名预备党员转正。转入20名党员,转出3名党员,截至2015年底社区共有党员58名。社区党支部严格按党的5个基本要求,定期过好组织生活,学习最新文件精神,全年组织党员学习6次,召开党员代表会议12次,按照要求完成党员年报工作。积极开展党员活动,组织社区党员参观黄石仙岛湖,白鳍豚海洋生物馆等;继续坚持社区"帮困扶贫"爱心小组活动;长期开展社区"党员志愿者"活动,承担校园环境治理督查任务和网吧的监督工作；完成了学校和关山街党工委组织的各项工作。

【校区共建】

建立了社区联防、单位自防为主要内容的三位一体校地共建防控体系。以"两管、两防"为重点，加强对常住人口、重点人口、流动人口的管理和出租公私房的管理。以派出所为龙头、学校保卫处为骨干、社区为纽带，形成人防、物防、技防一体化的治安防控网络体系，最大限度地发挥整体防范效能，实现对社会治安的综合控制。2015年社区上门联系参与调解工作20余人次，每月完成法律服务项目6余项，为居民提供法律咨询2例。积极配合学校保卫处，做好了常态化的宣传消防知识，提高居民消防安全意识，普及安全用火、用电、用油、用气的常识和逃生自救知识，使居民掌握最基本的防火、灭火、自救方法，不断提高居民的消防安全意识。

社区充分利用政府惠民资金，力所能及地为居民解决最关心、最现实的各类民生问题。一是为保障南望山庄物业安全，上报落实经费，为小区安装监控系统管理；二是在喻家山庄建设了完善的儿童户外游乐设施；三是针对南望山庄6栋围墙地基塌陷问题，学校、关山街和社区三方联手投入资金进行埋填、奠基加固；四是对南望山庄7栋、8栋平台锈蚀、断裂铁栏杆进行更换，美化翻新了小区路灯；五是根据《武汉市改变全市老城区抽油烟机油污问题》文件精神，争取到1500个免费环保抽油烟机安装名额，截至年底，南望山庄、东区宿舍楼已安装完毕。

【计划生育】

为保障社区育龄妇女的身体健康，组织社区60名育龄妇女参加2015年免费妇科健康检查，重点筛查女性最常见的两种恶性肿瘤——宫颈癌及乳腺癌；与校医院密切配合，做好社区孕产妇的登记、上报、随访，尤其是流动人口孕产妇的管理工作；积极倡导符合政策生育夫妇参加国家免费孕前优生健康检查，全年共有7对夫妻参加免费孕前优生健康检查活动；深入开展生育关怀，为地大社区60户家庭及在学校务工的40户流动人口家庭免费投保2015年度计划生育家庭意外伤害保险，提高计生家庭的保险保障；认真做好社区居民独生子女保健费和居民退休职工计划生育奖励工作。

【社会保障】

办理新增城镇居民医保新参保129人，全年城镇居民医保共参保缴费有455人；办理居民医保新生儿现金报销4人；帮助重病人员4人进行门诊重症申报，享受大病救助的优惠政策；全年完成下岗失业人员安置37人；安置困难群体再就业目标23人；扶持创业成功11人；完成创业带动就业52人；新增就业岗位目标88人；完成就业培训目标15人；创业培训目标3人；办理下岗失业灵活就业社保补贴工作：今年社区新增1人，停止社会保险补贴1人，截至目前仍有8人领取社保补贴。

全年办理新增养老保险7人，为1名户口在本社区年满60周岁没有退休金的老人办理城乡居民社区养老保险。社区现有低保户4户，总人数4人，月保障金3015.52元；确定6户为特困家庭，并进行建立档案管理,春节为其发放"5个5"补助。

全年为80~89周岁老年人办理申请高龄补贴88人,发放补贴金额51 400元;为90~99周岁的老年人申请高龄补贴6人,发放补贴金额6400元。全年为社区11名残疾人分别建立档案,进行跟踪式服务。

【居家养老】

社区目前有65岁以上老人482人,其中80~89岁老人113人,90岁以上老人8人,孤寡老人2人,空巢老人20人。社区充分发挥邻里互助、结对帮扶的群众力量,定期组织工作人员和志愿者上门走访慰问空巢老人、孤寡老人、贫困老人,为社区老年人提供基本生活照料、家政服务、治疗康复、精神慰藉、休闲娱乐和法律援助等人性化、多样化的服务,满足他们的日常需求。2015年,学校积极组织社区工作人员、居民代表、孤寡老人、困难党员齐参与,举办了"迎端午、包粽子""和谐邻里、共度中秋""烹饪培训班"等丰富多彩的特色活动。

（撰稿:韩小红、方芳;审稿:刘东杰）

基础教育

【概况】

学校基础教育主要由幼儿园、小学、初中组成,由附属学校统一管理。2015年,附属学校在校生1363人,其中幼儿327名,小学生781名,中学生255名。在编教职工82人,其中全国优秀教师1人,湖北省骨干教师1人,武汉市学科带头人2人,洪山区名师1人,洪山区学科带头人8名,中学高级教师21名。2015年,幼儿园被评为"洪山区保教质量考核立功单位""洪山区幼儿卫生保健工作先进单位"。附属学校被评为洪山区"文明城市创建先进单位",分工会被大学工会评为"2015年工会工作先进单位",关心下一代工作被湖北省高工委和洪山区教育局评为"先进单位"。附属学校小学部被洪山区教育局评为"教育教学质量先进单位"。附属学校张莉老师获全国历史优质课一等奖,蔡小川老师被评为"武汉市2015年中考优秀评卷教师",在第三十届湖北省青少年科技创新大赛机器人竞赛中,汪情操老师辅导的3名同学获2个省一等奖、1个省二等奖。武汉市第31届楚才作文竞赛有15名同学获奖。

【教师队伍建设】

2015年,附属学校对外招聘2名人事代理教师和4名代课教师,充实一线教师队伍。邀请湖北大学教育学院院长叶显发教授、北京教育学院季萍教授、洪山区电教馆副馆长张辅纯、国家羽毛球队体能总教练李春雷教授分别做《和谐互助打造高效课堂》《有意义的知识教学》《信息技术改革教学》《世界冠军背后的故事》等专题报告。邀请应用心理学研究所副所长王煜老师开展心理健康讲座。

组织教师参加全国信息技术背景下的翻转课堂培训、湖北省数学优质课展示活动、武汉市信息技术与学科教学研讨活动、洪山区信息技术与教育教学深度融合、洪山区教育局组织的"互联网+享受教育"培训、"全国中小学学校本位教师专业发展"培训、武汉市"语文学习方法习得策略研究"培训、湖北省"群读类学"培训、洪山区各学科教材教法培训、各学科复习备考研讨活动。全年附属学校教师四优评比(优质课、优秀论文、优秀教案、优秀课件)获国家级奖5人次,省级奖10人次,市级奖14人次,区级奖53人次。学生竞赛获国家奖15人次,省级奖23人次,市级奖34人次,区级奖152人次。

【党建工作】

附属学校党总支部下属幼教党支部、小学党支部、中学党支部,现有中共党员52人,2015年党员转正3人,代课教师转入党组织关系2人。全年接受大学党风廉政建设检查和基层党建工作考核,编印党风廉政专题学习材料1份,按要求完成党费收缴任务和党内统计上报工作。扎实开展"三严三实"专题教育活动,认真贯彻执行中央的八项规定,制订了《附属学校"三重一大"实施细则》,认真贯彻执行党的民主集中制原则;制订《附属学校师德师风建设方案》《附属学校师德师风考核办法(试行)》;开展教师行为"十不准和十提倡"活动;制订《附属学校外聘代课教师管理考核办法(试行)》,进一步规范代课教师管理。开展附属学校首届师德师风先进个人评比工作。积极支持共青团、工会工作,做好关心下一代和离退休工作,营造良好的育人氛围。按照中央和大学党委的部署,及时传达中央和大学党委、

纪委相关文件精神及要求,保持反腐败的高压态势,充分发挥基层党组织的主体责任和纪检监督责任,落实党风廉政建设中的主体责任。

【教育教学】

认真落实一师一优课方案,组织广大教师积极晒课。共组织21名骨干教师参加洪山区"一师一优课"录像比赛,史静、刘莹老师被推荐参加武汉市"一师一优课"录像课比赛。11月份,56名教师以组建"南望山工作室"为依托,通过集中培训、单独辅导,均掌握了微课制作方法,并按时完成了个人微课作品。组织参加洪山区小学第十四届"进取杯"优质课、中学"三新杯"优质课竞赛活动,共有20名教师参加区"进取杯""三新杯"比赛。史静、刘莹老师获一等奖,方海兵、李燕老师获二、三等奖。开展青年教师课堂教学比赛活动,共有30名中小学青年教师参加比赛。加强对外教学交流活动。4月27日,香港荔景天主教中学九十名师生来校访问。5月8日,与丹江口市牛河中心学校开展教学交流,学校3名教师为牛河中心学校讲授了语文、英语、体育示范课程。定期开展研讨活动,9、10月份开展了全体教师教研组内教研活动,活动中共有56位教师授课交流。

开展规划课题教学研讨活动,申报心理健康教育示范校。按照省教育科研规划办的要求,认真组织教师撰写、修改小学部承担的省规划课题"小学作文阶梯教学法的理论与实践研究"结题报告。目前已顺利通过评审,课题已结题。根据《关于洪山区第三

批中小学心理健康教育示范校评估的通知》，申报了洪山区心理健康教育示范校。并于12月上旬接受了市区级专家组织的评估。通过评估完善升级了学校心理健康辅导室、团体辅导室以及心理健康教育资料。

多手段确保学生特长发展。小学部调整课程计划，将兴趣班集中在周四和周五进行，共开设56个兴趣班，组织学生参加丰富多彩的文化、艺术、科技、体育等活动。活动实行免费向全体学生开放，深受家长学生好评。中学部继续和大学各学院合作，开展大手拉小手社团活动。由各学院选派优秀大学生进班授课，引导学生认识探究自然的奥秘，满足学生对未知世界的求知欲；增强学生热爱和平、爱护地球的公民意识。11、12月份，组织七八年级学生开展以"乐享文韵"为主题的朗读比赛活动。朗诵比赛分成汉语和英语两部分进行，共有36名选手分获一、二、三等奖。

全力抓好毕业班的中考备考工作。坚持强化训练，强调检查，批改迅速，辅导到位，团结协作，落实到位，及早制定切实可行的备考计划，使复习、模拟考试都能有条不紊地进行。每次模拟考试后集中进行总结，及时调整复习计划和内容，使复习更有针对性和实效性。

【德育工作】

全面育人，德育内容小微化。中小学部依据年级目标，27个班级根据自身特点确定特色目标，引导学生在不同成长时期设定个人微目标，实现低年段家校合力导言行、中高年段实践活动重自主、中学段经典文化

促成长。

全程育人，德育评价多元化。学校提倡人人都是德育工作者，强调德育工作大众化，要求做到时时育人，事事育人，全方位育人，构建了学校德育领导小组、年段组、班主任三级德育网络，进一步强化全员育人、岗位育人的意识，全面实施素质教育。成立"红领巾小雅士"文明监督岗，举行开学典礼暨纪念抗战胜利70周年文艺汇演、"向国旗敬礼"主题升旗仪式暨少先队建队日入队仪式、附属学校班级文化建设检查评比、"回到恐龙时代"的专题科普讲座、秋季社会实践活动、第20届"身边的化学"展。组织全体中学生集中观看"诵读经典，照亮人生"；观看中国地质大学国旗班升国旗活动；开展暑假亲子读书评比展示、师生共读经典等活动；组织学生观看北京师范大学教授于丹主讲的《如何培养孩子德智体能全面发展》教育专题节目，制定《附属学校班主任"青蓝工程"方案》，确定14对新老班主任结对帮扶，加强新老班主任传帮带，以老带新、以新促老。进一步完善《班主任工作量化管理方案》，实行班级量化管理制度，对班主任日常工作的考评更具体有效，真正起到了表彰先进、激励全员的作用。

（撰稿：陈文雄；审稿：彭冠军）

中国地质大学（武汉）年鉴 2015

Nianjian

机构与干部

↘

学校领导班子成员

党委书记：郝　翔
校　　长：王焰新
副 书 记：朱勤文（女）　傅安洲　成金华（兼纪委书记）
副 校 长：唐辉明　赖旭龙　郝　芳　王　华　万清祥

中共中国地质大学（武汉）第十一届委员会委员名单

（2012年12月学校第十一次党代会选举产生，按姓氏笔画排序）

万清祥　马昌前　王　华　王林清　王典洪　王焰新　成金华　朱勤文（女）

刘　杰　刘亚东　刘彦博　刘勇胜　严　良　杜远生　李素矿　张宏飞　郝　芳

郝　翔　殷坤龙　唐辉明　傅安洲　储祖旺　赖旭龙　解习农

中共中国地质大学(武汉)第十一届委员会常务委员会委员名单

(2012年12月学校第十一届委员会第一次全体会议选举产生,按姓氏笔画排序)

万清祥　王　华　王焰新　成金华　朱勤文(女)　刘亚东　郝　芳　郝　翔　唐辉明
傅安洲　赖旭龙

中共中国地质大学(武汉)纪律检查委员会委员名单

(2012年12月学校第十一次党代会选举产生,按姓氏笔画排序)

王　芳(女)　成金华　吴太山　余　敬(女)　张吉军　陈文武(女)　高　芸(女)
陶继东　黄　菊(女)　隋　红(女)　蓝　翔

中共中国地质大学(武汉)纪律检查委员会书记、副书记名单

(2012年12月学校纪律检查委员会第一次全体会议选举产生)

书　记:成金华　　　　副书记:陶继东

中国地质大学（武汉）学术委员会成员名单

主 任 委 员：童金南

副主任委员（按姓氏笔画排序）：

李建威　吴　敏　余瑞祥　夏江海　龚一鸣

委　　　员（按姓氏笔画排序）：

马　腾　马昌前　王　琪　王典洪　王亮清　宁伏龙

成秋明　刘崇炫　刘惠华　关庆锋　严春杰　苏爱军

杜远生　杨树旺　何　勇　沈传波　沈锡田　张宏飞

陈　刚　罗银河　金振民　周爱国　郑建平　胡圣虹

柯汉忠　殷坤龙　殷鸿福　高　山　郭海湘　黄　娟

黄德林　章军锋　梁　杏　董　范　蒋国盛　储祖旺

谢　忠　解习农　蔡之华

党群部门负责人

部　门	职　务	姓　名
党委办公室（与校长办公室合署、保密委员会办公室挂靠）	主任	刘彦博（兼）
	保密办公室主任	刘世勇（正处）
	副主任	刘东杰（兼）　徐　超（兼）　陈华荣（兼）
	保密办公室副主任	张信军
纪委办公室（与监察处合署）	主任	陶继东
	副主任	薛保山
	新校区建设指挥部派驻纪检组组长	王　莉（副处，2015.6—）
组织部（与党校、机关党委合署）	部长	刘亚东（兼机关党委书记）
	副部长	杨　莉　刘治国（兼党校副校长）
	机关党委副书记	闫　鱼
	副处级专职组织员	郭敬印
宣传部	部长	李素矿
	副部长	曹南燕　刘国华
统战部	部长	唐　勤
保卫部（与武装部、保卫处合署）	部长	代清风（兼）
	副部长	王　伟（兼）　单红峰（兼）
学生工作部（与学生工作处合署）	部长	王林清（兼）
	副部长	张建和（兼）　马彦周（兼）　王耀峰（兼）
研究生工作部（与研究生管理处合署）	部长	喻芒清
	副部长	陈　慧
工会（与妇委会合署）	工会主席	成金华（兼）
	妇委会主任	朱勤文（兼）
	常务副主席兼常务副主任	高　芸
	副主席	隋明成　李国昌
团　委	书记	龙　眉
	副书记	胡　肖　朱荆萨　姜明敏

行政部门负责人

部门	职务	姓名
校长办公室（与党委办公室合署，维稳办、华北研究院、政策法规办公室挂靠）	校长办公室主任	刘彦博（兼学校新闻发言人，2015.11—）
	校长办公室副主任	刘东杰　徐　超　张瑞生（—2015.9）　陈华荣
	政策法规办主任	刘世勇（兼）
	维稳办主任	刘东杰（兼）
	校长助理	蒋少涌（2015.6—）
监察处（与纪委办公室合署）	处长	陶继东（兼）
	副处长	王　芳
发展规划处（与学科建设办公室、"211"办公室合署，高等教育研究所挂靠）	处长兼所长	储祖旺（兼学科办主任、"211"办主任）
	副处长	严　嘉　徐绍红
	副所长	李祖超　徐绍红（兼）
学生工作处（与学生工作部合署）	处长	王林清
	副处长	张建和　马彦周　王耀峰
研究生院（与研究生管理处合署，国土资源管理学院挂靠）	院长	唐辉明（兼）
	常务副院长	杜远生（正处）
	研究生管理处处长	喻芒清（兼）
	国土资源管理学院执行院长	陶应发（兼研究生院副院长，正处）
	研究生院副院长	张　俐　许　峰
	研究生管理处副处长	陈　慧（兼）
	专业学位管理处副处长	刘雪梅
	招生办公室主任	吴堂高（副处）
	国土资源管理学院副院长	刘雪梅（兼）　吴堂高（兼）
教务处（与李四光学院合署）	处长兼院长	殷坤龙
	副处长	庞　岚　吕占峰　王　兴
	李四光学院副院长	曾　希　王家生（兼）　罗银河（兼）

续表

部门	职务	姓各
科学技术发展院（与国防科技研究院合署）	院长兼国防科技研究院院长	郝　芳(兼)
	常务副院长兼国防科技研究院常务副院长	胡圣虹(正处)
	副院长	曹桂华　张锡军　刘　珩　成　军
	国防科技研究院副院长	李　晖(正处)　杨　茜
人事处	处长	张宏飞
	副处长	周　刚　王文起　李红丽
资产与实验室设备处	处长	徐四平
	副处长	段平忠　杨世清　王春阳(兼国土资源部武汉资源环境监督检测中心专职副主任)　罗勋鹤
采购与招标管理中心	主任	李鹏翔
	副主任	明厚利
财务处	处长	张　玮
	副处长	高明治　胡军华　马晓霞
国际合作处(与国际教育学院合署，孔子学院工作办公室、丝绸之路学院挂靠)	处长兼院长	马昌前(兼丝绸之路学院执行院长)
	副处长	孙来麟(兼港澳台事务办公室主任,正处)
	国际教育学院副院长	张立军(兼孔子学院工作办公室主任,副处)　苏洪涛
	丝绸之路学院院长	王焰新(兼)
审计处	处长	杨从印
	副处长	彭　磊　呙青松
保卫处(与保卫部、武装部合署)	处长	代清风
	副处长	王　伟　单红峰
基建处	处长	张宽裕
	副处长	刘清华　韩　静　朱　军

部门	职务	姓各
后勤保障处(与后勤党委合署,实践教育基地管理办公室挂靠)	处长	瞿祥华(兼实践教育基地管理办公室主任)
	书记	蔡楚元
	实践教育基地管理办公室副主任	张瑞生(—2015.12)
	副处长	张志毅　成　勇　刘　汉
	劳动服务公司总经理	马红祥(副处)
	饮食服务中心主任	朱晓林(副处)
校友与社会合作处(与教育发展基金会、学校董事会合署)	处长	兰廷泽(兼教育发展基金会秘书长、董事会秘书长)
	副处长	李门楼　卢　杰
资源环境科技创新基地暨新校区建设指挥部	指挥长	万清祥(兼)
	副指挥长	刘　杰(兼校长助理,正处)
	规划部主任	钱同辉(副处)
	综合部主任	晋　曦(副处)
	建设部主任	邓云涛(副处)
离退休干部处离退休干部党委	处长	王汉鸣
	书记	陈文武
	副处长	于荣萍

学院（课部）党政负责人

学院（课部）	职 务	姓 名
地球科学学院	院长	刘勇胜
	副院长	冯庆来　王家生　郑建平　章军锋
	书记	王　甫
	副书记	张晓红
资源学院	院长	解习农
	副院长	姚光庆　李建威　石万忠　魏俊浩
	书记	郭秀蓉
	副书记	张建华
材料与化学学院	院长	鲍征宇
	副院长	帅　琴　严春杰　黄焱球　周　俊
	书记	吴太山
	副书记	黄金波
环境学院	院长	马　腾
	副院长	祁士华（兼）　王红梅　郭会荣　甘义群
	书记	刘先国
	副书记	杨昌锐
工程学院	院长	蒋国盛
	副院长	陆愈实　吴　立　胡新丽　贾洪彪
	书记	陈　飞
	副书记	江广长
地球物理与空间信息学院	院长	胡祥云
	副院长	顾汉明　罗银河　吴　柯
	书记	刘子忠
	副书记	杨　燕
机械与电子信息学院	院长	丁华锋
	副院长	饶建华　陈　朝　李　波　罗　杰
	书记	王海花
	副书记	齐世学

学院(课部)	职　务	姓　名
自动化学院	院长 副院长	吴　敏 曹卫华　王广君　金　星(兼)
	信息技术教学实验中心主任	金　星(副处)
	书记 副书记	董浩斌 何建新
经济管理学院	院长 副院长	严　良 杨树旺　李鹏飞　严汉民　王开明
	MBA教育中心副主任	吴巧生(副处，—2015.12)
	书记 副书记	吕　军(—2015.6)　隋　红(2015.6—) 徐　岩
外国语学院	院长 副院长	董元兴 赵江葵　张红燕　陈　凤
	教育部出国留学培训与研究中心 副主任	敖　练(副处)
	书记 副书记	张基得 蒋怀柳
信息工程学院	院长 副院长	谢　忠 罗忠文　周顺平　胡友健　刘修国
	书记 副书记	黄　菊 许德华
数学与物理学院	院长 副院长	刘安平 程永进　张光勇　黄　刚
	书记 副书记	李宇凯 李　杰
珠宝学院	院长 副院长	杨明星 陈美华　孙仲鸣　尹作为
	书记 副书记	梁　志 高翠欣

续表

学院（课部）	职　务	姓　名
艺术与传媒学院	院长 副院长	赵　冰 向东文（—2015.5）　曾健友 周　莉（—2015.5）　喻继军（—2015.5） 张梅珍（2015.5—）　杨　喆（2015.5—）
	书记 副书记	邬海峰 徐　胜
公共管理学院	院长 副院长	李江风 卓成刚　才惠莲　王占岐　张　志
	MPA教育中心副主任	曾　伟（副处）
	书记 副书记	张吉军 胡文勤
计算机学院	院长 副院长	王力哲（2015.7—） 戴光明　李振华
	书记 副书记	吕　军（2015.1—） 孙　莉
马克思主义学院	院长 副院长	高翔莲 张存国　汪宗田　王林清（兼）
	书记 副书记	侯志军 黄少成
体育课部	主任 副主任	董　范 熊昌进（—2015.7）　杨　汉　罗新建（—2015.7） 刘良辉（2015.7—）　李　元（2015.7—）
	书记 副书记	刘　锐 张延平

直属单位负责人

直属单位	职务	姓名
远程与继续教育学院（与网络与教育技术中心合署）	院长兼主任	吕国斌
	副院长	赵祖辉　戴庭勇　成中梅
	副主任	张　峰
	书记	杨　伦
三馆党总支	书记	帅　斌
图书馆	馆长	徐世球（兼教育部部级科技查新工作站站长）
	副馆长	程建萍（兼教育部部级科技查新工作站副站长） 李　琪　吴　跃（正处）
博物馆	馆长	潘铁虹
	副馆长	王　革
档案馆	馆长	王根发
期刊社	社长兼总主编	隋　红（—2015.7）
	副社长	王淑华　刘传红　杨　勇
	党总支部书记	王淑华（兼,副处）
出版社	社长	毕克成
	副社长	张晓红（兼副总编辑）、张瑞生（2015.12—）
	书记兼总编辑	蓝　翔
附属学校	校长	黎义波（副处,2015.4—）
	书记	彭冠军（副处）
校医院	院长	何晓玲（2015.4—）
	副院长	杨漫沩（2015.4—）　何　刚（2015.4—）
	书记	龚　育

续表

直属单位	职务	姓名
武汉中地大资产经营有限公司	总经理	鲁 元
	副总经理	张建忠　孙劲松
	副处级调研员	张本敏
	书记	吴胜雄
地质过程与矿产资源国家重点实验室	专职副主任	赵来时(正处)
	办公室主任	翁华强(副处)
生物地质与环境地质国家重点实验室	专职副主任	祁士华(正处)
	办公室主任	单华生(副处)(兼副主任)
地质调查研究院(与中国地质大学武汉矿产资源与环境研究院合署)	院长	周爱国
	副院长	邢作云　向树元(兼)　郑有业(兼,正处) 吕新彪(兼,正处)
紧缺战略矿产资源协同创新中心	常务副主任	夏庆霖(正处)
	专职副主任	边建华(副处)
教育部长江三峡库区地质灾害研究中心	办公室主任	滕伟福(兼,副处)

学校外派挂职干部

外派挂职干部	职务	姓名
	科技副县(区)长(副处)	徐家忠　梁本哲　胡郁乐

（撰稿:李周波;审稿:刘亚东）

Nianjian

2015年学校发布规范性文件

文号	标题	印发时间
地大校办发[2015]3号	《关于印发博士生指导教师招生资格审核暂行办法的通知》	2015年3月4日
地大校发[2015]5号	《关于印发博士生指导教师遴选办法（修订）的通知》	2015年3月4日
地大校发[2015]6号	《关于印发科技成果转化管理办法（试行）的通知》	2015年3月10日
地大校办发[2015]7号	《关于印发科研项目结余经费管理办法（试行）的通知》	2015年3月12日
地大党发[2015]5号	《关于印发组织员工作细则的通知》	2015年4月3日
地大发[2015]11号	《关于印发教师本科教学质量评价办法的通知》	2015年4月13日
地大校办发[2015]11号	《关于印发公费医疗管理办法（修订）的通知》	2015年4月19日
地大校办发[2015]8号	《关于印发招标投标监督管理暂行办法的通知》	2015年5月4日
地大校办发[2015]15号	《关于印发国内公务接待管理办法的通知》	2015年5月20日
地大党发[2015]9号	《关于印发辅导员队伍建设办法（试行）的通知》	2015年5月27日
地大校办发[2015]17号	《关于印发网络安全与信息化建设管理办法（试行）的通知》	2015年6月3日
地大党发[2015]6号	《关于印发处级干部选拔任用纪实工作办法的通知》	2015年6月5日

2015年学校发布规范性文件

续表

文号	标题	印发时间
地大校办发[2015]20号	《关于印发个人酬金发放管理办法的通知》	2015年6月23日
地大发[2015]24号	《关于印发采购与招标管理办法的通知》	2015年7月13日
地大校办发[2015]24号	《关于印发学校统一采购限额以下采购管理办法的通知》	2015年7月13日
地大发[2015]33号	《关于印发深入推进国防生军政素质"三级培养模式"的意见的通知》	2015年7月14日
地大发[2015]25号	《关于印发领导干部经济责任审计实施办法(修订)的通知》	2015年7月16日
地大党办发[2015]18号	《关于印发建立健全师德长效机制实施办法(试行)的通知》	2015年8月31日
地大发[2015]38号	《关于印发"地大学者"岗位管理办法(试行) 柔性引进人才实施办法(试行) 人才专项经费管理办法(试行)的通知》	2015年9月30日
地大校办发[2015]32号	《关于印发特任教授(研究员),特任副教授(副研究员)岗位聘任办法的通知》	2015年10月19日
地大党办发[2015]15号	《关于印发校内宣传设施管理暂行办法的通知》	2015年10月23日
地大党办发[2015]16号	《关于印发校园新媒体建设管理暂行办法的通知》	2015年10月23日
地大发[2015]44号	《关于印发本科生创新创业学分认定暂行办法的通知》	2015年11月10日
地大党办发[2015]17号	《关于印发突出贡献奖励实施办法的通知》	2015年11月13日
地大党发[2015]11号	《关于印发新闻宣传工作实施办法的通知》	2015年11月17日
地大校办发[2015]35号	《关于印发处级干部选拔任用工作实施办法的通知》	2015年11月17日
	《关于印发后勤保障处对新进技术人员聘用制管理办法(试行)的通知》	2015年11月20日
地大发[2015]50号	《关于印发学术委员会章程(暂行)的通知》	2015年12月15日
地大校办发[2015]38号	《关于印发技术入股促进科技成果转化实施细则的通知》	2015年12月16日
地大发[2015]60号	《关于印发流动编制人员聘用管理办法(试行)的通知》	2015年12月31日
地大校办发[2015]42号	《关于印发实验室安全管理办法(试行)的通知》	2015年12月31日

2015年学校发布规范性文件

Nianjian

表彰与奖励

2015年度中国地质大学（武汉）国家奖学金获得者（本科生）

地大校办发[2015]43号

地球科学学院

管隆莉　周辰傲　黄　玺　蒋璟鑫　吴志鹏　郭　镇　黄永树　孙云鹏　王　标

资源学院

王传鹤　强伟帆　田振华　李媛媛　刘　蕾　李晓玲　朱子宜　章李洋　丁晓楠
王君如　宋珏琛　马　盈

材料与化学学院

曾洪菊　黄　亚　徐双玉　郑文琛　张雪莲　刘雨桐　杨朋朋　吕祥舟
王　迪　刘　程

环境学院

张　冰　韩依杨　边　潇　冯琛雅　王乾第　钟乐乐　舒淑贞　刘　鎏　易则吉
汪　钏

工程学院

江乾明　庞德聪　陈文强　潘　勋　周　婷　张勃成　张志龙　温嘉明　韦　实
龙冠宏　王嘉乾　袁一川　任　瑞　黄鸣柳　蒋燕鞠　刘　政　周　浩　邓紫璇
候　群

地球物理与空间信息学院

肖静怡　殷常阳　黄　靖　李　喆　陈　励　程世华　李　龙　黎丰收

机械与电子信息学院

胡　显　卢彬鹏　廖爽丽　刘天宇　陈　昊　王丽娜　孙元睿　鲍金宇　万　欣
何小初　史峻彰　郭恒琳　张博焜　刘金阳　李名刚

自动化学院

张可鑫　周子涵　苏婉娟　宋超超

经济管理学院

贾卿璇　罗子銮　刘侗一　郑宇轩　王美琦　张雨婷　陶天爵　胡珮琪　黄伟泽
陈丽文　谢韵典　胡佳晓　蒋音格　李朋远　熊伟伟　李　熠　伍智征　肖咪咪
程芳利

外国语学院

张凯歌　张泽人　何雅妍

信息工程学院

许瑞颖　邓　拓　申艺楠　叶梦琪　谈筱薇　熊慧敏　王宇蝶　张　蝶　郑欣彤
王　冰　高　婕　王玺珺　鲍　毅

数学与物理学院

李昭晨　王　努　张　军　赵云海　郭英栋　王肖飞

珠宝学院

刘　佳　张斯婧　魏雪会　崔佳凝　王吴梦雨　劳佳昳

公共管理学院

任　真　周楚韩　阳群益　沈明敏　阎佳玉　樊玉瑶　万伟华　朱丽君　何文钦

计算机学院

蒋文超　单国志　张高杰　齐笑田　刁义雅　万超伟　徐　倩　马　翔　孙书豪
钱含笑

体育课部

田兵兵

艺术与传媒学院

董洁莉　付爱新　江　涛　瞿伊乔　王樱洁　李雨菲　黄志炜　王品璇　徐心园

马克思主义学院

江　潮

李四光学院

王瑞雪　韩紫嫣

2015年度中国地质大学（武汉）国家奖学金获得者（研究生）

地大校办发[2015]34号

地球科学学院

蔺　洁　钱　鑫　叶　琴　李艳青　魏　颖　张增杰　常　卿　纵瑞文　聂小妹
曾令晗　徐　谦　杨剑洲　付　冬　王海洋　甘元露　常　珊　张　攀　黄　波
苑金玲

资源学院

汪海城　丁成武　金思丁　刘　睿　权永彬　高　键　葛　翔　徐桂敏　叶茂松

王 伟 付信信 刘 科 刘壮壮 褚志伟 曾智伟 张君立 刘明亮 史 锐
刘 坤 汤建荣 许 昕 曾丽平

材料与化学学院

潘其云 田永尚 蒋婷婷 孙 杨 童淼辉 杨 俊 周 吟 阳雅丽

环境学院

皮坤福 瞿程凯 钱 傲 牛 宏 于 凯 和泽康 柳亚清 刘红叶 张阳阳
尹茂生 李洁祥 刘奕伶 谢李娜

工程学院

曹 颖 李 波 吴 川 李志刚 袁 青 孙嘉鑫 路世伟 周 超 唐睿旋
代先尧 丁少林 袁宗征 唐 霞 范志军 张海丰 刘代国 周治平 张 俊
易明明 陈 凤 李雄峰 靳晓波

地球物理与空间信息学院

沈 超 李小勇 李 延 宓彬彬 程 逢 潘雨迪 徐宗博 毕奔腾 管贻亮
汪 旭 王旭媛

机械与电子信息学院

李志鹏 易盼盼 袁学剑 孔智韬 黄 雷 陈晓梦

自动化学院

蔡文静 徐云朝

经济管理学院

李亚楠 程 欣 严 筱 汪金伟 刘 晓 张俊杰 姚婷婷 李诒靖 高 璐
潘天洋 陈虎群 王洪健 袁 沛 刘 欢 田恒琪 吴 越 周欣然 漆俊美

外国语学院

张海英 单全领 程梦婷 王燏霞

信息工程学院

伍 鹏 杨 帅 罗 静 徐永洋 李谢清 汤欣怡 徐 乔 杨 洁 闫金金

数学与物理学院

王姜玲　李　阳

珠宝学院

刘艺苗　熊　玮

公共管理学院

林巧文　庞金巍　瞿晓珊　吴　悠　王　艺　谷宇宙　马瑞元　黄亚林　刘庆亚
童陆亿　卢　涛　谢巧巧

计算机学院

袁　琼　汪欣欣　朱邵辉　邱　晨　张咏珊

体育课部

姚　艳

艺术与传媒学院

陈广榕　何雨清　向　帆　谢　畅　吴　绵

马克思主义学院

柳　清　邓兆杰　李翠景　曹　阳

地质过程与矿产资源国家重点实验室

张　磊　赵　沔

生物地质与环境地质国家重点实验室

楚道亮　颜　能

教育部长江三峡库区地质灾害研究中心

欧阳春

高等教育研究所

田　昆　王艳银

地质调查研究院

阮班晓　李原宝

2015届中国地质大学（武汉）优秀毕业生（本科生）

地大校办发[2015]21号

地球科学学院

曾　皓　房培松　黄　维　李　健　李志豪　梁伟杰　令狐昌卫　刘　波　刘晴晴
刘　潇　罗　盛　马福民　石学斌　石　瑶　苏炳秀　涂晨屹　王　虎　王　浪
徐砚田　杨鹏飞　杨　冉　尹常仰　于文静　于　鑫　张金龙　张　敏　张维骐
赵　斌　郑雅玲　郑　颖　朱　俊

资源学院

常子豪　陈　晨　陈小睿　陈艳文　陈　元　方　牧　韩志付　何　杰　何　俊
何重果　黄美群　金　娟　李会良　李　强　李　松　刘泽阳　栾　康　马镛博
孟亚飞　彭　鑫　上官云飞　施仪菁　万希文　王胡飞　王佳宁　王　微　吴玉魁
杨　峥　于　超　于　璐　张　博　张　强　张　璇　张哲坤　赵晓振　周邦兴
周天琪　朱俊斐

材料与化学学院

陈　龙　方　莹　耿　霞　胡　盼　赖庆刚　李会霞　李梦尧　马　群　毛书峰
王东香　王化娥　武树茂　薛肖斌　张　娜　张志华　郑　贝　郑荣长

环境学院

陈　晨　丁　洋　范　奇　何敏茜　和烁荣　胡冰冰　李　杰　李立刚　柳慧杰
龙思琪　毛玉婷　史英鹏　唐　志　田增林　汪青静　谢如意　徐　婧　徐　梦
许自强　杨思雨　银邦庆　张　驰　张小雪　赵康毓　周巾枚　朱春苗

工程学院

曹振振	陈红刚	陈　强	陈绍哲	董玉林	范翱翔	官文杰	郝家炜	胡　鸣
胡晓龙	黄裕群	康　鑫	李成龙	李　立	李　松	李新亮	李延杰	梁冠宇
廖　昕	林成龙	刘江涛	刘　涛	路　文	宁　可	瞿　霞	曲昌寿	孙洁民
陶　雅	王晋荣	王　俊	王坤鹏	王　猛	王兴乐	王子源	吴光辉	吴　建
吴诗琦	夏济晴	夏庆雨	谢建波	辛冬冬	徐　政	闫少贤	余洪济	袁守刚
张金昌	张俊荣	张　帅	张艺媛	赵佳宾	赵凝力	钟佳文	周清晖	邹文强

地球物理与空间信息学院

白一鸣	丁仕斑	董云龙	高　鑫	桂前庄	郭　鹏	郝晓菡	匡伟康	冷　西
李树林	林端琳	刘传恩	刘嘉栋	刘　玮	刘宇涛	马爱萍	南耀辉	王　令
肖　迁	杨晨莹	杨妍妨	岳燕林					

机械与电子信息学院

杜绪晗	范　勇	高　静	郭　鑫	郭星蕊	何可可	胡园园	郎明朗	雷　昌
黎好栩	李　超	李芳芳	李　玲	刘　欢	刘　帅	刘祉君	骆无意	钱祖成
秦志萌	石　鹏	孙桂东	谭祥利	谭　毅	唐纳川	万姣姣	王　军	王　宣
徐　环	许玉艳	杨双双	杨迎铭	张宝林	张　慧	张　钧	张　琳	张　喻
郑之龙	钟剑文	邹　梦						

自动化学院

陈皓宇	陈　硕	丁栎玮	黄燕霞	刘　阳	刘永昭	苏继威	佟　远	许艳辉
于兴家	占园园	张　日						

经济管理学院

陈梦洁	陈宇凯	成　燕	程梦菲	丁亮锦	董伟伟	胡汤正	黄　佳	江寅迪
乐陈强	冷琦琪	李文杰	马　莉	聂飞飞	亓树慧	邱　燕	曲晓辉	任凯丽
沈梅芳	史华腾	孙雪萌	王旭东	吴　旭	谢利青	熊小月	姚小艳	张宝玉
张　敏	周　青	邹梦琪						

外国语学院

龚晨露	敬文会	郗思寒	吴绍文	熊静怡	徐美琳	张福亮	张　旭	赵晗荻
周凤臻								

信息工程学院

白龙飞　蔡　昊　程斯静　韩亚飞　郝宝亮　何丽丽　胡文涛　黄　婷　贾万波
贾文奇　姜福金　李婷玉　李悦康　刘　芮　刘　宇　柳闻仪　邱　波　宋子晨
苏　辉　孙　飞　王炳燊　王璐平　王彦贵　温立鹏　吴佳桐　武　岳　肖　贝
谢　倩　云　硕　张　薇　赵一行　郑　根　周扬帆　周宇中　周智勇

数学与物理学院

蔡爱新　杜宏伟　苟海波　韩传亮　郝　煜　李辰茜　刘改宁　潘帅帅　石　博
严　欢　余　雯　张文豪　张业武　张　毅　赵　状　周　俊　邹蔚鹤

珠宝学院

曹钰琳　邓婧怡　高　凯　刘偌麟　楼彦成　卢　佳　莫薇珈　谭大伟　武婉林
夏万鹏　尹蔡扬　张　娟　张　楠　张　婷　郑　谦　郑依烁　钟靖云

公共管理学院

杜　雯　郭　娜　李　凡　李　奇　李刘浩　刘　珽　刘秀慧　陆　潮　栾　君
钱春蕾　任禹锟　汪　玲　王非凡　王剑成　王艳华　伍　环　许文婷　杨　斌
杨文涛　袁　清　张冬妍　张家宝　张诺诚　张琪静

计算机学院

程　洋　邓　洋　杜　波　杜攀洪　郭鹏远　洪　丽　胡双平　李鹏飞　李玉文
刘玲玲　刘雨果　柳　坤　陆　竭　陆星全　宋来鹏　孙　慧　孙　龙　孙宇涛
汤　鑫　童　斐　王子晗　肖大军　熊凯平　宿永杰　于小川

体育课部

雷亚蝶　李林峰　李战坤

艺术与传媒学院

包倩云　曹博涵　陈　雪　陈　艳　陈奕光　党钰林　杜方云　韩将军　柯佩君
林晨晨　林海勤　刘　雯　刘娅琴　毛　玥　南宏鹏　裴　兰　孙思奇　覃满青
田　梦　王江涛　邢　萍　闫金双　张婷翔　赵宇乔　周志成　朱　怡　邹　赟

马克思主义学院

董扣艳　侯思倩

2015届中国地质大学（武汉）优秀毕业生（研究生）

地大校办发[2015]21号

地球科学学院

张 文　胡丽沙　王军鹏　常国瑞　于 桑　陈旭军　李 理　涂 坤　张 杨
周文达　朱 越　魏信祥　张 云　阿旺拉姆

资源学院

高顺宝　刘 岳　刘恩涛　刘文浩　张亚萍　陈葛成　陆顺富　努力江·布拉别克
冷平武　张万峰　胡 悦　刘依梦　李劭杰　李冰清　何俊铧　徐志永　张晓飞
李 磊　王 任　赵 军　关 闻　张文平　高冀芸　周 娟　杨兴彬

材料与化学学院

成 宏　权晓洁　姚晓帆　董 康　刘 锐　冯 珊　王琳秦　吴胜杰　师 宾
胡庆彬　刘旭坡　陈 涛

环境学院

童益琴　闫雅妮　刘静华　刘明亮　雷建涛　李润超　石 川　谭光超　王富强
霍思远　杨国栋　谢 雄　童 曼　刘逸宸　曹耀武　吴乐华

工程学院

胡有林　余 莉　谢良甫　陈 琳　赵 渊　刘 勇　刘少平　王钦刚　吴柳东
王 姣　游志诚　徐学连　赵珊珊　张利欣　王如坤　方 堃　支 伟　吴 锐
叶梦杰　曾维军　刘宇平　万福威　王志宁

地球物理与空间信息学院

杨 鑫　汤克轩　韩 骑　刘 双　王丽萍　许顺芳　张理蒙　刘文才　张金保
高 阳　金 聪

机械与电子信息学院

李师民　陆承达　田　苑　方思雨　韩延罡　程正中　严　炜　周　磊　田胜利
王　龙

自动化学院

张有亮　施芬芬　陶　峰

经济管理学院

巴桂芝　王　寒　余美丽　李俊勇　张淑文　李　悦　郑晓莉　闫　琼　李文静
乌力雅苏　袁海粟　黄　姣　周会敏　党彦龙　杨　洋　叶文辉　李文惠　李永盛
董　聃　张　红

外国语学院

王　杰　刘　方　柴振东　李凤彩　郭　菲　姜亚奇　李　昕

信息工程学院

杨　贵　李　莹　刘　军　任　泽　谈　超　葛强强　葛　彬　王亚美　胡锦荣
张宏强　黄　楠

数学与物理学院

张石磊　杨季琛

珠宝学院

徐亚兰　杜杉杉　刘剑红

公共管理学院

杨　俊　范　昕　程子瑞　王　峰　王　友　闫晓冉　王立娜　梁梦芸　张　伟
谷建华　丁继国　张利国　王建玲　李　悦　张　昆

计算机学院

伍　旭　陈　茜　秦睿杰　霍玉丹

体育课部

周文源

艺术与传媒学院

冀玉东　马　超　修朴华　申珂艳　曲　成　陈　维　范国艳

马克思主义学院

杨光远　王青筠　甘　云　李天野　何汉斌

地质过程与矿产资源国家重点实验室

陈　涛

生物地质与环境地质国家重点实验室

姜大伟

高等教育研究所

吉雪松　彭阜丰

地质调查研究院

尹德超　李红梅　胡　帅

2015年中国地质大学（武汉）五四评优活动先进集体、先进个人

地大党办发[2015]10号

五四红旗团支部标兵

李四光学院201122团支部

环境学院040131团支部

工程学院050121团支部

材料与化学学院033125团支部

经济管理学院080122团支部

公共管理学院171121团支部
马克思主义学院181131团支部
信息工程学院114131团支部
外国语学院091131团支部
艺术与传媒学院161131团支部

五四红旗团支部

地球科学学院
016131团支部　　011133团支部　　011143团支部
资源学院
020131团支部　　021133团支部　　024141团支部　　025141团支部
材料与化学学院
033125团支部　　030131团支部　　031135团支部　　031144团支部
环境学院
040131团支部　　040121团支部　　040141团支部　　043141团支部
工程学院
050121团支部　　050131团支部　　055131团支部　　050141团支部
055141团支部　　052142团支部
地球物理与空间信息学院
061124团支部　　061132团支部　　061144团支部
机械与电子信息学院
071133团支部　　071123团支部　　071132团支部　　074131团支部　　072142团支部
自动化学院
231142团支部　　232142团支部
经济管理学院
080122团支部　　081122团支部　　085121团支部　　082131团支部
087131团支部　　080142团支部　　085141团支部
外国语学院
091131团支部　　091133团支部
信息工程学院
114131团支部　　116121团支部　　114132团支部　　111141团支部　　114142团支部

数学与物理学院
122132团支部　　122141团支部　　122142团支部
体育课部
131121团支部
珠宝学院
141132团支部　　142141团支部
艺术与传媒学院
161131团支部　　164131团支部　　164132团支部　　161141团支部　　161142团支部
公共管理学院
171121团支部　　175131团支部　　171141团支部
计算机学院
191133团支部　　192131团支部　　191143团支部　　192141团支部
马克思主义学院
181131团支部
李四光学院
201122团支部
附属学校
八（1）团支部

十大标兵学生（授予"青年五四奖章"）

地球科学学院	王晨羽
资源学院	丁　亮
材料与化学学院	赵蔡鑫
环境学院	潘云帆
工程学院	徐溪晨
信息工程学院	习文强
公共管理学院	张建良
计算机学院	潘孟琦
李四光学院	刘宇坤
校学生会	潘剑邦

百名好支书/好班长

地球科学学院

朱记雄　王雅迪　李婉莹　戴意蕴　刘佳睿

资源学院

苏建辉　王　焱　张猛龙　马　浩　杨　颜　战明君　郑远鑫

材料与化学学院

叶　薇　周志鹏　朱晓秀　魏　忆　刘志彦　张　生

环境学院

余　卉　潘涛涛　郭绪磊　辜樵亚　魏子涵

工程学院

李增辉　吕　乐　石晨晨　唐豪杰　刘炳男　许　云　颜世艳　杨　涛　胡志宏
巩振龙

地球物理与空间信息学院

孟绿汀　田　雯　王　磊　田晋雨

机械与电子信息学院

胡　康　李景贤　徐世杰　赵彦斌　冯　瑜　江　润　刘子绪　牛晓璇
周　鹏

自动化学院

李　科　肖　哲　赵超超

经济管理学院

樊　木　李朋远　李云鹤　范　鼎　张钊铭　谢诗文　杨游霄　刘　漩　黄齐琦
杨一鸣　蒋音格

外国语学院

谢　科　何福麟　宗舒晓

信息工程学院

李纯如　周　旭　汤诗怡　杨　炀　王文欣　王健羽　张春阳　覃　漫

数学与物理学院

魏昆鹏　张　成　叶博伟　朱仁丽

体育课部

邰　文

珠宝学院

林锦辉　李斯雨　汤思佳

艺术与传媒学院

刘方璇　潘俊达　翟杨欢　陈　晨　黄志炜　胡楚宁　陈　曦

公共管理学院

史见汝　徐　茜　傅江平　阎佳玉　武鑫蓉

计算机学院

王　浩　方　涛　王鸿博　刘家正　郑雨婷　何汉宇

马克思主义学院

于立英

李四光学院

田　甜

附属学校

李思雨

优秀共青团干部

地球科学学院

管隆莉　王　娟　王　标　袁　芳　张馨予　武双欣　叶　炎　薛　清　熊　勇
周霞霞　岳　娜　胡训健　雷德文　吴　波　卢嘉慧　刘永哲　严瑾纾　周泽华
陶湘媛　王力可　王　威

资源学院

臧　博　包泽华　刘　蕾　黄森鑫　黄　宇　石　磊　曾小伟　于　岳　高阿骥
卓圣楷　向思涵　史邵贤　李雯雯　曹　晴　吴国能　王　姝　张建华　韩　坚
胡博宇　杭士晶　滕　浪　刘　龙　孟　彦　秦曰涵　朱　秀　刘　婷　陈　波
刁友鹏　王小龙

材料与化学学院

林　婷　贺广华　陈珈琪　朱雅洁　董　金　张　佳　李俏莹　曾洪菊　潘琦卉
户云婷　王　岚　万艳红　张　思　黄　亚　晏小康　吴　勉　王　飞　张子培
陈佳慧　朱晓秀　张沈丹　马春苗

环境学院

刘　媚　边　潇　林梦然　马晓田　王凯璐　易雪莹　钟宇洪　许向南　张　林
严　璐　张丽娟　彭淑颖　苏丹辉　高　明　李丹妮　杨　泽　徐　妍　张妍婷
张雨童　支永威

工程学院

于晓旋　郭子正　尚小力　郭进雪　刘安康　王臻华　刘　悦　胡永健　韩　冬
邬斌杰　王　宇　周锡超　苏树尧　杜浥驰　杨永刚　王一洋　宋英杰　吕斌泉
谭清苗　刘　程　康建宇　黄业发　杨志慧　王祖贤　张怡悦　尚国文　周　欣
齐玉萌　卢　格　刘雪嵘　滑笑笑　汪玺玥　谭晓煜　邱　煜　唐金智　叶　超
殷　欣　韦　实　吴　悠　马文进　周　婷

地球物理与空间信息学院

徐旭东　黄　靖　田海涛　李顺至　叶海伦　梁　媛　汪文刚　徐　昕　王　哲
李　龙　宁牟明　叶　岑　都　桑　薛玉芳　余　灿　沈闻海　吐送江·买买提

机械与电子信息学院

陈　昊　江　昆　宋嫒嫒　孙　博　王　蒙　王天雄　王新宇　吴泽光　宣鹏程
杨　阁　杨　洋　叶　子　袁　琴　张林军　赵昌昌　赵文源　周　鹏　宋　铁
张钦鸿　付　玮　胡　著　林　可　任　翔　王静婷　王　优　崔朝阳　谢南洋
赵天明　赵云清　王雯瑾　李国锋　倪亚楠　申平源

自动化学院

石　威　张曼丽　刘聪俊　刘昭君　黄昕悦　宋文硕　张可鑫　王　芳　黄晓笛

经济管理学院

薛　超　王虹雨　孙　静　马莹莹　刘侗一　常　玥　李琪莹　贾卿璇　程文姝
胡璨煜　王　然　郑笛畅　沈佳静　卜灵雪　纪　婷　胡佩琪　朱　玲　张梦琳
陈丽文　张文婧　梁　言　郑佳时　吴汉芸　冯　吉　任晓静　黄　湛　吴若尘
卓家裕　阮芳丽　索玉衡　熊伟伟　徐传花　陈　雯　郑陶陶　刘萌萌　郑　坤
陶启航　欧霖霞　曾显煌　任文珍　王　柳

外国语学院

吴佩遥　董丹霖　雷艳平　武曼婷　曹　雪　王雅君　申　达

信息工程学院

王玺珺　邹雯莉　林　欣　高　婕　秦　伟　杨　帆　加小俊　田颖泽　吴欣昕
侯浩川　韩贵艳　亓　鹏　邓　拓　杨　晨　韩钦梅　覃梦娇　黄格格　杨义辉
张学满　刘　奥　贾玉乐　赵　欣　宋　超　李雨竹

数学与物理学院

王　努　张　航　朱仁丽　时佰慧　张　军　卢俊俊　石礼零　徐淑怡　熊华晋
郭少俊　刘思明　李　珊　冯　艳

体育课部

童靖然　杜杨婷

珠宝学院

常 银 陈文敏 陈子仙 何 琪 金雪凌 李思萌 王宵衣 夏晓宇 许雅婷
杨旭青 张洪福 张 倩

艺术与传媒学院

李 强 李 卉 郭吉昱 孙 清 唐占元 秦梓菲 白长欣 张仲琪 杨淋壹
方佳琳 江秋珩 王曙宁 戴 佩 彭必得 于小清 陈静远 单湉艺 罗 敏
陈佩珂 王玉甲 石鸣春涧

公共管理学院

杨文涛 黄 威 任艳艳 李炘妍 杨雪芬 黄秋菊 李庆斌 赵淼峰 李文伟
李悦文 曹宝安 高 静 胡奇峰 杨利英 何志文 陈健成 王 豹 吴 极
何 皓

计算机学院

刘亚南 黄志朗 李 梦 张 俊 王欣彤 潘孟琦 刘让琼 沈 奥 赵兰超
金 敏 甘 甜 王庆璇 张 凯 蔡 茜 赵 进 余宗福 李诗琪 马 翔
王 华 金佳琪

马克思主义学院

江 潮 陈雨萌

李四光学院

赵 洁 刘效宁 罗中原 张 政

校级学生组织

赵昱锟 杜 胜 何雨涛 龙黛平 黄吉尔 刘志恒 白雪莲 姚 远 高梦天
谢亚男 赵静静 吴 抒 王 标 史智鹏 张 晶 李景贤 项少婷 张 弛
刘文娣 单 锋 李修林 周吉贤 马向杰 董一君 龚志铭 万忠波 王铭毓
应曾忻 张峻琳 张巍烨 衡 欣 李 露 王明宇 邹绍铭 师 仪 林 可
周凯昇 张彬彬 常洋洋 连义成 邵宇星 吴宗仁 闫 泽 钱梦玲 项 蕾
蔡 钿 康 成 涂子航 李艾融 林 昇 吕静铭 王佳琦 郝 雨 贾晓岑
储梦然 许静婷 张宗蕊 李 欣 赛力·卡得尔拜

优秀共青团员

地球科学学院

甄近春 于佳卉 谭楚嫣 徐 珍 徐向春 李乐广 张野绿 江伟霞 常保璇
蒋昌宏 徐之卓 董紫薇 李 治 汪 军 廖秀红 王 雪 李理想 黄 玺

苟廉洁　韩　晨　贾佳源　叶斌龙　刘雅茜　吴志鹏　秦　波　者明健雄

资源学院

周亚洲　宋颖睿　陈晓龙　胡　斌　侯亚飞　李晓玲　赵晓博　刘晓涵　刘紫璇
田振华　赖　正　李林蔚　朱子宜　何畅通　章李洋　杨　帆　潘　凯　霍智颖
丁晓楠　韩玉波　刘　顺　杨晓璐　邓雨恬　柯友亮　胡大龙　陈　帅　杨谨睿
刘　涛　李文广　郭凯凤　张爱华　曹凯楠　曾子轩　戴玉堃　范谢均　刘晓阳

材料与化学学院

汪世金　余安妮　房晓祥　齐晓奂　李　凡　郑文琛　袁斐昱　林　超　刘雨桐
武悦悦　林贤峰　贾汉祥　陈　锐　朱正新　刘　程　周　静　陈俊杰　黄清怡
杨朋朋　王毓旸　王　轶　廖冉霞　简　琦　曹玉欣　牛牧芊　王　茜　李雨蒙
黄　灿

环境学院

钟乐乐　赵嘉琳　姬韬韬　孙小溪　潘红宇　姚炜钰　朱睍亭　桂运生　黄杨瑞
井　昊　刘思梦　钱立勇　乔树锋　舒淑贞　郗志琴　易倩倩　程　烯　任奕蒙
郭雨晗　汪长香　汪　钏　李晓萌　徐书瑜　朱世敏　常伊梅林

工程学院

王逸伦　程　康　文嘉毅　钟佳男　张玉恩　余小龙　李　萍　李泽源　欧阳光
李丽霞　王昊杰　张　准　刘　毅　郑素梅　任　婕　林　杰　孙　涛　吕　扬
陈文强　唐　阳　徐山岱　徐泽宇　徐玲玲　陈翰林　王兆南　张　彬　黎炳宏
郭泽玉　吴林玉　兰胜男　王腾飞　冯　锐　窦晓峰　高　强　朱新平　刘　铨
邹馨捷　宋宇航　姚天宇　于　越　李　靖　夏　丁　李　佳　杨晓伟　郭军营
崔松辉　韩东辉　唐　杉　成帅安　韦仕文　张诗童

地球物理与空间信息学院

高博钰　赵玉朋　张鸿宇　王　康　李　喆　马邦闯　张智奇　周长江　舒　涛
蔡　赟　黄　亮　蒋佳芹　殷赵慧　范　欣　刘淑君　王天琦　谢锦赟　顾志明
韩守诚　丁钰峰　肖静怡

机械与电子信息学院

马诗聪　刘天宇　陈雅梅　柳雯俊　赵卓亚　章　锐　鲍金宇　孙元睿　王丽娜
黄文波　范子娟　杨咸庆　郑凯林　蔡佳佳　龚思思　杨　耕　周子豪　李小鹏
帅思远　项瑞昌　张博焜　赵敬川　周家庆　陈晓艺　杜　坤　胡文昌　胡　显
霍莉霞　黄　静　李梦莎　刘　颖　吕　琳　阮丽毓　唐雪琳　张琳彬　郑　豪
周中山　何小初　卢彬鹏　郭晓川　刘亚凡　董　露

自动化学院

余仕斌　盛天宇　江朝东　朱　蕊　张　艺　郝　曼　俞紫怡　王思明　宋超超
苏婉娟　周　洋

经济管理学院

李鑫航　张雨婷　鲍　茜　黄　昕　董欣怡　王美琦　周新宇　陈　卓　魏平平
曹　慧　徐含笑　张钰涵　赵莹莹　王樱子　陈舒蕾　彭　澄　徐梦峣　黄伟泽
谢韵典　蔡　钿　郭盼亭　罗　畅　樊　晶　黄　丹　张　晶　侯玉玲　王梦洁
黄府成　韩文文　姚甜甜　郭兵辰　吕　飞　宋心宜　尚炳宠　陈鹏慧　谢洁仪
肖咪咪　李　洋　罗　莹　周心雨　吕梦琪　李梦琴　汪曼晖　王凌霄　田世宁
金　照　崔少泽　王　新　岳　丽　张文蒙　陈　琳　王晶晶

外国语学院

穆宇哲　李容芹　贾园园　岳诚成　董一雯　张洁琼　朱淑娴　黄郭钰慧
况霍凌霄

信息工程学院

秦　政　吴子鸿　周俊雄　刘　波　郑欣彤　周瑶琼　杨　雪　虞　敏　马　渊
鲍　毅　王长硕　于　丽　夏幸会　方　进　曹　汐　吴雅妮　张　展　龚　婧
吴　辉　曹　骞　聂宇靓　彭力恒　朱凌霄　郑智嘉　熊恒斌　杨　杰　邱梦琪
成艳君　朱　畅　韦彩金

数学与物理学院

麻雅娴　赵云海　朱　乐　廖远康　李佳音　杨雨涵　何　莹　张　浩　张玉豪
梁　超　罗滨杰　陈　端　王国兵　罗志强　马　力　陶大志

珠宝学院

欧晓娅　刘翠红　程卡卡　刘　佳　赵占伟　郑欣雨　方　威　文尔雅　金若雨
李翊萌　张斯婧　董天舒　许诗琦　颜　健　王吴梦雨

公共管理学院

张锦帆　杨晓萌　曹　策　何文钦　罗秀丽　赵之豪　陈　玉　周楚韩　唐元杰
宋淑贞　陈锦涛　宋学冉　王　琦　万伟华　王　凯　周晟超　蒋延凯　吴则雨
姚婷婷　楼宇秦　马　佳　周　瑶　吴　琼　李冰心

计算机学院

张显龙　单国志　刘　瑞　沈鑫阳　余倩倩　张俊杰　冯　扬　冯慧君　杨嘉伟
孙书豪　夏尧博　何　张　王星星　彭堂树　孙　河　王保城　宋　菁　刘勇琰
钱含笑　乔璐楠　张　智　王梦媛　陈秋瑞　黄世迪　宋芳然

体育课部

陈　超　刘　军　吴家亮

艺术与传媒学院

王樱洁　任　颖　孙雨晴　陈晓仪　张馨予　吕子茵　胡孟钰　周　映　张旻坤
罗逸飞　黄安琪　刘笑然　杨昊天　李子璇　杨远超　陈子维　李泽蓉　李雨菲
胡欣月　喻智婧　丁莉君　朱庚峰　周　宓　刘思婕　钱　未　蔡　达

马克思主义学院

宋江川　李建肖

李四光学院

崔丹丹　王瑞雪　徐海鹏　吴嘉伟　徐一夫

校级学生组织

杜　斌　陈梦瑶　王品璇　杨建华　梁诗茵　文梦欣　张祖禹　王　娟　古辉煌
黄　湛　刘小舟　夏　丛　余子祺　高　姝　杨昊灵　刘国维　赖荣娟　潘　佳
刘　洋　王茜雯　徐梦云　张　琪　吴　迪　张惠群　田　琳　郭嘉明　李建春
熊　芬　曹　慧　江　媛　彭　诗　赵文辉　王一如　王　健　王　冉　赵　磊
张泽人　赵　芳　冯　颖　王雨阳

机关

邓锡琴

后勤

张逗逗

附属学校

仲嘉敏　吴耽思

标兵学生会

地球科学学院团学联
环境学院团学联
工程学院学生会
经济管理学院团学联
李四光学院团学联

十大标兵社团

"山中花儿"爱心助学团　山铭志户外运动俱乐部　灵韵笛箫社　英语俱乐部
魔术爱好者协会　吉他协会　侏罗纪电子制作协会　民间文化之林
跆拳道协会　书画协会

大学生创新创业先锋

地球科学学院	常　卿
资源学院	刘恩涛
材料与化学学院	马　群
环境学院	王宗星　彭　浩
工程学院	方　堃
机械与电子信息学院	王锡霖
信息工程学院	朱　蒙
艺术与传媒学院	高　辉
马克思主义学院	束永睿

"创青春"专项奖

1. 2014年"创青春"全国大学生创业大赛获奖作品

全国金奖：
环境学院　经济管理学院　杯水行动——西北窖藏水地区水质改善公益项目
获奖团队：张梦影　陈小燕　李文杰　夏新星　李硕伟　熊忠阳　杭士晶
　　　　　王梦丹　郝　淼　王宗星
指导老师：侯俊东　白永亮　黄　琨
全国银奖：
环境学院　经济管理学院　武汉中地水石环保科技有限公司创业计划项目
获奖团队：王　丹　吴　旭　马佳妮　吕梦琪　章佳栋　赵思颖　方世慧
　　　　　金奕冰　李　琦　彭　浩
指导老师：周国华　马传明　朱　丹
信息工程学院　珠宝学院　南望晶生——中国珠宝原创设计推广服务平台

获奖团队:朱　蒙　常　银　张晓婷　蔡爱新　孟亚飞　何昱羲　黄齐琦　崔少泽
　　　　　白宏伟　陈　楷

指导老师:武彦斌　包德清　任　开

信息工程学院　经济管理学院　室内应急响应情景感知导航系统SmartENavi推广应用商业计划书

获奖团队:林晓东　周智勇　蔡鮀森　康　唯　田　霁　赵翌辰　郑　坤　师　仪
　　　　　徐　达　丛　林

指导老师:周国华　武彦斌　朱　丹

全国铜奖:

信息工程学院　武汉狮图空间信息技术有限公司商业计划书

获奖团队:刘　帅　舒　超　张　萌　李刘浩　刘　辰　殷　强　黄　楠
　　　　　刘良亮　马　超

指导老师:武彦斌　郝义国　徐宏根

公共管理学院　东鑫机械股份有限公司

获奖团队:孙泽宇　郭　林　张　川　张建良　潘诺文　黄　威　王艳华　苏婉君
　　　　　郭雨薇　杨祖志

指导老师:张光进　胡文勤　陈昭颖

2. 2014年"创青春"湖北省大学生创业大赛获奖作品

湖北省金奖:

环境学院　杯水行动——西北窖藏水地区水质改善公益项目

获奖团队:邓雅洁　李文杰　陈小燕　朱智明　李硕伟　夏新星　苏天敏　王振武
　　　　　王宗星　郑陶陶

指导老师:朱　镇　万军伟　黄　琨

环境学院　水石科技智能矿物活水器创业计划项目

获奖团队:王　丹　周志成　吴　旭　吕梦琪　章佳栋　赵思颖　金奕冰　陈　维
　　　　　范　奇　孙小溪

指导老师:周国华　马传明　朱　丹

信息工程学院　中国珠宝原创设计推广服务平台——南望晶生商业计划书

获奖团队:朱　蒙　常　银　张晓婷　陈　楷　叶飞宏　孟亚飞　蔡爱新　聂飞飞
　　　　　何昱羲　黄齐琦

指导老师:武彦斌　包德清　任　开

信息工程学院　室内应急响应情景感知导航系统SmartENavi推广应用商业计划书

获奖团队:林晓东　周智勇　蔡鲵森　康　唯　田　霏　李永建　黄炎一　钟广丰
　　　　　徐　达　江寅迪
指导老师:周国华　武彦斌　朱　丹
信息工程学院　武汉狮图空间信息技术有限公司商业计划书
获奖团队:刘　帅　刘　辰　殷　强　舒　超　刘良亮　张　萌　黄　楠　马　超
指导老师:徐宏根　郝义国　武彦斌
公共管理学院　西非淘金设备营销商业计划书
获奖团队:郭　林　张　瑜　林　璇　王艳华　潘诺文　刘云风　郭　娜　薛　东
　　　　　高　欢
指导老师:张光进　陈昭颖　胡文勤
湖北省银奖:
材料与化学学院　"舌尖上的安全"青少年儿童食品安全与健康公益项目
获奖团队:李梦尧　杨　池　黄艳霞　卢　靖　洪　熙　胡策策　史华腾　王昭君
　　　　　张吉健　王东香
指导老师:吴　迪　周国华
经济管理学院　工业废气喷淋循环净化新工艺
获奖团队:张梦影　刘雪琪　程竹君　王梦丹　闵清清　郝　森　施建波　杭士晶
　　　　　丁梦龙　晁凯凯
指导老师:严　良　杨树旺　白永亮
公共管理学院　武汉海维文化传媒有限责任公司商业计划书
获奖团队:王剑成　黄金华　柯　杏　张建良　方世慧　马佳妮　童陆亿　何众维
　　　　　王　奇　张　颀
指导老师:曾　伟　张士菊　张　志
湖北省铜奖:
工程学院　城市排水管道数字化检测新技术
获奖团队:祝　赫　唐　莹　李海燕　印　凯　刘　涛　徐睿智　刘秀慧　周明杰
指导老师:孙劲松　严　良　胡　燕
机械与电子信息学院　非开挖钻机虚拟现实实训与远程监控系统
获奖团队:王嘉瑞　周媛媛　岳寒冰　漆俊美　刘旭东　董　凯　张汝玲　赵翌辰
　　　　　赖露云　邱　燕
指导老师:王玉丹　文国军　刘家国
珠宝学院　新概念环境标识导向系统设计与制作
获奖团队:徐　龙　熊秋媛　劳佳眹　湛　芊　严　杰　文尔雅　杨淑琪　王潇雪

李泽琨　刘奇伟

指导老师：包德清

3. 2014年"创青春"大学生创业大赛优秀指导老师

严　良　向龙斌　孙劲松　晏鄂川　徐　岩　胡　肖　侯俊东　白永亮　黄　琨
周国华　马传明　朱　丹　武彦斌　包德清　任　开　郝义国　徐宏根　张光进
胡文勤　陈昭颖

4.2014年"创青春"大学生创业大赛优秀工作者

王海锋　杨　雪　武彦斌　陈昭颖　蔡智全

5.2014年"创青春"大学生创业大赛优秀组织单位

环境学院　经济管理学院　信息工程学院　公共管理学院　珠宝学院

"我的第三只眼"社会观察专项奖

1. "我的第三只眼"社会观察优秀巡讲人

资源学院	张云鹏　张旭龙　马媛媛
材料与化学学院	王　腾
经济管理学院	石笑楠
珠宝学院	许雅婷
公共管理学院	陈文婕　陈健成
马克思主义学院	王　丹
李四光学院	刘效宁

2."我的第三只眼"社会观察优秀组织奖

环境学院	041131团支部
地球物理与空间信息学院	060131团支部
经济管理学院	089131团支部
外国语学院	091131团支部
公共管理学院	173141团支部

大学生志愿服务专项奖

1. 大学生优秀志愿服务团队

场地管理专业志愿服务团队

"国旗卫士"专业志愿服务队

"天天向上"专业志愿服务团队

公共管理学院志愿者协会

工程学院志愿者协会

2. 大学生优秀志愿服务个人

地球科学学院	闫　嘉
环境学院	孟　鑫
工程学院	邬斌杰
自动化学院	路　康
经济管理学院	马倩倩
外国语学院	李小芳
珠宝学院	毛铮铮
公共管理学院	施锦诚
计算机学院	林　昇
马克思主义学院	王卓卓

话剧《大地之光》西安巡演专项奖

1. 青年五四奖章标兵集体

话剧《大地之光》剧组

2. 最佳表演奖，授予"青年五四奖章"称号

信息工程学院	辛毅伟　蒋　焘
公共管理学院	彭艺璇

3. 最佳风采奖，授予"优秀共青团员"

环境学院	刘　扬
工程学院	何诗雨
机械与电子信息学院	庄东兴
信息工程学院	赵文龙　李笑楠

4. 十佳演员

地球科学学院	王夕瑞
资源学院	方俊光
材料与化学学院	陈冬冬
数学与物理学院	白家瑞
工程学院	张林浩
地球物理与空间信息学院	胡潇
机械与电子信息学院	王桥
经济管理学院	陈倩钰
外国语学院	陈晓
信息工程学院	张宣祺

5. 特别贡献奖

资源学院	邱羽帆
材料与化学学院	翟巧玲
机械与电子信息学院	王子潇 王琛
经济管理学院	刘翙然 苏心玥
信息工程学院	曾卓
艺术与传媒学院	黄璐怡

大学生艺术展演专项奖

1. 大学生艺术展演优秀团队

民乐团团队

2. 大学生艺术展演优秀个人

环境学院	王星荟 孔佑鹏
机械与电子信息学院	李金华 黄超麒
经济管理学院	潘媛
珠宝学院	陈诗琪 杨倩
艺术与传媒学院	林晨晨 陈和蕾 梁曼

优秀网络宣传员

地球科学学院	谭楚嫣
资源学院	李雯雯

材料与化学学院	李荣帅
环境学院	王泽君
自动化学院	李景钊
经济管理学院	张博艺　沈佳静
艺术与传媒学院	邢艺璇　汤晓冰
马克思主义学院	闫铭瑜

优秀文艺骨干

地球科学学院	邵俊琪
资源学院	方俊光
材料与化学学院	许　敏
环境学院	孙　倩　冯琛雅
工程学院	孙禧伟　谭明天　黄业发　尚国文　滑笑笑　罗浩程
地球物理与空间信息学院	齐一凡
机械与电子信息学院	王　琛　朱泰毅
自动化学院	颜景琨　陈纯
经济管理学院	张　博　刘哲雯　郑佳时　欧阳剑　汤　颖　梅秋霞
	向晋哲　燕　雯
外国语学院	何雅妍　金　蕾
信息工程学院	蔡思齐　蒋承洲　许昕恺　徐　亮　李　强　朱榕榕
	蔡锦铮　李兴璐　韩钦梅
珠宝学院	金雪凌　王盈煦　赵思雪　吕　婕　潘瑞琪
公共管理学院	王　爽
计算机学院	段杰雄　宋　菁
艺术与传媒学院	汪润秋　李旭竞　梁凯君　谭天怡　贺晶娴　杨　笛
马克思主义学院	曾玉真
机关	游　萌　尹兴敬
后勤	武文奎　李　悦
附属学校	甘　露　古东冉

Nianjian

院士、高层次人才计划入选者

中国科学院院士

赵鹏大　殷鸿福　於崇文　张本仁　翟裕生　金振民　莫宣学　高　山　李曙光
王成善　郝　芳

国家、省部级高层次人才计划入选者

国家"千人计划"入选者

创新人才长期项目：程寒松（2009）　蒂姆·柯斯基（Timothy Kusky）（2010）　夏江海（2010）
维克多·费多罗维奇·契霍特金（Chikhotkin V.F.）（2011）　刘崇炫（2014）佘锦华（2012）
创新人才短期项目：托马斯·阿尔杰奥（Thomas John Algeo）（2011）
　　　　　　　　　戴特莱福·格温特（Detlef Günther）（2012）
青年项目：李　超（2011）　关庆锋（2012）赵新福（2014）曹淑云（2015）叶宇（2015）
　　张仲石（2015）

国家"万人计划"入选者

科技创新领军人才：谢树成（2014）

青年拔尖人才：章军锋（2015）　宁伏龙（2015）　胡兆初（2015）

教育部"长江学者奖励计划"入选者

"长江学者"特聘教授：吴信才（1998）　高　山（1998）　蒋少涌（1999）　郝　芳（2000）
成秋明（2002）　吴　敏（2006）谢树成（2007）　郑建平（2008）　郑有业（2009）
蒂姆·柯斯基（Timothy Kusky）（2010）　何　勇（2011）　陈中强（2015）

"长江学者"讲座教授：董海良（2008）　王雁宾（2009）　詹红兵（2010）　朱露培（2013）
Ali Polat（2015）

国家杰出青年科学基金获得者

高　山（1996）　蒋少涌（2000）　郝　芳（2001）　童金南（2003）　王焰新（2004）
郑建平（2004）　吴　敏（2004）　成秋明（2005）　谢树成（2005）　刘勇胜（2011）
何　勇（2011）　李建威（2013）　章军锋（2014）

国家优秀青年科学基金获得者

胡兆初（2013）　黄春菊（2013）　赵葵东（2014）　蒋宏忱（2014）　丁华锋（2014）
左仁广（2015）　袁松虎（2015）

国家"新世纪百千万人才工程"入选者

郝　芳（2004）　王　琪（2004）　吴　敏（2004）　郑有业（2006）　谢树成（2009）
郑建平（2014）　李建威（2014）

教育部"新世纪优秀人才支持计划"入选者

谢树成（2004）　刘勇胜（2005）　李建威（2005）　蒋国盛（2005）　吴元保（2006）
成建梅（2006）　成金华（2006）　晏鄂川（2007）　马　腾（2007）　刘修国（2007）
吕万军（2008）　王红梅（2008）　余　敬（2008）　何卫红（2009）　刘　慧（2009）
胡兆初（2010）　赵军红（2010）　陈　丹（2011）　黄春菊（2011）　李　超（2011）
易　兰（2011）　章军锋（2011）　於世为（2012）　蒋良孝（2012）　蒋宏忱（2012）
宁伏龙（2013）　朱振利（2013）　左仁广（2013）　郭海湘（2013）　付丽华（2013）
袁松虎（2013）

院士、高层次人才计划入选者

湖北省"高端人才引领培养计划"入选者

谢树成(2012)

湖北省"百人计划"入选者

张智民(2011)　陈中强(2012)　胡钦红(2013)　沈锡田(2013)　卢　韧(2014)
郝　亮(2015)

湖北省"楚天学者计划"入选者

楚天学者特聘教授：谢　忠(2005)　成金华(2005)　许天福(2006)　谢树成(2006)
　　　　　　　　侯书恩(2006)　解习农(2007)　刘勇胜(2007)　章军锋(2008)
　　　　　　　　邱华宁(2008)　李海龙(2008)　曾宪春(2009)　张　昊(2010)
　　　　　　　　陈　丹(2010)　卢国平(2010)　李　超(2011)　唐善玉(2011)
　　　　　　　　朱书奎(2011)　郭益铭(2011)　蒋宏忱(2012)　黄春菊(2012)
　　　　　　　　赖忠平(2014)　余　涛(2014)
楚天学者讲座教授：王星锦(2008)　张可霓(2008)　方　韬(2009)　李忠生(2010)
　　　　　　　　林为人(2010)　邓慧杰(2011)　孙学良(2011)　朱露培(2011)
　　　　　　　　力　哲(2011)　谢会祥(2012)　金曲生(2013)　曾洪流(2014)
　　　　　　　　李庆峰(2014)

湖北省"新世纪高层次人才工程"入选者

第一层次：

王焰新(2002)　童金南(2005)　刘勇胜(2011)　谢　忠(2012)

第二层次：

吴信才(2002)　唐辉明(2002)　张宏飞(2002)　童金南(2002)　解习农(2002)
谢树成(2002)　成金华(2002)　王　华(2002)　张克信(2002)　郑建平(2002)
谢　忠(2002)　陈　刚(2002)　冯庆来(2005)　龚一鸣(2005)　章军锋(2011)
赵军红(2011)　刘修国(2011)　李　超(2011青年骨干)　谢淑云(2011青年骨干)
陈　丹(2012)　胡新丽(2012)　宁伏龙(2012)　沈传波(2015青年骨干)

Nianjian

2015年学校十大新闻

1.《中国地质大学（武汉）章程》获教育部核准通过，正式颁布实施。校学术委员会成立。

2.地球科学领域进入ESI学科排名前1‰，化学学科、材料科学领域进入前1%，至此，学校进入ESI全球前1%的学科领域达到5个，即地球科学、工程学、环境/生态学、材料科学、化学。学校再次进入《美国新闻与世界周刊》发布的全球大学500强排行榜。

3.郝芳当选中国科学院院士。1983届校友李家彪、1991届校友武强当选中国工程院院士。

4.高层次人才队伍建设成绩显著。高山、吴元保入选2015年汤森路透地球科学领域"高被引科学家"，吴敏、何勇、佘锦华入选2015年汤森路透工程领域"高被引科学家"；胡兆初当选英国皇家化学学会士；陈中强、Ali Polat分别入选"长江学者奖励计划"特聘教授、讲座教授；郑建平、李建威入选国家百千万人才工程；宁伏龙、胡兆初、章军锋入选"万人计划"青年拔尖人才，曹淑云、叶宇入选国家"青年千人计划"。

5.教育教学水平和人才培养质量稳步提升。学校与中国气象局签署战略合作协议共建"大气科学"专业；高辉团队制作的"设计师在线教育平台"获首届中国"互联网+"大学生创新创业大赛全国总决赛金奖；中地大科创咖啡获批全国首批众创空间；学校获"全国大学生社会实践活动优秀单位"；武警黄金指挥部人才培养基地挂牌。大学生在羽毛球、游泳等国内外体育竞赛中获佳绩。大学生课改、评教有新进展。

6.平台建设获佳绩。两个国家重点实验室通过科技部组织的评估，其中地质过程与矿产资源国家重点实验室获"优秀"、生物地质与环境地质国家重点实验室获"良好"；9个博士后科研流动站通过全国博士后综合评估，其中地质学、地质资源与地质工程博士后科研流动站获评优秀；国家技术转移中部中心物理平台获批；中国（武汉）海外科技人才离岸创业中心揭牌。学校湖北省生态文明研究中心入选湖北省改革智库。

7.科技创新有新进展。国家自然科学基金获批155项,其中1项国家自然科学基金创新研究群体项目,5项重点项目、重大国际合作项目,2项优秀青年科学基金项目,资助经费首次过亿元。肖龙及其团队成员共同完成的"嫦娥三号"探月工程最新探测成果在《科学》发表。童金南教授团队完成的"二叠纪末大灭绝-复苏期生物环境事件和过程"获2015年度高等学校科学研究优秀成果奖自然科学一等奖。蒋少涌获第14届李四光地质科学奖。

8.国际影响力持续增强。学校成立约旦研究中心,启动中约大学筹建工作。牛津大学加入由学校发起成立的地球科学国际大学联盟。《地球科学》、*Journal of Earth Science*(英文版)分别荣获"2015中国最具国际影响力学术期刊""2015中国国际影响力优秀学术期刊"称号。

9.校园基建进展顺利。图书馆、留学生公寓、北校区广场投入使用;未来城校区一期工程建设全面开工;武汉地质资源环境工业技术研究院园区一期主体建设完工。

10.党建和精神文明建设成效显著。扎实开展"三严三实""政治纪律和政治规矩"专题教育实践和党风廉政建设;对口湖北省竹山县秦古镇小河村精准扶贫有效推进;学校获评"湖北省文明单位""武汉市创建全国文明城市突出贡献单位";获全国高校校园文化建设优秀成果一等奖1项、全国高校博物馆育人联盟优秀育人项目特等奖1项;X11144班团支部、040131班团支部获评全国"示范团支部";原创作品《丝路新语》亮相央视"五月的鲜花"主题晚会;原创情景剧《北京,不会震!》在人民大会堂上演;中央统战部《零讯》采用民进会员沈毅"建议高度警惕我国石墨产业存在的问题"成果;中央电视台《新闻联播》报道程寒松教授负责的常温常压储氢技术转化成果。

Nianjian

2015年大事记

↘

一月

1日　学校新图书馆正式开馆试运行。

5日　湖北省教育厅公布2014年高等学校省级教学研究项目名单，学校19个教学研究项目、1个大学体育类教学改革项目获批。

6日　学校4项成果荣获2014年湖北省科技奖。马昌前教授团队完成的"大别造山带及邻区岩浆作用与成矿动力学背景研究"获自然科学一等奖，王焰新教授团队完成的"黄姜加工水污染控制关键技术研究与工业化应用"获科技进步一等奖，蔡之华教授团队完成的"自适应智能优化与学习方法"获自然科学二等奖，严春杰教授团队完成的"高岭土优化利用及其呆废矿盘活的关键技术"获技术发明二等奖。

6日　学校审计处获评"2011—2013年度湖北省内部审计先进集体"，审计处刘晓华老师获评"2011—2013年度湖北省内部审计优秀工作者"。

13日　基金会中心网在京举办"中基透明指数2014排行榜"发布会，学校基金会入选最"透明口袋"。

14—17日　校长王焰新率领学校代表团访问约旦，与约旦政府高等教育与科学研究部签署《推进中约大学建设合作意向书》。

20日　教育部公布2014年下半年申请中外合作办学项目获批名单，学校与美国圣地亚哥州立大学合作举办统计学专业本科合作办学项目通过教育部评议，获得办学资格，这是学校获批的第一个中外合作办学本科项目。

27日　教育部办公厅转发人力资源和社会保障部2014年国家百千万人才工程入选人员名单（教育部推进部分），学校地球科学学院郑建平教授入选。

27日　武汉市副市长刘英姿来校调研，同意武汉市与学校共建游泳馆。

28日 中央电视台《新闻联播》报道学校常温常压储氢技术转化成果。

本月 科技部公布第六批国家级技术转移示范机构名单,学校知识产权与技术转移中心榜上有名。

二月

1日 《湖北日报》公布"第九届湖北优秀期刊奖""第五届湖北优秀期刊工作者奖"获奖名单。《中国地质大学学报(社科版)》和 Journal of Earth Science(地球科学学刊)获"湖北精品期刊奖",《地质科技情报》和《安全与环境工程》获"湖北优秀期刊奖",《宝石和宝石学杂志》"宝石·检测"栏目获"期刊特色栏目奖"。王淑华、刘传红、刘江霞、贾晓青获"湖北优秀期刊工作者"称号。此项评选活动由湖北省新闻出版广电局和省期刊协会共同举办,每两年一次。

2日 世界著名出版公司爱思唯尔发布2014年中国高被引榜单,公布38个学术领域1651名最具世界影响力的中国学者。学校地球科学学院高山院士、刘勇胜教授、谢树成教授、张宏飞教授,资源学院蒋少涌教授,教育部长江三峡库区地质灾害研究中心蒂姆·柯斯基教授入选地球和行星科学学术榜;自动化学院吴敏教授、何勇教授入选控制与系统工程学术榜。

2日 学校党委召开十一届四十九次常委会,传达学习上级有关会议精神,专题研究今年党风廉政建设和反腐败工作。

3日 湖北省教育厅公布"楚天学者计划"2014年度楚天学者和设岗学科名单,学校共有8人入选本批次"楚天学者计划",1个设岗学科获批。地球科学学院赖忠平、地球物理与空间信息学院余涛入选楚天学者特聘教授;资源学院曾洪流、材料与化学学院李庆峰入选楚天学者讲座教授;材料与化学学院方利平、马亮,地球物理与空间信息学院唐启家、高等教育研究所刘牧入选楚天学子。信息与通信工程获批"楚天学者计划"设岗学科。

12日 湖北省教育厅公布2014年度湖北省省级精品资源共享课立项建设名单,学校材料与化学学院帅琴教授负责的"分析化学"、机械与电子信息学院叶敦范教授负责的"电工与电子技术(非电类)"、地球科学学院张宏飞教授负责的"地球化学"、信息工程学院郑贵洲教授负责的"地理信息系统"四门本科课程入选。

15日 教育部办公厅公布2014年新增享受国务院政府特殊津贴人员名单,地球科学学院冯庆来教授、环境学院靳孟贵教授、地球物理与空间信息学院徐义贤教授3人入选。

16日 教育部公布2013、2014年度"长江学者奖励计划"特聘教授、讲座教授名单,生物地质与环境地质国家重点实验室陈中强教授入选"长江学者奖励计划"特聘教授,地质过程与矿产资源国家重点实验室 Ali Polat 教授入选"长江学者奖励计划"讲座教授。

26日 科技部公布2014年创新人才推

进计划入选名单，资源学院李建威教授、自动化学院何勇教授入选中青年科技创新领军人才。

三月

2日 武汉市委、市政府召开大会，总结表彰创建全国文明城市工作并部署新一轮创建工作，学校被评为创建全国文明城市工作"突出贡献单位"。

4日 学校公布"2012—2014年度教师教学优秀奖"及"第八届青年教师教学优秀奖"获奖名单，喻建新等16位教师获"2012—2014年度教师教学优秀奖"，余振兵等17位教师获"第八届青年教师教学优秀奖"。

4日 比利时钻石高阶层会议联盟（HRD）代表Katrien一行来校访问，商谈共建深圳珠宝特色学院等事宜。

5日 武汉市委常委、常务副市长贾耀斌调研"武汉·中国宝谷"工作进展。

9日 学校公共管理学院行政管理专业大二学生、中国队选手唐渊渟和搭档包宜鑫获全英羽毛球公开赛女双冠军。

11日 教育部核准通过学校章程。

13日 学校昆山产学研基地及昆山实习基地揭牌仪式在昆山市举行。

13日 《科学》刊发论文《"嫦娥三号"揭示雨海北部年轻的多层地质结构体》，介绍学校肖龙教授及其团队成员和澳门科技大学、中国科学院电子所和中科院国家天文台等单位研究人员共同完成的"嫦娥三号"探月工程最新探测成果。这是我国"嫦娥"探月工程实施以来，首次在国际顶级学术期刊上发表的科学成果。

19日 中科院岩溶所所长姜玉池一行来校访问。

21日 湖北省副厅级以上党员干部政治纪律和政治规矩集中教育培训班在省委党校开班。校党委书记郝翔、校长王焰新参加第一期培训班的学习。

25日 校长王焰新主持召开规范津贴补贴管理专项工作会议。

27日 第三届湖北省科普先进工作者评选结果揭晓，艺术与传媒学院方浩老师荣获"湖北省科普先进工作者"称号，这是学校继李长安、徐世球之后第三位获此殊荣者。

本月 由全球水联盟主办、宾夕法尼亚大学承办的"创新:性别平等与水资源、环境卫生和个人卫生学生竞赛"圆满落幕，学校环境学院益水公益组织的项目"发展中国家水质问题地区妇女生活压力及健康问题研究"进入四强，并获得冠军提名，成为中国区唯一入选四强的项目。

本月 傅安洲教授等主编的《大德育体系的实践与创新》一书入选教育部"高校德育成果文库"，并由中国书籍出版社正式出版。

本月 地质过程与矿产资源国家重点实验室左仁广教授获国际地球化学学会首届Kharaka奖，以表彰他在基于GIS勘查地球化学数据处理方面取得的突出研究成果。

四月

2日 "警地共建"技术帮带活动表彰会暨第二批帮带专家选派工作启动仪式在北京武警黄金指挥部举行。张雄华教授、杨宝忠副教授、寇晓虎副教授圆满完成首期"警地共建"帮带任务,被授予"技术帮带先进工作者"荣誉称号。

7日 由王林清、马彦周、张建和共同主编的《高校事务管理规范与服务标准》获2014年度全国高校学生工作优秀学术成果特等奖。

8日 奥贝亚自行车(昆山)有限公司、昆山捷美服装有限公司与学校基金会签署捐赠协议,分别捐赠30万元和20万元,支持体育部师生开展户外运动,同时为户外专业学生设立奖学金。

12日 新校区首个单体建筑——学生宿舍一组团建设项目正式开工。

13日 教育部下发《教育部办公厅关于公布第七批"精品视频公开课"名单的通知》,环境学院土焰新教授等讲授的"地下水与环境"课程入选。

19日 湖北省2015年第46个世界地球日主题宣传活动周启动仪式暨"珍惜资源、保护地球"国土资源科普知识进校园活动在学校逸夫博物馆举行。此次活动由湖北省国土资源厅主办,学校与湖北省地质局、湖北省地质学会、中国地质调查局武汉地质调查中心等单位共同协办。

20日 中国气象局、教育部在京联合召开气象教育工作座谈会,正式成立中国气象人才培养联盟。学校成为该联盟成员之一。

21日 第十一批国家"千人计划"青年人才入选名单正式公布,学校曹淑云、叶宇两位教授入选国家"青年千人计划"项目。

22日 国土资源部不动产中心主任叶明全一行来校访问,商谈国土资源法律评价工程实验室建设事宜。

23日 从"礼敬中华优秀传统文化"系列活动成果交流会暨全国高校博物馆育人联盟第三次会员大会上获悉,学校逸夫博物馆申报的"中国自然灾害发展趋势及自救逃生方略系列讲座及科普活动"在众多项目中脱颖而出,获全国高校博物馆育人联盟优秀育人项目评选特等奖。

23—25日 第四届全国辅导员职业能力大赛第五赛区(豫、鄂、湘、赣、贵地区)复赛在河南省郑州大学举行。经济管理学院辅导员熊思沂取得第十三名、赛区二等奖的好成绩。

24日 来自全国20省市23所高校的国家教育行政学院第44期高校中青班第五组学员来校调研,与学校相关人员进行座谈交流。

26日 公共管理学院行政管理专业大二学生、中国队选手唐渊渟与搭档马晋获亚洲羽毛球锦标赛女双冠军。

28日 经过连续3天的专场演出,由中国科协发起的科学家主题宣传活动"共和国的脊梁——科学大师名校宣传工程"之《大地之光》在陕西师范大学的专场汇演落下帷幕。演出引发现场观众的强烈共鸣和热烈反响。

29日　教育部直属高校基本建设规范化管理专项检查组来校进行专项检查。

本月　2015年美国（国际）大学生数学建模竞赛成绩揭晓，学校12支参赛队伍均获奖，其中1支队伍获一等奖，5支队伍获二等奖，6支队伍获三等奖。

本月　教育部基础教育课程教材发展中心向全国正式颁布"2015年全国中小学图书馆（室）推荐书目"，中国地质大学出版社出版的《地震知识100问》《地质灾害100问》《晶体魔方》《嫦娥奔月》4种图书入选。

五月

4日　学校原创作品《丝路新语》亮相央视"五月的鲜花"主题晚会。

7日　全国政协副主席、民建中央常务副主席马培华率调研组一行到地质资源环境工业技术研究院就"加快科技成果转化、促进创新驱动战略实施"进行专题调研。

7日　学校党风廉政宣传教育月活动动员部署暨教育经费管理与党风廉政建设专题学习研讨总结会在迎宾楼报告厅召开。

8日　由学校和广州飞瑞敖电子科技有限公司共同建设的教育部本科教学工程"资源环境物联网大学生校外实践教育基地"正式揭牌，首期建设经费60万元。

9日　国土资源部科技与国际合作司副司长白星碧一行8人来校进行"一带一路"工作调研。

10日　第七届湖北省高校国学知识竞赛总决赛在武汉大学人文馆开幕，学校学生乔梁、刘效宁和王威获得二等奖的优异成绩。

10日　学校召开"地学长江计划"研讨会。

13日　中共湖北省委组织部下发《关于2014年度全省党的基层组织建设工作述职评议考核情况的通报》，学校2014年度党的基层组织建设工作得到湖北省委组织部的肯定，受到通报表扬。

15日　帕拉代姆公司赠予学校一套价值600万美元的勘探和生产软件，并与学校签约合作建设软件联合实验室。

15日　湖北省教育厅公布2014年全省高校校园文化建设优秀成果获奖名单，学校"用时尚艺术的方式开展大学生社会主义核心价值观教育——校园原创话剧《大地之光》光耀大地"荣获特等奖。

16日　2015年湖北省暨武汉市科技活动周启动仪式在岱家山科技城举行，学校中地大科创咖啡获批湖北省首批"众创空间"。

20日　学校召开"三严三实"专题教育动员会。

21日　瑞士科学院院士、瑞士联邦理工学院 Helmut Weissert 教授应邀为广大师生做关于深海沉积和碳循环的学术报告。

23日　第一届矿区污染防治国际学术研讨会暨第四届中－匈 Workshop 在学校举行。国内外矿区污染防治与环境治理相关领域的知名专家学者、相关管理部门代表以及各高校师生共140余人参加研讨会。

23—24日　从2015ACM国际大学生程

序设计大赛上海邀请赛传来喜讯,由计算机学院张锋老师指导,学生胡子昊、胡佳焕、邹一康组成的"YOLO"代表队从全国近200支参赛团队中脱颖而出,斩获铜奖。

24日 约旦哈西姆王国(简称约旦)高等教育与科学研究部大臣拉比卜·穆罕默德·哈桑·赫达拉率代表团一行访问学校,为学校约旦研究中心揭牌,并就共建中约大学进行座谈。

24日 第五届中国石油工程设计大赛颁奖大会举行,学校获该项大赛图文大赛一等奖1项,设计大赛二等奖1项、三等奖2项;知识竞赛三等奖1项、优胜奖1项。本届大赛分为设计大赛、知识竞赛和图文大赛3个系列,吸引了17所高等院校及科研院所的2163组队伍报名参赛,共提交有效参赛作品1612组。此次大赛共评出图文大赛一等奖3项、二等奖5项、三等奖33项;共评出设计大赛卓越杯1项、一等奖17项、二等奖36项。

24—25日 由学校参与主办的全国矿产资源定量预测暨信息技术支撑学术讨论会在汉举行。国内矿产资源定量预测评价相关研究领域的专家、各科研院所专家代表以及博士研究生共计70余人参会。

25日 从全国地质勘查行业"最美地质队员"评选活动总结表彰大会上获悉,学校15名校友荣获"最美地质队员"称号。这15位校友分别是:中化地质矿山总局地质研究院田升平、中国人民武装警察部队黄金地质研究所卿敏、青海省第四地质矿产勘查院曹德智、宁夏回族自治区煤田地质局韩朋、新疆维吾尔自治区有色地质勘查局地质矿产

勘查研究院成勇、湖南省湘南地质勘察院许以明、福建省闽西地质大队苏水生、中化地质矿山总局地质研究院徐少康、天津地热勘查开发设计院杨永江、山东省地质调查院杨丽芝、西藏自治区地质矿产勘查开发局第五地质大队李彦波、浙江省第一地质大队吴光明、河北省地质调查院张秀芝、广东省佛山地质局张宗胜、湖北省地质局水文地质工程地质大队周霞。

26日 学校获评2013—2014学年度湖北省科学仪器协作共用优秀单位,地质过程与矿产资源国家重点实验室激光剥蚀电感耦合等离子体质谱仪机组获评"协作共用先进机组",赵来时教授获评"先进个人"称号。

28日 广东拱北隧道管幕施工圆满完成,标志着港珠澳大桥珠海连接线顶管工程顺利完工,工程学院马保松教授带领的非开挖科研团队为管幕工程顺利推进做出了重要贡献。为了保障工程顺利进行,马保松教授带领非开挖科研团队,在交通部和港珠澳大桥珠海连接线管理中心的联合资助下,承担了顶管管幕技术科研攻关任务,解决了复杂条件下曲线顶管管幕设计和施工的核心技术难题。

28日 第十二届全国大学生心理健康教育与咨询学术交流会在北京航空航天大学举行,学校大学生咨询中心获评"2010—2015年度大学生心理健康教育工作优秀机构",郭兰教授获评"大学生心理健康教育工作优秀工作者"。

28日 学校举行学科培育计划签约仪式暨观察学科建设资助项目评审会。

28日 学校"青年马克思主义者培养工

29日 经济管理学院举行创新创业基金捐赠仪式。该基金的启动资金由学校1996届矿产系校友、上海迪探节能科技有限公司董事长龙云雷捐赠15万元设立。该基金拟支持经济管理学院在校学生开展创新创业项目,项目将聘请校外自主创业的校友和社会各界人士担任创业导师。

本月 学校接受教育部国有资产专项检查。

本月 首届"最美青年科技工作者"名单出炉,环境学院2013级博士研究生彭浩入选。

本月 据美国汤森路透集团的《基本科学指标》数据库(Essential Science Indicators,简称ESI)最新数据显示,中国地质大学首次进入ESI地球科学领域前1‰的行列,成为两岸四地唯一进入该领域前1‰的高校。同时,中国地质大学首次进入ESI材料科学领域前1%,这也是继地球科学、工程学和环境/生态学等领域之后,中国地质大学第4个进入ESI排名全球前1%的领域。

本月 材料与化学学院周成冈教授课题组的学术论文《一种高倍率长寿命锂硫电池:锂离子半透性高速传输通道的设计与实现》作为封底成果发表在材料学科国际一流期刊《先进材料》上,该期刊在全球材料学科T1分区的ESI排名第一,2015年影响因子为17.493。该论文的通讯作者为周成冈教授,第一作者周吟是其指导的硕士研究生。这是学校首次在该期刊上发表学术论文。

六月

3日 夏威夷大学马诺阿分校副校长布莱恩·泰勒教授、国际气象学家王斌教授、副校长助理克里斯·奥斯特兰德教授一行来校访问。

4日 学校与浙江省湖州市人才战略合作对接座谈会举行。

7—8日 学校举办第四届中学生地球科学夏令营活动。来自全国60余所重点中学的66名高中学子参加此次夏令营活动,聆听专家教授对地球科学的精彩讲解、参观AAAA级逸夫博物馆,通过多种形式感受丰富多彩的大学生活。

8日 湖北省人大常委会组织召开《湖北省土壤污染防治条例(草案)》第二次审议与专家座谈会,学校李江风、黄德林、罗泽娇三名教授应邀参加此次会议,是参加会议九家单位中专家人数最多的。

10日 教育部思想政治工作司公布第八届全国高校校园文化建设优秀成果评选结果,学校申报的"演绎科学大师人生 弘扬科学大师精神——倾力打造校园文化精品《大地之光》"荣获一等奖。

10日 湖北省第十届"挑战杯·青春在沃"大学生课外学术科技作品竞赛终审决赛及颁奖典礼在武汉工程大学举行,学校再次荣获"优胜杯",学校学子作品获特等奖1项、一等奖3项、二等奖7项、三等奖1项。

10日　学校登山队成功登顶北美最高峰——海拔6194米的麦金利峰。至此,学校登山队已成功登顶亚洲、欧洲、非洲、大洋洲、南美洲和北美洲的最高峰。

11—12日　学校举行纪念抗日战争胜利七十周年大合唱。

18日　省科协常务副主席、党组书记夏航一行来校调研海外人才离岸创新创业中心建设工作。

19日　教育部高校思想政治理论课教学指导委员会、《思想理论教育导刊》编辑部、高校思想政治理论课程研究中心公布高校思想政治理论课教师2014年度影响力人物推选结果,马克思主义学院郭关玉荣获"高校思想政治理论课教师2014年影响力提名人物"称号。

25日　学校举行2015届毕业典礼。

29日　湖北省委高校工委、省教育厅发文,通报表扬"东方之星"号客轮翻沉事件善后心理援助高校及个人,学校及心理咨询中心郭兰、吴和鸣、王煜、刘陈陵受到表扬。

30日　全国优秀县委书记表彰会议在北京举行。学校工商管理专业2005届校友、山东省威海市环翠区区委书记林红玉获得表彰。

本月　新华社湖北分社和湖北省教育厅联合发布第二届"长江学子"优秀大学毕业生评选结果,工程学院2013级地质工程专业硕士研究生方塑获"长江学子"创新奖。

本月　学校获评"湖北省社会管理综合治理优胜单位"。

七月

1日　学校召开庆祝中国共产党成立94周年暨学生党建总结表彰大会。

1日　教育部学位管理与研究生教育司副司长黄宝印一行来校调研学科建设工作。

2日　中央文明办发布6月"中国好人榜",学校2014届毕业生钱瑞入选。

3日　中国石油勘探开发研究院向学校捐赠CIFlog测井软件。

4日　学校举行首届研究生招生校园开放日暨研究生招生学子见面会。活动吸引了本校、外校的近千名大三学子前来参加。

11日　学校发文,追授龚建鹏"'品德高尚、关爱同学'优秀研究生"荣誉称号,并号召全校师生向他学习。龚建鹏同学是学校资源学院矿产普查与勘探专业2014级硕士研究生。2015年7月1日,龚建鹏同学在青海省西宁市循化县清水乡么么叉山进行野外实习时,为搜寻和营救滞留于山顶失去联系的同学,不幸意外跌落山崖,献出了年轻的生命,年仅24岁。

23日　学校与中国气象局在京签署战略合作协议。协议约定,双方将围绕极端天气气候事件与地质灾害监测预警重点领域开展合作研究,组建创新团队,开展联合攻关;共同推进学校大气科学学科专业建设,培养气象发展急需人才;共建武汉极端天气气候与地质灾害联合研究中心以及大数据气象信息处理研究中心;建立局校合作联席会议制度，形成长效合作机制；中国气象局支持学校气象实践教学平台、教学基础设施、实习实训基地建设等。

27—28日　武汉东湖新技术开发区政务网、《湖北日报》和《长江日报》同时公示第八批"3551光谷人才计划"拟资助人才项目名单，学校有8家孵化企业入选。据悉，"3551光谷人才计划"是武汉东湖高新区2009年启动的引才计划，原指未来3年内，东湖高新区以高新技术产业化为主题，以海外高层次人才为重点，以企业为载体，在光电子信息等五大重点产业领域，引进和培养50名左右掌握国际领先技术、引领产业发展的领军人才，1000名左右在新兴产业领域内从事科技创新、成果转化、科技创业的高层次人才。2012年后，该计划已成为东湖高新区常态性引才计划。

27日—8月7日　校党委书记郝翔、校党委副书记傅安洲分别带领技术专家对学校承担的"内蒙古呼伦贝尔市营林区等二幅1∶5万区域矿产地质调查""新疆1∶5万板房洞、小柳沟、伊吾军马场、口门子幅填图试点"项目野外工作师生进行慰问，并按中国地质调查局要求对以上项目进行全面的野外工作检查。

28日　学校党委中心组举行集中学习，传达学习中共中央政治局常委、中央纪律检查委员会书记王岐山，教育部党组书记、部长袁贵仁，省委书记李鸿忠，省委高校工委书记、省教育厅党组书记，厅长刘传铁关于加强和改进纪律审查工作、"三严三实"专题教育等相关重要讲话精神以及教育部关于直属高校落实财务管理领导责任严肃财经

纪律等文件精神，研究学校贯彻落实的意见和举措。

28日　中国银行湖北省分行党委书记葛春尧、副行长吴正娴等一行9人来校签订"数字化校园暨银校合作协议"。

31日　校党委书记郝翔率学校办公室、党委武装部、离退休干部处负责人慰问田苏、张国柱、徐灿英、于新洲等参加过抗战的4位老战士、老同志。

本月　在第28届世界大学生夏季运动会羽毛球比赛上，公共管理学院区冬妮、王懿律代表中国大学生队参战，为中国队获得团体亚军立下汗马功劳。同时，区冬妮、王懿律还分别与队友配合，荣获女双亚军、男双亚军。

本月　据美国汤森路透集团的《基本科学指标》数据库（Essential Science Indicators，简称ESI）最新数据显示，学校化学学科首次进入ESI化学领域前1%，这也是继地球科学、工程学、环境/生态学和材料科学领域之后，学校第5个进入ESI全球机构排名前1%的领域。

八月

3日　第八届全国大学生信息安全大赛落幕，由计算机学院宋军副教授指导，肖诗尧、田凯、庞晓健、王小双的作品《面向疏堵兼备的Android隐私保护系统》获一等奖，宋军获优秀指导教师奖；由任伟教授指导，张耕毓、张群、蔡思阳、蔡耀明的作品《基于移

动云计算的远程实时监控与主动隐秘取证系统》获二等奖。

6日　民进会员、材料与化学学院副教授沈毅撰写的《建议高度警惕我国石墨产业存在的问题》一文，经省委统战部编辑上报，被中央统战部《零讯》采用，获中央政治局常委、国务院副总理张高丽批示，国家商务部根据批示进行了专门调研并对沈毅同志进行了回复。省委统战部秘书长杨声驰、民进湖北省委专职副主委唐瑾一行专程来校向沈毅反馈情况，并进行感谢和慰问。

7日　校党委副书记、纪委书记成金华率马克思主义学院院长高翔莲、党委书记侯志军等8人赴学校"理论热点面对面"对口单位湖北省英山县红山镇开展调研。

8日　武汉市委常委、常务副市长贾耀斌，市政协副主席吴一民一行到武汉地质资源环境工业技术研究院园区建设现场考察调研。

12日　湖北省教育厅、湖北省教育工会公布2015年湖北省"十佳师德标兵"和"师德先进个人"评选结果，环境学院王红梅教授获评湖北省"师德先进个人"。

17日　国家自然科学基金委员会公布2015年度国家自然科学基金申请项目评审结果，学校获各类项目资助148项，较去年增幅54%，其中创新研究群体1项，重点项目3项，国际合作项目1项，优秀青年基金项目2项，面上项目72项，青年科学基金项目69项，总资助经费首次突破亿元大关，创历史新高。

21日　胡兆初教授当选英国皇家化学学会会士。

28日　湖北省教育厅副厅长张金元一行来校调研大学生创新创业教育实践（孵化）基地建设情况。

31日—9月1日　学校召开"十三五"规划编制工作研讨会。

九月

2日　受联合国国际农业发展基金（以下简称"IFAD"）委托，经济管理学院帅传敏教授向IFAD罗马总部正式提交其主持的重大国际合作项目——"基于计量经济学方法的联合国IFAD中国项目影响评估"的评估报告。这是中国专家组首次独立完成的IFAD中国项目大范围系统性深度评估，得到了联合国IFAD总部的高度肯定。

6日　学校举行抗战胜利七十周年座谈会。

7—8日　校党委书记郝翔一行应邀访问吉尔吉斯斯坦科学院地质所、国立矿业技术学院和吉俄斯拉夫大学。这是学校首次与吉尔吉斯斯坦科研机构及高校开展的校际交流，也是学校积极开展与"一带一路"国外高校合作的重要举措。

10日　从湖北省高校教职工庆祝教师节暨第六届"教工杯"文艺汇演上获悉，学校选送的情景剧以总分第三名的成绩获得二等奖。

13日　学校与青海省地质矿产勘查开发局签署共建"青海地热综合利用发电项目"合作协议。协议约定，双方将充分利用青海地区地热资源，专门组建项目组，就"青海地热综合利用发电项目"的设备安装与管理、关键技术研究、新技术新产品开发等方面开展全面合作。

18日　学校召开促进人文社会科学科研工作研讨会。

18日　"2015年湖北省青年职业技能大赛暨首届大学生讲解大赛"决赛举行,工程学院彭锦超同学获优胜奖,逸夫博物馆获最佳组织奖。

19日　第六届"外教社杯"全国高校外语教学大赛湖北赛区决赛举行。外国语学院姚夏晶老师获湖北赛区英语专业组一等奖。

23日　学校举行2015级研究生开学典礼。

25日　牛津大学地球科学系加入地球科学国际大学联盟签字仪式举行。地球科学国际大学联盟于2012年12月由学校发起成立。牛津大学的加入将为地球科学国际大学联盟注入新的活力,使地球科学国际大学联盟更加强大。

25、26日　"共和国的脊梁"专题节目在北京人民大会堂大礼堂上演,学校倾情演出原创情景剧《北京,不会震!》。

28日　在湖北省人民政府建国66周年招待会暨2015年"编钟奖"颁奖仪式上获悉,工程学院外籍专家维克多·契霍特金教授荣获"编钟奖"。

29日　学校举行2015级本科生军训汇演暨开学典礼。

本月　"最好大学网"发布两岸四地百强高校五年中(2008—2012年)在《自然》和《科学》上发表顶尖论文折合数排名,学校在"顶级论文－总量"和"顶尖论文－师均"两项指标中分别排名第22位和第18位。

十月

12日　学校与中交天津航道局有限公司签署战略合作协议。

12日　由何梁何利基金评选委员会和湖北省科学技术厅主办、学校承办的何梁何利基金高峰论坛暨图片展在迎宾楼学术报告厅举行。

14日　机械与电子信息学院与武汉蓝讯科技有限公司签署产学研合作框架协议,并设立"蓝讯科技奖学金"。协议约定,双方将围绕建立教学实习实训基地、建立学生创新创业基地、设立"蓝讯科技奖学金"(四年一期,每期提供 20 万元,每年度奖励机械与电子信息学院品学兼优的学生15名)、建设金材数控切割与焊接实验室、科研合作、组建地大—蓝讯焊接机器人研发中心等方面开展深入合作。

14日　国家机关事务管理局公共机构节能管理司副司长宋春阳一行来校检查、指导节约型公共机构示范单位创建工作。通过听取汇报、材料审核和现场审查,学校以高分通过国家第二批节约型公共机构示范单位评价验收。

17日　丝绸之路青年领袖论坛在学校举办。来自法国、哈萨克斯坦、巴基斯坦、缅甸、北非、加蓬等国内外16个高校的学生骨干和世界各地的青年地球科学家共计60余人汇聚一堂，通过学术报告、留学经验互动、学生学术海报展、破冰交流、主题讨论、联谊晚会、民族文化体验等环节，搭建"一带一路"青年分享展示、交流合作的平台。

17日　地质过程与矿产资源国家重点实验室（GPMR）与巴基斯坦国家优秀地学研究中心（NCEG）在校签署合作协议，共同成立特提斯地质与矿产联合实验室。

17—18日　第二届亚洲特提斯造山与成矿国际学术研讨会暨丝绸之路高等教育合作论坛在学校举行。中国科学院院士张国伟、殷鸿福、金振民，中国台湾中研院院士江博明以及来自美国、加拿大、英国、澳大利亚、土耳其、伊朗、巴基斯坦、印度、印度尼西亚等20余个国家和地区的大学校长、知名专家学者及优秀青年代表共计170余人参加论坛开幕式。本次会议的主题是："科教联通丝路，青年引领未来"。会议设立特提斯及邻区构造演化与成矿主会场，特提斯演化与变质作用、特提斯蛇绿岩、东特提斯成矿系统、花岗岩及有关的成矿系统、特提斯沉积盆地与油气、特提斯构造与地震、中亚地质与成矿、丝绸之路沿线地热与水资源8个专题会场，设置了"丝绸之路大学校长论坛"和"丝绸之路青年领袖"论坛。

17日　学校与澳大利亚詹姆斯库克大学签署博士合作协议。协议约定，学校研究生获得国家留学基金委资助，英语雅思成绩达到6.5，可以申请攻读詹姆斯库克大学博士学位，詹姆斯库克大学免去学费；学校正式录取的博士研究生获得国家留学基金委资助，英语雅思成绩达到6.5，可在入学一年内申请攻读詹姆斯库克大学博士学位，詹姆斯库克大学免去学费，达到两校博士学位授予要求，可获得两校的博士学位。

17—19日　2015中国机器人大赛暨RoboCup公开赛全国总决赛举行，学校CUG机器人足球队获得FIRA仿真组5v5、11v11两项比赛的一等奖。

19—21日　首届中国"互联网+"大学生创新创业大赛全国总决赛在吉林大学进行，艺术与传媒学院高辉团队制作的设计师在线教育平台获金奖。

21日　第二届全国高校物联网应用创新大赛总决赛在江苏无锡落幕，学校两支参赛团队从全国七大赛区1609支队伍中脱颖而出，获二等奖2项、三等奖1项。

21日　学校与湖州市人民政府签署校地人才智力项目战略合作协议。协议约定：学校将与湖州市开展深度战略合作，双方将基于"合作共赢、共同发展"原则，逐步建立联席会议机制、信息互通机制、交流互访机制和试点创新机制，重点在人才对接、技术支持、产学研合作等方面开展多层次的合作。

22日　科技部党组书记、副部长王志刚一行来学校调研科技工作。湖北省省长王国生，副省长郭生练，省政协副主席、科技厅厅长郭跃进，省政府秘书长王祥喜，科技部办公厅、政策法规与监督司、创新发展司、重大专项办公室、高新司和中国科学技术发展战略研究院等单位主要负责同志和省科技厅领导班子成员陪同调研。

23日　第三届科学与技术前沿国际会议举行。校长王焰新、中科院院士金振民、国家自然科学基金委国际合作局张永涛处长、日本学术振兴会北京代表处广田薰所长以及来自中日著名高校和科研机构的专家学者共180余人参加会议，共同探讨工程应用中的控制与智能化技术。

24日　教育部副部长鲁昕一行来校调研。教育部发展规划司副司长刘昌亚、直属高校基建处处长韩劲红、职成司巡视员王继平、副巡视员周为，湖北省教育厅厅长刘传铁、副厅长张金元，武汉市人民政府副秘书长雷勇生，武汉未来科技城建设管理办公室副主任明铭参加调研。

24日　第四届先进计算智能与智能信息处理国际研讨会在学校召开，来自中日的专家学者130多人探讨计算智能和智能信息处理的最新研究进展。

25日　第40届ACM国际大学生程序设计竞赛亚洲区域赛落幕，计算机学院张锋老师指导，胡子昊、邹一康、孟凡强同学组成的CUG－ACM06代表队获铜奖，学校首次派出由郑雨婷、刁义雅、陈玲玲同学组成的女子团队获优胜奖。

26日　中国人民武装警察部队黄金指挥部人才培养基地落户学校。

26日　从第六届李四光优秀学生奖颁奖大会上获悉，地球科学学院2011级毕业生周尚哲获"李四光优秀大学生奖"，2010级博士生熊庆、2013级硕士生周光颜获"李四光优秀学生奖提名奖"。

27日　学校与日本神户大学联合登山队成功登顶西藏境内海拔6330米的未登峰哒日峰。

29日　学校举办教职工党支部书记培训会。

30日　第二届全国高校移动互联网应用开发创新大赛在学校举行。

31日　从第六届湖北省大学生服装秀大赛上获悉，学校凭借作品《国色青花》荣获团体一等奖。

31日—11月1日　2015年全国测绘科学与技术博士生论坛在学校召开。

本月　第七届全国高校GIS技能大赛落幕，由信息工程学院地理信息科学专业周旭、高子扬、张展、叶梦琪四位同学组成的团队荣获二次开发组特等奖，其余两个团队获二等奖两项，一团队获三等奖一项。

本月　学校启用网上报账系统。

本月　蒋少涌教授获"李四光地质科技研究者奖"。

十一月

3日　学校1956届著名校友、中国科学院院士、"嫦娥工程"首任首席科学家欧阳自远教授来校做题为"地外生命的探寻""中国的探月梦"两场学术报告。

5日　第58期入党积极分子培训班开班。

6日　王焰新校长应人民网邀请谈世界一流大学和学科建设。

14日　学校第七届全国校友分会会长、秘书长联谊会和广东校友分会2015年联谊会在广州举行。

14—15日　高校环境类课程教学系列报告会在学校举行，来自全国155所高校和科研院所的560多人参加报告会。

16日 学校召开各二级党组织书记会议学习传达《中国共产党廉洁自律准则》和《中国共产党纪律处分条例》。

16—20日 第十四届"挑战杯"全国大学生课外学术科技作品竞赛决赛在广东举行，学校6项作品入围决赛，最终获得二等奖1项、三等奖5项。

17日 中国(武汉)海外科技人才离岸创新创业中心在武汉未来科技城揭牌。该中心由武汉地质资源环境工业技术研究院承办，并注册成立了海智之星(武汉)科技服务有限公司负责运作。

20日 党委书记郝翔、校长王焰新赴京向教育部副部长郝平汇报中约大学筹建工作进展，提出由教育部牵头成立跨部委组织、学校在武汉建立国际校区等建议，郝平对学校提议表示肯定与支持。

20日 光明日报副总编辑、光明网总裁兼总编辑陆先高受邀为学校师生作题为"融媒体的内涵与外延"的讲座。

23日 中约大学建设研讨会在校召开。合作建设中约大学是中约两国领导人达成的重要共识，也是两国教育部门共同推进的一项重要工作。此次研讨会，中约双方就建立中约大学筹建工作机构、合作共建中约大学的路线图以及双方加强沟通协调等方面达成了共识。

25日 在湖北省高校新闻协会年会上获悉，学校1件作品获第三十二届湖北新闻奖三等奖；4件作品获2014年度中国高校校报新闻奖，其中一等奖1项、二等奖3项；12件作品获2014年度湖北高校校报新闻

奖，其中一等奖4项、二等奖5项、三等奖3项。

26日 地球科学菁英班2015年联合培养工作年会召开。

26日 武汉市委常委、东湖新技术开发区党工委书记胡立山带队到学校新校区调研。

26日 人力资源社会保障部、全国博士后管理委员会公布2015年全国博士后综合评估结果，学校地质学、地质资源与地质工程博士后科研流动站获评"优秀"。

27日 团中央、全国学联下发2015年全国大中专学生志愿者"三下乡"社会实践活动表彰文件，学校获评"全国大学生社会实践活动优秀单位"，1支团队获评"全国优秀团队"，1支团队获评"全国百强实践团队"。

28日 学校召开青年学者学术年会。

十二月

1日 教育部党组召开违反中央八项规定典型案例通报视频会，学校在网络中心会议室设立分会场，全体校领导、各二级单位党政主要负责人参加。

2日 团中央学校部副部长石新明一行来校调研。

3日 学校学术委员会成立，标志着学校在"依法治校""教授治学"上向前迈出了重要的一步。

3日 按照省委统一部署，湖北省委十

八届五中全会宣讲团成员、省社科院党组书记张忠家来校作党的十八届五中全会精神宣讲报告。在校领导、全体处级干部、全校党支部书记、党外代表人士、机关科级干部、学生代表等参加。

4日 科技部公布2015年数理领域16个、地学领域46个国家重点实验室评估结果，学校地质过程与矿产资源国家重点实验室获评优秀，生物地质与环境地质国家重点实验室获评良好，均顺利通过评估。

6日 中国地质学会召开第十五届青年地质科技奖（金、银锤奖）终评会议，评选产生了第十五届青年地质科技奖（金、银锤奖）获奖者。生物地质与环境地质国家重点实验室蒋宏忱教授、地质过程与矿产资源国家重点实验室王璐副教授荣获银锤奖。

6日 从第十届全球孔子学院大会现场获悉，学校与美国纽约州阿尔弗莱德大学合办的孔子学院从全球500家孔子学院中脱颖而出，荣获"优秀孔子学院"称号。

7日 中国科学院公布新当选的61名院士名单，学校郝芳教授榜上有名。同日，中国工程院官方网站公布2015年院士增选结果，学校1983届校友李家彪、1991届校友武强当选中国工程院院士。

8日 北京大学哲学系教授刘华杰为学校师生做题为"复兴博物学的理由和手法"的专题讲座。

8日 中陕核工业集团二一一大队有限公司向学校捐赠两口完整的无放射性岩芯。

10日 学校召开教育教学、人才与科技工作会议。

11日 学校与麻城市政府签署战略合作框架协议，协议约定，学校将与该市共建信息咨询与决策咨询研究平台、人才培训交流平台、科研合作与成果转化平台、大学生实习实训平台、才智合作拓展平台。学校还将为龟峰山风景区地质资源研究与利用、麻城地质科考旅游线调查与设计、国家级地质公园——红石公园（九龙山）的总体规划等方面提供服务和指导。

12日 2015高教社杯全国大学生数学建模竞赛颁奖仪式举行，学校选派的1个代表队获全国一等奖、3个代表队获全国二等奖、2个代表队获湖北省一等奖、5个代表队获湖北省二等奖、3个代表队获湖北省三等奖，学校获优秀组织奖。

18—19日 《2015中国学术期刊国际国内影响力研究报告》公布，学校《地球科学》、*Journal of Earth Science*（英文版）分别荣获"2015中国最具国际影响力学术期刊""2015中国国际影响力优秀学术期刊"称号。

21—25日 从2015年高校干部培训管理者培训班暨工作研讨会上获悉，学校荣获"国家教育行政学院网络培训优秀组织单位"称号。

23日 学校1987级校友、无极道控股集团有限公司董事长孙政权向学校捐资100万元，设立无极道在校大学生创业孵化基金，支持在校大学生创新创业。

24日 湖北省科技厅副厅长郑春白一行调研国家技术转移中部中心技术转移综合服务市场建设情况。

25日 教育部人事司发文通知，学校宁伏龙、胡兆初、章军锋三位教授入选2014年中组部"万人计划"青年拔尖人才。

28日 学校创新创业教育论坛暨大学生创新创业教育实践(孵化)基地入驻仪式在大学生创新创业教育中心举行。

本月 湖北省精神文明建设委员会下发《关于确认2013—2014年度省级文明单位的通知》,公布了"2013—2014年度省级文明单位名单",学校榜上有名,这是学校连续多次被确认为"湖北省文明单位"。

本月 教育部科技发展中心公布2015年度高等学校科学研究优秀成果奖(科学技术)获奖名单,学校童金南教授团队完成的项目"二叠纪末大灭绝–复苏期生物环境事件和过程"荣获自然科学一等奖。

本月 学校地球科学学院X11144班团支部、环境学院040131班团支部获评全国"示范团支部"。

本月 湖北省教育厅公布"湖北名师工作室"和"湖北产业教授"名单,地球科学学院童金南教授团队入选"湖北名师工作室",学校武汉巧意科技有限公司董事长郝亮入选"湖北产业教授"。

(撰稿:张信军、汪再奇;审稿:刘彦博)

Nianjian

2015年媒体地大

报刊	文章名称	作者	日期
地质调查报	服务"一带一路"国家战略 助力高等地质教育快速发展——中国地质大学（武汉）成立丝绸之路学院的思想启示	马昌前 陈华文	1月5日
中国国土资源报	地大（武汉）成立丝绸之路学院	庞伟红 汪再奇	1月14日
武汉晚报	地质专家向青少年讲述武汉地质变迁	张慧萍 吴 鹏	1月18日
中国青年报	网店包工队："装修"网店年入20万	雷 宇	1月20日
中国矿业报	论高等地质教育服务如何服务"一带一路"战略	马昌前 陈华文	1月20日
中国国土资源报	我国大陆动力学基础研究获重要进展 发现苏鲁造山带榴辉岩部分熔融	徐 燕 张云姝	1月21日
中国国土资源报	地大（武汉）学子发明矿化活水宝获7项国家发明专利	徐 燕	1月23日
武汉晚报	"大满贯"之路 中国地大（武汉）登山队登山挑战极限	李 芳 曹南燕 汪佳文	1月25日
长江日报	依托产学研对接平台 创新神话，从未诞生于它需要的土壤 10个月成千万富翁	肖 娟 胡 薇 余 健 吴家伟 蔡木子	2月3日
中国国土资源报	中国地质大学登山队成功登顶南美洲之巅		2月11日
长江日报	中国高校引学者不出名 武汉三教系所在领域领头羊	徐 燕	2月12日
武汉晚报	世界高校500强出炉 中国大陆27所高校入围 武汉有3所大学名列其	黄 莹 屈建成	2月25日

续表

报刊	文章名称	作者	日期
湖北日报	周口店"北京人遗址"旁边,藏着一块世界级地质宝地——弹丸之地走出30余院士	海 冰 吕占峰 曹南燕	3月1日
长江日报	建设武汉全国碳金融市场中心 助力"一带一路"低碳发展	胡雪璇	3月2日
湖北日报	列车上的"诸葛亮会"	张 辉	3月3日
地质调查报	届原故里的地质灾害应急救援"先遣队"——中国地质大学(武汉)联手武警黄金部队开展地质灾害应急救援培训	陈华文 吴春明 林小艳	3月4日
中国国土资源报	地大(武汉)两名学者入选"长江学者计划"	路金衲	3月4日
长江商报	建设武汉全国碳金融中心助力"一带一路"低碳发展	施 磊	3月5日
湖北日报	"矿泉水瓶运氢气"卖出2000万元	文 俊 丘剑山	3月10日
湖北日报	碳市场成交额稳居全国首位,代表委员建议——支持湖北建设全国碳金融中心	刘 娜	3月14日
长江日报	地大教授领衔研究"嫦娥三号"揭开月球复杂地质史	黄 莹 徐 燕 黄 俊	3月14日
楚天都市报	地大教授领衔发表探月研究	王哲祥 徐 燕 黄 俊	3月16日
中国科学报	"玉兔"首次揭秘月球雨海北部地质特征	鲁 伟 徐 燕 黄 俊	3月16日
中国国土资源报	地大(武汉)新增8名"楚天学者"	路金衲 杨春霞	3月17日
湖北日报	"嫦娥三号"最新成果刊载《科学》杂志 地大教授肖龙为论文第一作者	海 冰 徐 燕 黄 俊	3月17日
中国矿业报	中国地大教授一研究成果在《科学》上发表	徐 燕 黄 俊	3月19日
中国矿业报	届原故里的地大教授的地灾救援"先遣队"	陈华文 吴春明 柴 波	3月23日
中国国土资源报	我国探月工程研究获重要进展 首次揭秘雨海北部地质与浅表层结构、共识别出七个主要地质界面	徐 燕 黄 俊	3月25日
中国国土资源报	地大(武汉):加快科技成果转化	徐 燕	4月1日
中国国土资源报	李建威,向勇人选中青年科技创新领军人才	刘妍慧 刘 征	4月8日

续表

报刊	文章名称	作者	日期
中国国土资源报	让地学精英人才培养驶入快车道——中国地质大学（武汉）"李四光计划"创新人才培养纪实	庞岚 赖旭龙 殷坤龙 王莹	4月15日
长江日报	中国地质大学国家重点实验室主任童金南为专家腾地方 在地下室办公三年	耿尕卓玛 庞伟红	4月17日
武汉晚报	地大原创设计走进央视演播厅	李芳 李裹 王子豪 刘思梦	5月2日
楚天都市报	地大"青花瓷"登央视 系该校学生原创设计	王哲祥 李裹 王子豪 刘思梦	5月4日
楚天金报	母亲节最好的礼物：你给我生命 我为你续命 22岁大学生割肝救母	高琛琛 张方方	5月8日
中国国土资源报	创新：让梦想起飞——中国地质大学（武汉）大学生创新实践纪实	徐燕	5月13日
楚天都市报	武汉专家组观测发现——尼泊尔地震导致西藏两地向南移动	贺俊	5月19日
中国国土资源报	小班授课 优化转岗 教授治院——中国地质大学（武汉）地学院教学制度改革纪实	庞伟红	5月20日
楚天都市报	数亿年沉积 见证武汉曾是一片浅海 却面临被掘毁命运 汉阳锅顶山化石群遭严重破坏	周洁涛 乐毅 宋枕涛	5月22日
光明日报	我国首个约旦研究中心揭牌	夏静 张晶	5月24日
长江日报	武汉建国内首个约旦研究中心 将此为基础建中约大学	耿尕卓玛 刘妍慧	5月25日
光明日报	"一带一路"战略引领高等教育国际化	王焰新	5月26日
地质调查报	1:5万水文地质调查技术方法研讨及野外现场交流会举办	陈华文 罗明明 蔡晓斌	5月26日
楚天都市报	武汉地质资源环境工业技术研究院一期封顶 地大科研成果将直通市场	叶嵘	6月2日
中国国土资源报	美国汤森路透集团最新数据显示中国地质大学首次入围ESI地学领域前1‰ 该领域全国唯一	胡波	6月3日
中国矿业报	1:5万水文地质调查技术方法研讨会在鄂举行	陈华文 罗明明 蔡晓斌	6月4日
长江日报	自然环境神似北极 挑战难度堪比珠峰 地大登山队成功登顶北美之巅 武汉精神旗帜飘扬海拔6194米的麦金利峰	邹瑾 何鹏飞	6月13日

续表

报刊	文章名称	作者	日期
人民日报	中国地质大学登山队成功登顶北美洲最高峰	黄兴 许万虎	6月14日
地质调查报	地质灾害调查技术方法研讨与野外现场交流会在湖北举行	陈华文 李远耀	6月15日
成都商报	双流县与中国地质大学（武汉）签署协议联合共建成都地质资源环境工业技术研究院	杨晓洋	6月20日
长江日报	湖北首办大学生创新成果拍卖会 双绣底价2万元拍出8.8万元	黄琪 刘明杨	6月24日
光明日报	怎样唤醒沉睡的资源——中国地质大学（武汉）地质调查研究院创新人才培养纪实	夏静 陈智	7月10日
湖北日报	地大学子为搜寻队友不幸坠崖 校方追授优秀研究生称号	海冰 曹南燕 刘妍慧	7月14日
楚天都市报	地大学子为黄河湿地做体检	廖仕祺 王优	8月6日
中国国土资源报	立体后勤，完美保障暑期实习——中国地质大学（武汉）秭归产学研基地见闻	徐燕	8月12日
光明日报	抗日战争时期党的思想政治工作的经验与启示	黄少成	8月20日
中国国土资源报	地大（武汉）8家孵化企业入选湖北光谷人才计划	杨静 张良	8月26日
中国科学报	高校教授：做强自己是你唯一的选择	刘庆生	9月7日
中国矿业报	地大（武汉）组建地貌学科学科学传播专家团队	蒋凤	9月9日
长江日报	为搜救失联同学，地大研一生奋勇建鹏在青海西宁意外坠崖 武汉研究生野外实习不幸遇难	杨佳峰 曹南燕 刘妍慧	7月14日
楚天都市报	把科研成果从书本上请下来为城市绘制"地下地图"	刘利鹏 赵晶晶	9月15日
湖北日报	地大隧道手绘二维码帮助画方吸引粉丝	海冰 刘坤	9月15日
湖北日报	刊博会举办珠宝论坛	韩晓玲 王子豪 李悦闻	9月20日
光明日报	扮演李四光不会演技就用黄情	朱荆萨	9月24日
光明日报	科学魂照亮校园夜空——"科学大师名校宣传工程"纪实	詹媛	9月24日

中国地质大学（武汉）年鉴丨2015

报刊	文章名称	作者	日期
楚天都市报	岸边散发臭味 污物河面漂浮 脏了城市名片 大学生抽检发现水质堪忧 莫让楚河水孚	周治涛	9月29日
楚天都市报	多部门回应将严查污染楚河行为 大学生拟成立护河小组呵护楚河	周治涛 王永胜	9月30日
光明日报	以法治文化助推高校治理能力现代化	郝翔	10月9日
光明日报	生态文明建设应追求法治红利	郭明晶	10月9日
楚天金报	丝绸之路学院在汉挂牌 优秀留学生可获全额奖学金	雷巍魏 曹南燕 刘妍慧	10月17日
文汇报	中国地大成立首个丝绸之路学院	钱忠军 曹南燕	10月18日
长江日报	中国地大成立丝绸之路学院 国外招生向"一带一路"地区倾斜	郑汝可 李悦周 曹南燕 刘妍慧	10月18日
武汉晚报	中国和约旦 共建中约大学地大丝绸之路学院挂牌	李芳 曹南燕 刘妍慧	10月18日
中国青年报	丝绸之路学院在中国地大（武汉）揭牌	朱娟娟	10月20日
楚天都市报	地大首设"简历门诊"为求职简历把脉	廖仕祺 王优 刘婷 殷乐雪	10月24日
光明日报	2015全国沉积学大会开幕	夏静 张晶	10月24日
科技日报	丝绸之路学院在中国地质大学（武汉）揭牌	刘曙甲 刘志伟	10月26日
中国国土资源报	170余名专家学者探讨丝绸之路高等教育合作 中国地质大学（武汉）丝绸之路学院揭牌	赵晶晶 张晓珊	10月28日
长江日报	中国地质大学携手日本神户大学 成功登顶西藏未登峰	邹谨 牛小洪	10月29日
湖北日报	建设绿色生态美好家园	成金华	10月30日
长江日报	中国人有能力 一定飞得更远	郑汝可 李悦周	11月4日
中国教育报	冲击"世界一流"的中国路径	柴葳	11月5日
中国国土资源报	我们的课堂在高山大海——中国地质大学（武汉）地学院野外教学改革纪实	庞伟红 赵得爱	11月5日

续表

报刊	文章名称	作者	日期
楚天金报	不能让止步于月球 还要探测太阳系	雷巍魏 曹南燕	11月5日
中国教育报	冲击"世界一流"的中国路径 "双一流"目标已定，中国大学吹响冲锋号	柴葳	11月6日
楚天金报	光合净水滤芯技术全球第一	刘晓杰	11月7日
楚天金报	西藏啵日峰 6300米的美丽雪山，第一次印上人类足迹	雷巍魏	11月14日
湖北日报	401名国防生从地大走向全军	江开 曾伟	11月21日
长江商报	地大博士研发净水滤芯远销中东	张衡	11月24日
中国国土资源报	创新"生态长江"治理模式	滕艳	11月25日
中国国土资源报	创建世界一流学科 我们正在行动	王焰新	12月2日
湖北日报	郝芳：探索解决油气成藏理论难题	海冰 刘妍慧 屠傲凌	12月8日
武汉晚报	我就爱科研 夫人都说我比较闷	李芳 刘妍慧 屠傲凌	12月8日
武汉晚报	在新疆发现新角龙类化石	李芳 徐燕	12月14日
中国科学报	中国地质大学(武汉)等中外合作发现新基干角龙类化石	鲁伟 徐燕	12月14日
湖北日报	地大话剧社献演人民大会堂	海冰 徐燕	12月18日
中国矿业报	准噶尔盆地发现新角龙类化石	徐燕	12月23日

（撰稿：徐燕；审核：曹南燕 ）

中国地质大学（武汉）年鉴 2015

以法治文化助推高校治理能力现代化

中国地质大学（武汉）党委书记

郝 翔

原刊于《光明日报》（2015年10月09日07版）

党的十八届四中全会明确提出依法治国的战略目标，将之作为实现国家治理现代化的核心环节。全面依法治国要求完善和发展中国特色社会主义制度、推进国家治理体系和治理能力现代化。高校是社会主义法治国家建设进程中的重要阵地和重要力量，肩负着全面建成小康社会和依法治国的历史重任。因此，建立校园法治文化，有效实施大学章程，创造法治文化育人环境，对助推高校治理体系与治理能力现代化具有重要意义。

抓规划，注重顶层设计

法治文化建设是依法治校的灵魂。法治文化是校园文化的重要组成部分，校园文化建设中所形成的章程和具体规章制度又是法治文化的成果体现。大学章程的制定与实施是高校完善治理结构、深入推进依法治校的内在要求。高校要尊重高等教育的发展规律，制定符合高校自身特色特点的章程，统筹规划好办学治校的各项校规校纪建设，构建和完善具有法治精神的现代大学治理体系，让高校治理照章办事，有章可循，有法可依。

近年来，中国地质大学（武汉）在特色文化育人八大建设工程中，将法治文化融入人才培养、科学研究、社会服务、文化传承创新的方方面面。学校注重法治文化与校园文化统一规划、统一布置、统一实施、统一考评，不断完善现代大学制度，重视顶层设计、继承优良传统、完善内部治理、注重程序规范，最大程度地激发基层活力、凝聚各方共识、汇聚各方智慧，制定出《中国地质大学（武汉）章程》。今年4月，教育部核准通过学校章程。这成为学校建设现代大学制度、全面推进依法治校的新起点和里程碑。

抓培育，强化法治思维

法治文化建设目标之一就是培育师生法治思维。法治思维是以法律为准绳，运用法律分析、判断、解决问题的一种思维方式。大学生正处在人生成长成才的关键时期，高校应注重法治思维培育，有效推进法治文化融入思政课教育教学，深入挖掘优秀传统法治文化，让师生在工作学习生活中讲纪律守规矩，切实把法治思维作为大学生的基本修养进行培养。

在高校，应始终把培育大学生法治思维作为思想政治工作的重要内容。一方面，引导大学生树立牢固的社会主义法治观念。教导大学生学习法律、信奉法律、遵守法律、运用法律，懂得依法治国的基本理论，从自我和身边点滴小事做起，用法律法规约束自己的言行；引导大学生全面、准确地行使自己的权利、尊重他人的权利，树立正确的权利义务观、民主法治观。另一方面，坚持用法治思维推进学校综合教育教学改革。自觉按照法律法规规章推进学校综合改革，完善党委领导、校长负责、教授治学、民主管理、社会参与的组织结构；进一步优化学科专业布局，推进校院两级体制改革，优化资源配置机制和管理流程，持续提升学校综合治理能力水平。

抓融入，丰富师生生活

法治文化建设的关键是融入办学治校全过程。法治文化作为社会主义先进文化的重要组成部分，是社会主义法治国家建设的灵魂。高校要开展各具特色主题教育活动，把法治文化落细落小落实，更加贴近师生生活，把法治文化有效地融入办学治校全过程。

高校应培育师生法治精神和依法维权能力，注重将法制宣传教育与教学、管理、服务工作紧密结合，与精神文明建设、思想政治教育、师德师风、校园文化等工作结合。首先，推进法治进教材、进课堂、进头脑。让师生掌握了解法治教育的规律、理解法治思维的内涵、养成法治思维的习惯。鼓励大学生运用法理思考问题、进行价值判断，依据法治思维阐释社会现象、校正社会观念。其次，实施校园法治宣传融媒体战略。利用广播、电视、校报、宣传栏等传统媒体和校园网络、微博、微信、电子屏、客户端等新兴媒体，全方位、立体化、深层次宣传法治文化。中国地质大学(武汉)就发挥水资源、矿产资源、土地资源、环境保护等特色学科优势，鼓励师生参与学校法学专业学科建设，使培养专业人才与带动全校大学生法律知识普及相结合。

抓实践，创新平台载体

一语不能践，万卷徒空虚。"徒法不足以自行""徒善不足以自立"。法治文化建设的途径是推动法治实践。法治实践有利于催化大学生法治精神的产生,提升其法治思维的境界,引导大学生切实把法治思维转化为实际行动的能力,运用法治思维,想问题、办事情。从而让大学生把法治思想、法治信仰内化于心,外化于行,使法治文化建设落到实处。

高校应注重专业教学与普法宣传相结合、课内教学与课外实践相结合,比如通过宪法日、专家讲坛、行政诉讼模拟法庭、全国模拟环境法庭大赛、未来律师大赛、法律辩论知识竞赛等丰富多彩的课外活动,强化理论与实践统一。同时,在法治实践能力培育方面,可以依托法院、法律事务所等建立了一批实践实习基地,并让师生广泛深入参与学校大学章程等规章制度的讨论制定。在中国地质大学(武汉),办有大学生廉洁社团和大学生法律诊所,在鼓励学生完成自育的同时,还走进街道和社区开展普法宣传、义务咨询,从多方面培养学生办事依法、遇事找法、解决问题用法、化解矛盾靠法的自觉习惯。

"一带一路"战略引领高等教育国际化

中国地质大学(武汉)校长

王焰新

原刊于《光明日报》(2015年05月26日13版)

"一带一路"战略是进一步提高我国对外开放水平的重大战略构想,也为进一步推进我国高等教育国际化,深化高等教育领域综合改革、提高教育质量提供了重大战略机遇。如何结合办学在这一机遇中寻求发展,是当前摆在高校面前的一个重要问题。

培养国际化人才

"一带一路"战略的深层推进,人才是关键。当前,急需培养一批精通相关外语、熟悉国际规则、具有国际视野,善于在全球化竞争中把握机遇和争取主动的国际化人才。因此,推进"一带一路"战略实施,必须坚持人才优先战略。高等院校要结合自身办学特色和学科学术资源优势,突出重点和特色,深度参与"一带一路"战略,设立高层次国际化人才计划,加快推进"一带一路"沿线国家来华留学生教育,加快为中资企业培养推进"一带一路"建设需要的高层次国际化人才。围绕"一带一路"沿线国家发展急需的学科专业开展来华留学生教育。扩大"一带一路"沿线国家来华留学生招生培养规模,造就完备的留学生教育管理制度体系,培养出一批知华友华、学有所成的国际化人才,同时还要培养一大批能够肩负"一带一路"建设、实施"走出去"战略的国际化人才。

构建科技创新平台

当前,"一带一路"沿线国家的产业仍处于开发利用和综合治理的初期阶段,需要相互学习和利用自身科技和产业优势，通过科技创新破解发展难题，建立集人才培养培训、产学研合作和资源战略管理为一体的高水平智库。高校要坚持学术导向和国家目标，加强与"一带一路"战略中国家目标高度契合的学科专业基础建设，努力使学校处于国际学术和区域经济社会发展的前沿阵地，积极为破解国家面临的科学技术创新瓶颈作出应有贡献。例如，设立国别或区域研究机构，使之成为"一带一路"科教合作的学术研究交流平台、产业技术研发平台和信息共享平台；出版"一带一路"专报，为政府决策提供支持。可以组建"丝绸之路大学联盟"，促进中国与沿线各国教育合作和科技协同创新，建成为中国高校与沿线各国高校之间深度合作的桥梁和纽带等。

促进文化理解交流

国之交在于民相亲，民相亲推动事有成。国际教育、人文和学术交流是国家公共外交的重要手段，是我国面向全球传播中国声音、汇聚中国精神、宣传中国道路、凝聚中国力量的重要战略举措。开展国际教育与学术交流，促进沿线国家公民之间的互相认识、互相理解、互相信任和共同合作，已经成为今后破解人类共同面对的资源、环境、生态等全球性问题的重要机制。具体而言，我们可以建立具有国际影响力的"丝绸之路高等教育合作论坛"，推进教育外交、论坛外交，吸引全球特别是"一带一路"沿线国家相关学科领域的大学校长、专家学者来华参会，促进大学合作，深化人文交流；在"一带一路"沿线国家设立孔子学院加强人文交流，这些都应当成为"一带一路"战略实施的重大举措。

国际化的样本

近年来，中国地质大学（武汉）在人才培养方面，注重国别分布和所属学校均衡发展，调整留学生结构、优化类别层次，提高人才培养质量。针对"一带一路"沿线国家地质、资源、能源、环境、生态等支柱型产业发展需要，依托学校学科资源和人才智力优势，组建了丝绸之路学院，担负来华留学生教育、培养国际化人才、"一带一路"国际科技协同创新、丝绸之路国际资源环境论坛、推进丝绸之路大学联盟等职能。今后还将重点为沿线国家培养地质、土木工程、道路和桥梁等基础建设工程技术的领军人才，培养地质资源、环境科学、水科学、资源经济、生态保护、公共管理等方面的拔尖创新人才。成立"地球科学与矿产资源领域国际学生教育中心"，启动了"全球地质矿产专业人才留学中国计划"。同时，通过产学研相结合，采取订单式培养、定向委托培养、项目联合培养等方式，打造国际学生实习和实践教学平台，先后为一批企业提供国际学生毕业生，为国家实施矿产资源"走出去"战略提供了人才支撑。

2015年媒体地大

同时,在科技创新方面,强化与相关国家政府、产业界的契合度,按照基地、平台、项目的思路科学构建协同创新平台,围绕沿线国家地质、资源、环境问题的深入研究,形成高水平的学术研究平台;围绕沿线国家地质调查与灾害预警水平提升,运用地球化学调查技术、灾害监测预警技术、航天航空遥感技术、钻探技术、海洋勘探与开发等新理论、新技术、新方法,构建高水平的产业技术研发平台;围绕沿线国家地质资源环境产业开发、基础设施公共管理、矿业信息交流与管理等,构建整体的信息共享平台。目前,我校与沿线国家15所高校签署了校际合作协议,成立了俄罗斯中亚地质资源环境研究中心、东南亚地质资源研究基地,开展了一批有影响力的地质资源环境科技问题研究项目;牵头成立了"地球科学国际大学联盟";召开了"丝绸之路高等教育与地学研究合作论坛",成立了"丝绸之路沿线地质资源国际研究中心"等。

2015年教育部网站一线风采栏目全文登载学校信息目录

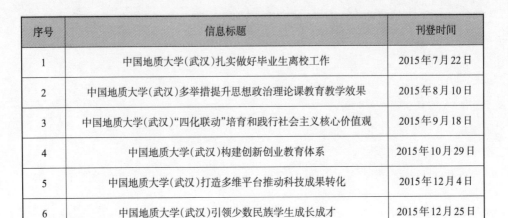

序号	信息标题	刊登时间
1	中国地质大学(武汉)扎实做好毕业生离校工作	2015年7月22日
2	中国地质大学(武汉)多举措提升思想政治理论课教育教学效果	2015年8月10日
3	中国地质大学(武汉)"四化联动"培育和践行社会主义核心价值观	2015年9月18日
4	中国地质大学(武汉)构建创新创业教育体系	2015年10月29日
5	中国地质大学(武汉)打造多维平台推动科技成果转化	2015年12月4日
6	中国地质大学(武汉)引领少数民族学生成长成才	2015年12月25日

（学校办公室）

中国地质大学校歌

电影《年轻一代》主题曲《勘探队员之歌》

1=C 4/4

佟志贤 词
晓 珂 曲

0000｜0000｜0000｜5 - 1 - ｜3· 5 2 3 1 i｜6·6 5 6 6 5 3｜

是那　　山　　谷的风吹动了我们的红明
是那　　天　　上的星星为我们点燃了
是那　　条　　条的河汇成了波涛大

5 - -0 ｜1 - i - ｜6 i i 5 3 2 i｜6·6 5 2 2 3 2｜1 - -5｜

旗，　　是那狂　　暴的雨洗刷了我们的帐篷，
灯，　　是那林中鸟向我们报告了黎明，　我
海，　　把我们无穷的智慧献给祖国人民，

i·6 5 3 2 i｜2 -2 3｜2·1 7 6 7 2｜i·6 5 0｜5 3 2 1 2 3 6｜5 5 0 i｜

们 有火焰般的热情战胜了一切疲劳和寒冷，背起了我们的行装，攀

6 6 5 6 5 3｜2 2 0 1 2｜3 5 7 6 5｜i -2·5｜3·2 i 3 5｜7 6·6 5 -｜

上了层　层的山峰，我们怀着无限的希望为祖国寻找出丰富的矿

i - - - ‖

藏。

中国地质大学（武汉）年鉴 2015